KB019457

Reorganizing the Joint Chiefs of Staff
The goldwater-Nichols
Act of 1986

합동성 강화:
미 국방개혁의 역사

Gordon Nathaniel Lederman/김동기 · 권영근

역자 서문

본 책자에는 합동성(Jointness) 강화에 관한 1999년도까지의 미국의 노력이 기술되어 있다. 제1, 2차 세계대전을 통해 미국은 합동 문제의 심각성을 절감하지 않을 수 없었다. 예를 들면 일본에 대항한 태평양전쟁의 경우 태평양을 양분해 맥아더와 니미츠란 두 명의 지휘관으로 하여금 전쟁을 수행토록 한 결과 적지 않은 문제점이 야기된 바 있다. 한편 전후(戰後)에는 주어진 국방예산을 놓고 각군이 첨예하게 대립되면서 국방력 건설 측면에서 나름의 문제가 없지 않았다.

전후 미국은 이 같은 합동의 문제를 해결할 목적에서 1947년도에 국가안보법(National Security Act), 1953년과 1958년도에 국방재조직법(Defense Reorganization Act) 그리고 1986년도에 골드워터-니콜스법(Goldwater-Nichols Act) 등 몇몇 법안을 제정한 바 있다. 본 책자에서는 이들 법안이 출현하게 된 배경, 출현 과정에서의 갈등, 법안의 내용 그리고 이들 법안이 미군에 준 의미를 기술하고 있다.

오늘날 합동의 문제는 국방력 건설과 군사력 활용, 즉 주어진 예산으로 국방 차원에서 나름의 우선 순위에 근거해 국방력을 건설하는 문제와 건설되어 있는 각군의 전력을 통합 운영하기 위한 문제로 크게 양분해 생각할 수 있을 것인데, 이는 아이젠하워 장군이 이미 언급한 바대로다. 아이젠하워는 "독자적으로 지상 · 해상 및 항공전을 수행할 수 있었던 시절은 이미 지나갔습니다. 평시 국방력을 건설하고, 군 조직을 정비하고자 할 때는 이 점을 염두에 두어야 할 것입니다"고 말한 바 있다. 소위 말해 오늘날 합동성 강화를 위한 활동은 국방개혁을 위한 활동과 별다른 차이가 없다. 역자가 합동성 강화를 위한 미국의 활동을 담고 있는 본 책자의 제목을 '합동성 강화: 미 국방개혁의 역사'로 지칭한 것은 이 같은 맥락에서다.

건설되어 있는 군사력을 통합해 운영한다는 의미에서의 통합은 전략 및 작전 목표 달성을 위한 전역(戰役: Campaign)을 소속 군에 무관하게 각군의 몇몇 작전을 결합(結合: Combine)해 기획한다는 의미에서의 통합(Unified)과 특정 작전에 2개군 이상의 무기를 결합해 사용한다는 의미에서의 통합(Integrated)이란 두 가지 형태로 생각할 수 있을 것이다.[1] 여기서 특정 군 작전에 여타 군 무기를 통합 운영하는 문제는 또 다시 전략공격(Strategic Attack)처럼 전구(戰區: Theater) 차원에서 기능(Function) 중심으로 통합하는 방법과 지상전에서 목격되는 바처럼 특정 작전지역을 중심으로 통합하는 방법으로 나눌 수 있을 것이다.

이 책에서는 이처럼 각군 전력을 효율적으로 통합하기 위한 조직과 권한의 분배 그리고 주어진 국방예산의 범주에서 효율적으로 국방력을 건설하기 위한 제도 및 절차의 정립이란 문제에 초점이 맞추어져 있다. 이 같은

---

1) 1991년도의 걸프전 당시 이라크에 대항한 전역(戰役: Campaign)은 항공과 지상 작전으로 구성되어 있었다. 다시 말해 당시의 전역은 이라크에 대한 전략공격(Strategic Attack), 쿠웨이트 상공에서의 공중우세(Air Superiority) 확보, 항공력을 이용한 이라크군 중무장 화력의 50% 이상의 격파 그리고 지상군 작전이란 4단계로 구성되어 있었다. 소위 말해 육·해·공군의 작전 능력 중 몇 가지를 결합해 다국적군은 당시의 위기에 대처하였다. 개개 작전의 내부를 살펴보면 육 · 해 · 공군의 전력이 함께 활용되었음을 알 수 있다. 예를 들면 공군이 중심이 되어 진행된 전략공격에는 공군의 항공기, 해군의 크루즈미사일 등과 같은 각군의 무기가 통합적으로 활용된 바 있다.

맥락에서 미군은 합참과 같은 합동조직에 우수한 자원이 보임되도록 하는 등 다수의 해결책을 강구한 바 있다.

저자는 합동성의 문제를 분권화/중앙집권화, 기능 중심/지역 중심[2)] 그리고 각군에 의한 특수 시각과 국방 차원에서 사안을 바라보는 일반 시각이란 3가지 갈등, 즉 권한의 분배란 측면에서 바라보고 있다. 소위 말해 분권화, 기능 중심 그리고 특수 시각이 각군을 대변하는 극단적인 형태의 것이라고 한다면 미군의 입장에서 보면 중앙집권화, 지역 중심 그리고 일반 시각은 지나치게 합동성을 강조하는 형태의 것일 것이다.

전쟁이란 하늘 · 땅 · 바다란 각군의 작전환경에 정통한 육 · 해 · 공군 전력에 기반을 두어야 한다는 점에서 육 · 해 · 공군이 각군 중심의 시각, 즉 분권화, 기능 중심 그리고 특수 시각을 견지함은 당연하고도 필수적인 현상일 것이다. 각군이 자군 내부에서 자군의 작전환경을 고려해 나름의 군 구조, 인력체계, 군수체계 등을 운영하고 있는 것은 이 같은 이유 때문일 것이다.

그러나 이들 각군에 의한 노력이 동일 목표를 향해 집중될 수 있으려면 군의 특정 제대(梯隊)에서는 나름의 합동 시각이 요구될 것이다. 저자는 이처럼 각군 시각과 합동 시각이 교차하는 제대를 국방력 건설 측면에서는 합참으로 그리고 군사력 운영 측면에서는 태평양사령부와 같은 전투사령부로 생각하고 있다. 소위 말해 저자는 이들 두 제대를 중심으로 합동성 강

---

2) 미군의 경우는 전 세계를 몇몇 전구(戰區: Theater)로 나누고는 이들 개개 전구에 통합사령부(Unified Command)란 전투사령부를 설치해 전구에서의 전략 목표를 달성하도록 하고 있다. 여기서 말하는 기능 중심/지역 중심은 전력 통합과 관련된 기능 중심/지역 중심과는 차원이 다르다. 전력 통합에서 말하는 기능 중심은 전구 차원인 반면 여기서는 지구적 차원이다. 다시 말해 여기서의 의미는 특정 자산을 지구적 차원에서 기능 별로 관장하도록 할 것인지 아니면 전구의 전투사령부를 중심으로 개개 전투사령관이 휘하 자산을 관리하도록 할 것인 지의 문제에 관한 것이다.

화의 문제를 생각하고 있는데, 한국군의 경우 이것을 상부 지휘구조의 문제로 인식하고 있다.

오늘날 우리 군 또한 합동성 강화를 목적으로 온갖 노력을 경주하고 있는데, 합동성 강화와 관련해 미군이 제시한 방안 중에는 우리에게 적용 가능한 부분도 적지 않다. 그러나 미군이 처해 있는 전략 환경과 한국군의 경우가 같지 않다는 점에서 미군이 제시한 방안을 그대로 적용하지 못하는 경우도 없지 않을 것이다.[3)]

미군과 비교해볼 때 합동성 강화를 위한 한국군의 처방은 달라질 수 있을 것이다. 그러나 처방을 강구하기 위한 사고(思考)의 틀에는 커다란 차이가 없을 것이다. 본 책자를 통해 이 같은 문제 접근 방식에 대한 이해를 높일 수 있었다면 역자가 본 책자를 번역하면서 의도했던 바의 많은 부분이 달성되었다고 할 것이다. 다시 말해, 합동성 강화를 위한 미국의 인식, 문제 접근 방법 등은 한국군에 또한 적용될 수 있을 것인데, 이 같은 방법론을 습득해야 할 것이다.

정보화시대의 국방력 건설 및 전력 운용에 핵심 요소인 합동성 강화의 문제를 다루고 있다는 점에서 본 책자가 한국군의 발전에 적지 않은 기여를 할 것으로 생각된다. 국방의 문제는 전 국민의 안녕(安寧)이 달려있는 주요 사안이라는 점에서 본 책자는 국방을 사랑하는 군인들뿐만 아니라 민간의 의사결정권자들 또한 필독해야 할 것이다.

본 책자를 번역하는 과정에서 미비한 점이 있다면 이는 역자의 잘못에 기인하는 것으로서 강호제현(江湖諸賢)의 질책과 좋은 의견을 접하게 되면 겸

---

3) 예를 들면 미군의 경우는 지구상 곳곳에서 진행되는 위기를 합동기동부대(Joint Task Force)의 형태로 대부분 대처하고자 하는 반면, 한반도의 경우는 합동기동부대란 개념의 적용이 제한적일 수밖에 없다. 참조: 권영근, "합동기동부대 : 그 본질과 적용 가능성", 합동군사연구지, 2000년 12월, pp 47~76.

허하게 수용해 고쳐 나갈 것을 약속드린다. 본 책자의 원고를 감수해준 국방개혁위원회의 공군중령 강태원 박사에게 그리고 본 책자의 출간에 기꺼이 동의해 준 연경문화사의 이정수 사장께 심심한 감사를 드리는 바이다.

역자 일동

격려사

건국 이후 미국은 최상의 국방조직을 구비하고자 노력해왔다. 제2차 세계대전의 교훈에 근거해 1947년도에는 국가안보법(National Security Act)을 제정했는데, 여기에 다수의 문제가 없지 않았다. 그 후 미 의회는 군 구조와 관련해 3번 정도 변화를 도모하였다. 그러나 거의 40여 년 동안 미 국방에 근본적인 변화는 없었다. 국방조직에 나름의 문제가 있었음에도 불구하고 미국은 냉전에서 승리하였다. 그러나 매번 위기를 겪을 때마다 미국의 국방조직에 문제가 있음을 재차 확인할 수 있었다.

1985년 1월, 골드워터(Barry Goldwater)는 미 하원군사위원회의 위원장이 되었는데, 당시 나의 경우는 Minority member의 선임자로 일하고 있었다. 우리는 국방조직에 관한 역사적인 변화를 구상 및 법제화할 목적의 동반자 관계를 결성하기로 합의하였다. 미 국방은 우리의 노력에 대해 집요하게 저항하였다. 국방조직의 문제를 놓고 벌어진 미 국방과의 논쟁으로 인해 하원군사위원회가 양분되었다. 그러나 하원군사위원회의 몇몇 요원들의 도움으로 인해 이 같은 각군의 저항을 극복할 수 있었다. 1985년 5월, 상원은 우리가 제안한 법안을 만장일치로 통과시켰다.

하원의 경우는 니콜스(Bill Nichols)와 아스핀(Les Aspin)이 우리와 비슷한 방향으로 노력을 집중시키고 있었다. 상원과 하원의 회합을 통해 출현한 당시의 법안은 획기적인 형태의 것이었다. 당시의 법안은 법안을 지원하고 있던 상 · 하원 핵심 요원의 이름을 따서 Goldwater-Nichols Act로 지칭되었다. 아스핀은 당시의 법안을 "미 역사의 이정표에 해당하는 법안"이라고 지칭하였다. "대륙육군을 창설한 1775년 이후 미군 역사상 가장 획기적인 법안"이라고 그는 부언하였다. 그의 견해는 틀림이 없었다. 이 법안이 통과된 이후 미군은 전투 및 평시 활동에서 수많은 성공을 거두었다.

그러나 우리에게는 자만하고 있을 여유가 없다. 안보와 관련해 미군은 보다 복잡한 상황에 직면해 있다. 냉전이 종식되면서 인종 분규뿐만 아니라 권력에 굶주린 독재자들이 끊임없이 출현하고 있다. 소말리아 · 보스니아 그리고 코소보에서 볼 수 있듯이 안보 및 인류애란 문제가 결합되면서 미국은 과거에 볼 수 없던 형태의 분쟁에 개입하고 있다. 이 같은 교전(交戰)은 발발에서 대응에 이르기까지 거의 시간이 주어지지 않는 형태의 것이다. 이 같은 상황에서 미군은 미 본토로부터 멀리 떨어져 있는 지역의 적에 대항해 교전해야 하는데, 이들 적은 복잡한 역사, 정치-군사 관계 그리고 작전 환경이란 특성을 갖고 있다.

이 같은 상황을 보여주는 사례에 1991년도의 걸프전이 있다. 걸프전은 지역 독재자의 오판으로 인해 미국이 국가 이익과 국제법의 원칙을 보호할 목적에서 대규모의 전쟁에 돌입할 수 있음을 보여준 사건이었다. 미군은 국제 무기시장에서 첨단의 무기를 구입하는 이 같은 적에 대항할 수 있어야 할 것이다.

이 같은 도전에 대처하고 주어진 국방예산으로 우리의 핵심 이익을 방어할 수 있으려면 도착과 동시에 합동작전을 효과적으로 수행할 수 있는 군사력을 원거리로 신속 배치하기 위한 구조를 미군은 구비해야 할 것이다. 오늘날뿐만 아니라 향후에도 국방의 구조가 주요 문제가 되어야 하는 것은 이 같은 이유 때문이다.

Goldwater-Nichols Act의 통과를 둘러싸고 진행된 논의를 일목요연하게 정리했다는 점에서 레더만(Gordon Lederman)은 국가안보에 적지 않은 기여를 하고 있다. 그는 중앙집권화/분권화 그리고 일반시각/특수시각처럼 국방조직에서 목격되는 본질적인 갈등의 측면에서 국방조직에 관한 나름의 이론을 제시하고 있다. 그는 또한 Goldwater-Nichols 법에 대한 찬반 양측의 주장을 객관적으로 기술하고 있다.

마지막으로 레더만은 Goldwater-Nichols 법이 국방차원에서 집행되는 상황을 검토하고 있다. 그는 이 법으로 인해 정책과정에서 실제 변화가 있는 부분, 즉 합참의장이 민간의 의사결정권자들에게 독자적으로 조언하게 되었다는 점뿐만 아니라 법의 내용 중 아직 실행되지 않고 있는 부분 또한 언급하고 있다.

이 책으로 인해 국방조직뿐만 아니라 국방정책의 수립 과정에 관해 보다 잘 이해할 수 있게 되었다. 레더만은 오늘날까지도 미 국방 및 의회에서 격렬히 논란이 되고 있는 문제들을 분석하고 있다. 개개 문제를 국방 및 의회 차원에서 통찰력 있게 조사하고 있다는 점에서 본 책은 향후 지속될 국방조직에 관한 논쟁에 커다란 도움이 될 것이다.

Sam Nunn(미 상원의원 역임)

서문

군 역사를 통해 보면 조직이 효율적으로 기능함에 따른 원동력을 효과적으로 활용해 전쟁에서 승리한 장군들을 다수 목격하게 된다. 마찬가지로 첨단의 무기로 무장된 군을 보유하고 있음에도 불구하고 조직이 잘못된 관계로 인해 전쟁에서 패배한 장군들도 다수 없지 않다.

여타 군과 마찬가지로 미군은 전 · 평시 군사력의 훈련 · 무장 · 동기부여 및 지휘란 복잡한 사안에 따른 '기회와 도전'의 문제를 놓고 끊임없이 씨름해오고 있다. 미군의 경우는 세계적으로 다수의 작전전구(Theater of Operations)를 운영해오고 있는 관계로 인해 조직 구조가 한층 더 복잡한 실정이다. 미군은 군의 조직구조가 조화를 이루도록 해야겠다는 일념에서 끊임없는 노력을 경주해 왔다.

1986년도에 미 의회를 통과한 Goldwater-Nichols Act는 이 같은 과정에서 출현한 가장 최근의 법이다. 냉전 이후의 세계는 실제와는 달리 군의 동원해제가 진행되고 있는 듯 보인다. 이 점 외에 기술이 예측을 불허할 정도의 빠른 속도로 발전하고 있다는 점, 지구상 곳곳에서 인종분규가 진행되고 있다는 점 등으로 인해 오늘날의 세계는 매우 불안정한 상태에 있다.

이처럼 불안정한 세계에서의 미군의 대응 방식에 Goldwater- Nichols Act에 의한 유산이 나름의 영향을 끼치게 될 것이다.

제1장에서는 일반적으로 군 조직이 직면하고 있는 조직 측면에서의 갈등을 개관해보고, 이들 갈등이 미군에 나타나는 모습을 살펴보았다. 여기서는 강력한 형태의 육 · 해 · 공군을 유지해야 할 필요성과 이들 각군의 다양한 능력을 통합(Unification)[4)]해 승수효과를 유발해야 한다는 필요성 간의 적절한 균형을 염두에 두었다. 제1장에서는 또한 미군 조직의 역사와 현대 미군조직의 출현을 개관해보고 있다.

마지막으로 제1장에서는 군 조직에서 목격되는 갈등의 문제로 인해 미군의 작전 및 국방정책이 1980년도까지 어떠한 방식으로 영향을 받았는지를 살펴보고 있다.

제2장에서는 1981년부터 1986년도까지의 기간 중 미군이 직면했던 문제와 이들 문제에 대한 미군의 대응 방안을 분석해보고 있다.

제3장에서는 1981년도부터 1984년도까지 진행된 국방재조직에 관한 논쟁을 살펴보고 있다. 제4장에서는 제3장 이후의 내용, 즉 1984년도 이후의 모습을 살펴보고 있다. 여기서는 특히 1984년도에 있었던 베이루트의 미군 병영(兵營) 폭파 사건과 그레나다 침공에 따른 문제들을 살펴보고 있다.

제4장의 내용은 Goldwater-Nichols Act가 미 의회를 통과함으로서 그 절정에 달하는데, 여기서는 이 법을 상세 분석하고 있다.

제5장에서는 1987년도에서 1999년도에 이르는 기간 중의 미군 작전의 관점에서 Goldwater-Nichols Act의 구현 현황을 분석하고, 더불어 약간의 견해를 제시하고 있다.

---

4) 역자 주: 여기서 말하는 통합이란 단일화의 의미다. 합동군사령관이 휘하의 육 · 해 · 공군 전력을 적절히 선택 및 결합해 임무에 대처해야 할 것임을 의미한다.

용어 및 미군구조에 대한 주해

육 · 해 · 공군 및 해병대란 미군의 현 구조에 대한 몇몇 이해가 이 책을 읽는 과정에서 도움이 될 것이다. 독립된 별도의 군처럼 통상 표현하고 있지만, 해병대는 해군의 일부로서 상륙작전을 전문으로 하는 해군의 보병에 해당한다.

개개 군의 경우를 보면 그 정점(頂點)에 단일의 장교가 위치해 있다. 육군 및 공군의 경우는 참모총장(Chief of Staff)이, 해군의 경우는 참모총장(Chief of Naval Operation)이 그리고 해병대의 경우는 사령관이 이들 군의 정점에 위치해 있다. 이들 장교들을 통상 Chief라고 지칭하는데, 이들 Chief는 휘하 군에 대한 지휘란 측면에서 자신들을 도와주는 군 참모를 갖고 있다. 이들 참모는 펜타곤에 상주해 있는데, 각군본부 참모(Service Headquarters Staff)로 지칭되고 있다. 각군의 Chief는 합동참모회의(JCS: Joint Chiefs of Staff)의 일원인데, 여기에는 합참의장이 포함되어 있다. 합참의장을 지원하는 행정조직은 합동참모(Joint Staff)로 지칭되고 있다.

육 · 해 · 공 각군은 각군성(Military Department)에 포함되어 있다. 다시 말해, 각군을 최종적으로 이끄는 사람은 각군 장관이라고 지칭되는 민간인이다(예: 육군장관). 해병대는 해군장관 휘하의 해군성에 포함되어 있다. 육 ·

해 · 공군 장관의 경우는 Secretariat라고 지칭되는 참모를 갖고 있는데, 이는 민간인과 현역 장교로 구성되어 있다. 각군 장관뿐만 아니라 장관을 지원하는 참모들은 펜타곤에 위치해 있다.

육군 · 해군 및 공군성은 국방장관이 이끄는 국방성(DOD: Department of Defense) 휘하에 있다. 국방장관실(OSD: Office of the Secretary of Defense)은 국방장관에게 참모지원을 제공하는 부서다.

민간의 의사결정권자(Civilian Decision makers), 민간의 권위체(Civilian Authorities) 또는 민간의 집행기구(Civilian Executive Authorities)란 표현이 나오는데, 이는 국방장관과 대통령을 지칭하는 용어다. 이들은 군 용어로는 국가통수기구(National Command Authority)로 표현하고 있다.

감사의 글

지도교수인 하버드대학 정보자원정책(Information Resources Policy) 프로그램 소속의 외팅어(Anthony Oettinger) 교수님께 그리고 하버드대학 법과대학의 헤이만(Philip Heyman) 교수님께 먼저 감사를 드립니다. 본 연구를 수행하는 과정에서 그리고 법학을 공부하는 과정에서 두 교수님의 지도와 편달이 커다란 도움이 되었음을 밝힙니다. 또한 본 책자가 나올 수 있도록 도와준 그린우드 출판사(Greenwood Publishing Group), 특히 출판사의 편집장인 스테인(Heather Ruland Staines)씨에게 감사를 드립니다. 또한 Arnold & Porter 소속의 스미스(Jeffrey H. Smith)와 로저스(William D. Rogers)란 두 동료에게는 본 연구를 진행하는 과정에서의 지도 편달 및 격려란 측면에서 감사를 드립니다. 개인적으로 무한히 존경하는 저명한 두 법률가를 위해 일할 수 있었다는 점은 나에게 커다란 즐거움이자 영광이었습니다.

PIRP에서 일년간 함께 하였던 공군중령 베선(Paul Besson)에게 또한 감사를 드립니다. 그는 Goldwater-Nichols 법에 관해 논문을 작성하고 있었는데, 너무나 헌신적으로 연구하는 그리고 항상 웃음을 잃지 않으면서 호의를 베풀어준 그의 모습을 보면서 나의 경우 적지 않은 감명을 받은 바 있습니다. 또한 Goldwater-Nichols 이전의 미 국방재조직에 관한 내용의 논문을

MIT 대학에서 작성하고 있던 와이너(Sharon Weiner) 양의 조언 및 지원에 대해 감사를 드립니다.

미 국방에 근무하고 있는 많은 사람들의 도움이 없었더라면 본 책자는 완성될 수 없었을 것입니다. 미 수송사령부에서 지휘의 역사를 담당하고 있는 마테(James K. Mattews) 박사의 경우는 미 수송사령부에 관한 자료를 제공해주었을 뿐만 아니라 지원 · 지도 및 비평을 아끼지 않았습니다. 미 중부사령부에서 지휘의 역사를 담당하고 있는 히네(Jay E. Hines)는 본 책자 중 1991년도의 걸프전에 관한 부분을 교정해준 바 있습니다. Joint History Office의 역사가인 예비역 준장 암스트롱(David Armstrong) 박사 그리고 풀(Walter Poole)의 경우는 본 책자를 저술하는 과정에서 지도해주었을 뿐 아니라 원고를 감수해주었습니다. 또한 본 책자의 원고를 감수해준 다수의 분들에게도 감사를 표명해야 할 것입니다.

– 감사 부분 더 이상 생략 –

본 책에서 거론되고 있는 익명의 현역 및 퇴역 장교들에게 감사를 드립니다. 본 책자에서 잘못된 부분이 있다면 이는 전적으로 필자의 책임입니다.

목 차

제1장 미 국방조직에서 목격되는 본질적인 갈등

제2장 국방재조직: 심층 분석

제3장 국방재조직에 관한 일대 논쟁

제4장 Goldwater-Nichols Act의 통과

제5장 Goldwater-Nichols Act 이후의 국방

제1장

미 국방조직에서 목격되는 본질적인 갈등

I 서론 I 다원론적인 군사 모델: 3가지의 기본 갈등 I 군의 다원론과 1914년도 이전의 미군 I 각군의 독자성: 하늘로부터 공격을 받다 I 제2차 세계대전 당시의 합동작전과 합참의 기원 I 전후 미군 조직에서 목격되는 대립된 견해들: 1945~1947년 I 1947년도의 국가안보법 I 아이젠하워 대통령의 유산: 1953년 및 58년도의 국방재조직 I 안정된 반면 아직도 성능에 의문이 가던 시기: 1958~1980년 I

제1장 미 국방조직에서 목격되는 본질적인 갈등

전쟁이 어떠한 방식으로 기억될 것인지는 전쟁의 실제 수행 방식 그리고 이것에 대한 최초 기술(記述) 방식만큼이나 중요해질 수 있다.[1)]

후임자에게 가장 먼저 알려주고 싶은 조언이 있는데, 이는 군인이라는 점 때문에 군 문제에 관한 장군들의 견해가 가치가 있을 것으로는 생각하지 말라는 점이다.

John F. Kennedy 대통령[2)]

1. 서론

골드워터-니콜스법(Goldwater-Nichols Act)은 미 국방의 재조직에 관한 내용을 담고 있는 법으로서 1986년도에 제정되었다. 이는 1947년도의 국가안보법(National Security Act) 이후 미 국방에 가장 지대한 영향을 끼치고 있는 법령이다. 이는 군사력을 지휘 및 통제하고자 할 때 조직 측면에서 직면하게 되

---

1) Alan Taylor, "In a Strange Way," in The New Republic(April 13, 1998), p. 38.

2) H.R. McMaster, Dereliction of Duty: Lyndon Johnson, Robert McNamara, the Joint Chiefs of Staff, and the Lies that led to Vietnam (New York: HarperCollins Publishers, 1997). p. 28.

는 갈등의 문제를 해결하고자 하는 과정에서 출현한 가장 최근의 법령이다.

모든 군 조직의 지휘관 · 부대 · 무기 · 병참지원 및 정보 보고 수단들은 통신망으로 연결되어 있다. 적정 전략을 구상하고, 예산을 효율적으로 할당하며, 전투에서 승리한다는 군 본연의 임무를 수행하는 과정에서 이들 통신망은 군과 분리해 생각할 수 없을 정도로 중요한 신경체계를 구성하고 있다.[3]

지휘통제체계란 군의 개개 요소들을 상호 연결시켜주는 요소들 전체를 의미하는데, 이는 기술 측면에서의 통신장비의 능력, 통신체계에서 인간 및 하드웨어적인 요소가 상호 작용하도록 해주는 절차, 그리고 개개인과 집단을 상호 연계 및 조화시켜주는 조직 구조를 지칭한다.[4]

반 크레벨트(Van Creveld)는 "지휘통제체계란 임무 수행을 겨냥해 인력 및 자원을 상호 조정할 목적에서 정보를 사용하는 과정이다"[5]고 정의한 바 있다. 지휘통제체계의 경우 구성 요원에 대한 훈련과 교육의 문제가 개입되고 있다. 그러나 이론적으로 보면 지휘통제체계가 성공적인 형태의 것인지의 여부는 구성 요원이 우호적이라거나 협조적인 성품을 갖고 있다는 점과 별개의 것이다. 지휘통제체계는 이 같은 형태의 인적 요소에 의존하지 않는다.

효율적인 지휘통제체계의 건설이 전승(戰勝)에 결정적일 수 있다.

1806년도의 예나(Jena) 전투에서 나폴레옹이 승리할 수 있었던 것은 프랑

3) Lawrence J. Korb, The Joint Chiefs of Staff: The First Twenty-five Years (Bloomington: Indiana University Press, 1976), p. 94. 지금부터 Twenty-five Years로 지칭.

4) U.S. Joint Chiefs of Staff, JCS Pub, I-02: Department of Defense Dictionary of Military and Associated Terms (Washington, DC: U.S Government Printing Office, 1994), p. 79. 지금부터 JCS Pub. I-02로 지칭

5) Martin van Creveld, Command in War (Cambridge, MA: Harvard University Press, 1985), p. 263. 또는 김구섭, 김용석, 권영근 공역, "전쟁에서의 지휘", 연경문화사, 2001년 6월, p. 428. 앞으로 "전쟁에서의 지휘"로 지칭.

스군의 기술이 우위에 있었기 때문이 또는 상대방 군이 겁쟁이였기 때문이 아니었다. 당시 프랑스가 승리할 수 있었던 것은 휘하 군의 조직을 편성하고, 개개 단위 부대의 이동을 조정하는 과정에서 나폴레옹이 우수한 능력을 발휘했기 때문이었다. 그의 경우는 휘하 군의 활동에 일일이 간섭함으로서 군단장이 유명무실(有名無實)한 존재가 되도록 하지 않았다.

그는 휘하 육군을 자생 능력을 구비한 단위 군단으로 편성하고, 이들 개개를 유능한 군단장이 지휘 및 통제토록 하였다. 휘하 부대를 지휘 및 통제하는 과정에서 이들 지휘관은 나폴레옹으로부터 최소한의 지시를 받았다.

휘하 육군의 상황을 파악할 목적에서 나폴레옹은 "방향성 있는 망원경(Directed Telescope)"를 활용했는데, 이들은 휘하 참모 중 일군(一群)의 장교로 구성되어 있었다. 이들 장교는 군단장들이 나폴레옹에게 보내는 정보를 보완하고 그 타당성을 확인할 목적에서 나름의 방식으로 정보를 수집하였다.[6)]

예나(Jena) 전투 당시 나폴레옹은 "전투 당일의 주요 행위에 관해 전혀 알고 있지 못했으며, 휘하 2개 군단을 잊고 있었다. 또한 그는 3번째 그리고 4번째 군단에게 명령을 내리지 못했으며, 다섯 번째 군단의 행위를 보면서 크게 놀란 바 있다"[7)] 반 크레벨트가 이미 언급한 바처럼 나폴레옹은 당시 상황을 제대로 파악하고 있지 못했다. 그럼에도 불구하고 나폴레옹은 예나 전투에서 프로이센 군을 궤멸시킬 수 있었다.

당시 그의 적인 프로이센 군은 중앙에서 엄격히 통제하는 방식으로 의사를 결정한 관계로 인해 행동에 지대한 제약을 받고 있었다. 오스트리아에 대항한 1866년도의 전역(戰役: Campaign)에서뿐만 아니라 프랑스에 대항한 1870년도의 보불전쟁에서 프로이센 군이 승리할 수 있었던 것도 이들 프로이센 군

6) Ibid., p. 75. 또는 "전쟁에서의 지휘", pp 129-130.

7) Ibid., p. 96. 또는 "전쟁에서의 지휘", p. 161.

이 분권적으로 지휘 통제했기 때문이라고 반 크레벨트는 생각하였다.[8)]

마찬가지로 1967년도의 중동전쟁에서 이스라엘이 승리할 수 있었던 것도 분권적으로 지휘 통제했기 때문이라고 그는 생각하였다.[9)]

상대방 적과 비교해볼 때 기술 측면에서 별다른 차이가 없음에도 불구하고 극적으로 승리한 경우를 보면 이들 모두는 분권적으로 지휘 및 통제했기 때문이라고 그는 주장하였다.

2. 다원론적인 군사 모델: 3가지의 기본 갈등

군 조직의 경우는 완벽한 형태의 지휘통제체계를 추구하고 있다. 그럼에도 불구하고 이 같은 체계의 달성이 어려운 것은 군 내부에서 목격되는 근본적인 갈등으로 인해 자원 · 인력 및 조직구조를 적절히 조정할 수 없기 때문이다.

군 역사를 통해보면 지휘통제체계가 직면하고 있는 가장 큰 문제는 클라우제비치(Karl von Clausewitz)가 이미 언급한 바처럼 전쟁의 '불확실성(Uncertainty)' 이란 문제에 대처하는 것이라고 반 크레벨트는 말하고 있다.

예를 들면 전장의 육군은 전투환경 및 적의 의도에 관한 불확실성의 문제에 직면해 있다. 다시 말해, 적의 의도 및 환경을 제대로 파악하고 있지 못한 상태에서 육군은 임무를 수행하고 있다.

지휘관들의 경우는 전장 상황에 신속히 대응할 필요가 있는 반면 확신을 갖고 의사를 결정할 수 있을 정도의 충분한 정보를 빠르게 수집해 종합하

8) Ibid., pp. 140~147. 또는 "전쟁에서의 지휘", pp. 230~240.
9) Ibid., p. 202. 또는 "전쟁에서의 지휘", p. 331.

지 못하고 있다. 이 점에서 이들은 나름의 어려움을 겪고 있다.[10)]

불확실성의 문제를 해결하기 위한 노력은 군 조직의 경우 3가지의 기본 갈등이란 형태로 표출되는데, 중앙집권화와 분권화 간의, 지역 중심과 기능 중심 간의 그리고 일반 시각과 특수 시각 간의 갈등이 바로 그것이다.[11)]

첫째, 군 조직의 경우는 중앙집권화와 분권화 간에 적지 않은 갈등이 있다. 중앙집권화된 조직의 경우는 지휘계층의 최고위층에서 주요 의사를 결정하는데, 조직의 말단으로부터 상세 정보를 받아보겠다고 최고위층은 주장하고 있다. 이 같은 조직의 최상위 의사결정권자는 말단에서 올라오는 엄청날 정도의 정보로 인해 어찌할 바를 모르게 된다. 뿐만 아니라 그는 하급 제대에서조차 기피하는 상세 차원의 의사를 결정할 수밖에 없게 된다.

결과적으로 보면 중앙집권화된 조직의 의사결정권자의 경우는 의사결정에 너무나 많은 시간을 소비하는 관계로 인해 극적인 순간을 포착할 수 없게 된다.

반면에 분권화된 조직의 의사결정권자의 경우는 개개 지휘계층에서 진행되는 고루한 형태의 의사결정 과정을 하급 장교들이 독자적으로 행사해 기회를 최대한 활용할 수 있도록 하고 있다. 이는 특정 상황 또는 환경을 고려해 하급부대가 신속히 대응할 수 있다는 의미다. 분권적으로 지휘 통제하게 되면 하급제대의 장교들이 나름의 방식으로 실험하고, 조직 내부의 여타 단위 부대와 상호 경쟁한다는 측면에서 혁신을 기할 수 있게 된다. 그러나 군을 분권적으로 지휘통제하는 경우는 단위 부대 간의 조정(調整)이 어려워질 가능성도 없지 않다.

예를 들면 전투 중 자신에게 다가온 호기를 활용할 목적에서 개개 단위

10) Ibid., pp. 261~275. 또는 “전쟁에서의 지휘”, pp 425~445.

11) Anthony Oettinger, Whence and Whither Intelligence, Command and Control? The Certainty of Uncertainty (Cambridge, MA: Harvard University, 1990), pp. 15~22.

부대가 동료 부대를 지원하지 않은 결과로 인해 이들 동료 부대가 위기에 처하는 경우도 없지 않을 것이다.

분권적으로 지휘통제하는 경우 개개 단위 부대들에 의한 노력을 조정하는 과정에서 나름의 어려움에 직면하게 될 가능성도 없지 않은데, 이 문제는 최상위 차원에서의 용의주도(用意周到)한 기획을 통해서만이 해결 가능하다.[12)]

마지막으로 분권화된 조직의 경우는 책임이 분산되어 있다.

그 결과 분권화된 조직에서는 루즈벨트 대통령의 말을 빌려 표현한다면 "권력이 충분히 중앙집권화 되어 있지 않다는 점에서 권력의 사용과 관련해 국민에게 책임질 사람이 하나도 없게되는 그러한 현상이 발생하게 될 가능성도 없지 않다"[13)] 나폴레옹 군, 프로이센 군 그리고 이스라엘 군의 승전사(勝戰史)를 연구하면서 반 크레벨트는 분권화된 지휘통제를 옹호하는 방식으로 연구를 종료하고 있다.[14)]

그러나 분권화와 중앙집권화 간의 항구적이고도 완벽한 형태의 조율은 불가능하다는 점을 그는 인정하였다. 중앙집권화/분권화는 군 조직에서 목격되는 근본적인 갈등이라는 점, 군 지휘계층의 한쪽 끝에서 확실성을 보장하게 되면 또 다른 한쪽 끝의 경우 보다 많은 불확실성을 감수할 수밖에 없다는 점을 반 크레벨트는 기술하였다.[15)]

---

12) 역자주: 육·해·공군에 의한 합동작전 또는 육군 내부 단위 군 작전은 중앙집권적 기획(Centralized Planning), 분권적 임무수행(Decentralized Execution)이란 원칙에 입각하고 있는데, 이는 동일한 맥락이다. 다시 말해, 현지 상황을 고려해 특정 군이 신속히 임무를 수행할 수 있도록 분권적으로 임무를 수행하는 한편 개개 단위 군의 노력을 조정할 목적에서 중앙집권적으로 기획하게 된다. 출처: Thomas A. Cardwell, 'Command Structure in the Theater Warfare', Air University Press, Sep 1986, pp 1–2.

13) Peter Beinhart, "The Big Debate," in The New Republic (March 16, 1989), p. 25.

14) van Creveld, p. 270. 또는 "전쟁에서의 지휘". pp. 437~438.

15) Ibid., p. 274; '전쟁에서의 지휘', p. 443; 군 조직에 관한 또 다른 글에 C. Kenneth

둘째, 군 조직의 경우는 지역(地域) 중심으로 책임을 부여하는 방식과 기능 중심으로 책임을 부여하는 방식 간에 선택해야 하는 문제가 있다.

지역 중심으로 책임을 분배하는 경우 군의 지휘 및 통제 체계는 지역에 따라 나누어지게 된다. 여기서의 장점은 지역 사령관이 특정 지역에 대한 지식을 갖고 있을 뿐만 아니라 해당 지역의 군 자산에 대한 권한을 갖고 있다는 점일 것이다.

지역에 따라 권한을 분배하는 경우의 단점은 개개 지역의 부대들이 모든 형태의 기능 체계를 중복 획득하고자 한다는 점에서 '규모의 경제(Economy of Scale)'를 이룰 수 없게 된다는 점이다.

반면에 권한을 기능 중심으로 분할하는 경우는 동일 형태의 군 자산을 지구적 차원의 단일 지휘관이 관리한다는 점에서 '규모의 경제'를 이룰 수 있을 것이다. 그러나 권한을 기능 중심으로 분할하는 경우 군 자산을 이들 자산이 활용되는 특정 환경에 맞추는 과정에서 적지 않은 어려움이 따르게 된다.

이외에도 기능 중심으로 분할하는 경우는 동일 지역 내의 특정 기능 자산이 여타 기능 자산과 함께 제대로 훈련할 수 없게 된다. 이 점으로 인해 동일 지역 내에서 협동작전이 요구되는 경우 여러 기능들이 효율적으로 배합되지 못하는 문제가 있다.

셋째, 군 조직의 경우는 특수 시각과 일반 시각 간의 갈등이란 문제가 있다. 군 관련 기술이 복잡성을 더해가고 있다는 점, 땅·바다·하늘이란 개개 군의 작전환경이 서로 상이하다는 점으로 인해 오늘날의 군은 특정 기술의 숙달에 온갖 노력을 경주할 수밖에 없는 실정이다. 그러나 특정 시각

Allard, Command, Control and the Common Defense(New Haven, CT: Yale University Press, 1990) 또는 권영근, '미래전 어떻게 싸울 것인가', 연경문화사, 1999년 3월이 있다. 앞으로 '미래전 어떻게 싸울 것인가'로 표기.

에 전념하는 경우는 문제를 보다 총괄적인 시각에서 접근할 수 없게 된다.

반면에 개개 군을 일반 시각에 심취토록 하는 경우는 단위 기술의 습득이 어려워짐에 따라 해당 작전환경에서의 군의 전문성이 약화되는 현상이 발생하게 된다.

군 지휘통제체계의 경우는 앞에서 언급한 3가지 기본 갈등을 내포하고 있는데, 이들 개개 갈등은 '물리적 환경'·기술 및 적의 변화를 고려해 적절히 그리고 끊임없이 조정되어야 할 것이다.[16)]

다시 말해, 이들 요소를 고려해 중앙집권화와 분권화, 일반 시각과 특수 시각 그리고 지역 중심과 기능 중심 간에 적절히 조정 및 선택할 필요가 있을 것이다.

조직에 관한 이들 3가지 유형의 갈등에서는 개개 극단(極端)이 주는 이점을 적절히 결합해야 할 것인데, 효율적인 군 조직에 관한 다원론적인 모델이 출현하게 된 것은 이 같은 배경에서다.

이 모델에서는 군 조직에 관한 3가지 갈등의 개개 극단을 지지하는 요원들이 의사결정 계층 내부에 존재하도록 노력하고 있다.[17)] 이들 개개 극단을 옹호하는 사람들은 지휘통제체계의 측면에서 최고 의사결정권자, 즉 미국의 경우 대통령과 국방장관의 관심을 끌고자 노력하게 된다. 그 결과 이들 의사결정권자의 경우는 지휘통제에 관한 개개 갈등 간에 적절히 균형을 유지토록 해주는 다양한 형태의 개념 및 견해에 접근할 수 있게 된다. 이들 개개 극단을 지지하는 사람들이 나름의 감독자로 행동하도록 함으로서 이들 개개 극단 간에 적정 균형이 유지되고, 적정 관심과 예산이 배정될 수

---

16) 인간 행위의 기저에서 목격되는 갈등은 조직 행위에서만 볼 수 있는 현상은 아니다. John Rawls, A Theory of Justice (Cambridge, MA: Harvard University Press, 1971), pp. 20~21.

17) Reorganization Proposals For the Joint Chiefs of Staff [H.R. 6828, Joint Chiefs of Staff Reorganization Act of 1982]

있도록 하고 있다.

이 같은 다원론적 모델의 경우는 군 조직에서 목격되는 3가지 갈등의 개개 극단을 옹호하는 사람들을 구비해놓지 않은 채 중앙의 의사결정권자가 일방적으로 개개 극단을 조정하고자 하는 모델과 크게 대비된다.

이처럼 중앙의 의사결정권자가 일방적으로 균형을 유지하고자 하는 조직의 경우는 조직에 관한 3가지 갈등의 개개 극단에 관한 충분할 정도의 정보를 갖지 못하게 된다. 때문에 이 경우는 시각이 편향될 가능성도 없지 않다. 다시 말해 개개 극단 간의 적정 균형을 통해 얻을 수 있는 이점을 이 경우 누리지 못하게 된다.

이 같은 다원론적인 정책결정 과정은 미국의 민주정치와 어느 정도 유사한데, 미국의 설립자들(Founding Fathers)은 몇몇 분파들로 하여금 상호 경쟁토록 한 바 있다.

이들이 이처럼 한 이유는 특정의 극단적인 분파가 권력을 장악해 민주주의를 전복시키는 일이 발생하지 않도록 할 목적에서였다.[18] 그러나 공화당과 민주당에 의한 양당 정치를 추구하는 미국의 정부구조는 급진적인 변화를 유발할 수 있는 형태의 것이 아니다.[19] 미국 정부는 의회를 대변하는 개개 정파 간의 타협을 통해 법령을 제정하고 있다.

반면에 군 조직의 경우는 '권한 계층(Hierarchy of Authority)'이란 개념을 활용하고 있다. 이 같은 군 조직의 경우는 고위급 의사결정권자들이 의사를 결정하고는 이들 결정된 사항을 하급 지휘관들에게 강요할 수 있다. 이 점에서 볼 때 군의 경우는 개개 정파 간의 타협이 필요치 않다.

---

18) The Federalist Papers: Hamilton, Madison, Jay(New York: NAL Penguin, 1961), pp. 77~84.

19) Donald A. Wittman, The Myth of Democratic Failure: Why Political Institutions Are Efficient (Chicago, II.: University of Chicago Press, 1995)

다원론적인 군사 모델에서는 군 조직의 3가지 갈등에 관한 다양한 견해를 반영해 이들 개개 극단 간에 적정 균형이 유지될 수 있도록 하고 있다.[20]

다원론적인 군사 모델은 개개 입장을 대변하는 변호사들의 이야기를 경청한 후 소송(訴訟)에 관해 판사가 판결을 내리는 사법 절차와 매우 유사하다.

3. 군의 다원론과 1914년도 이전의 미군

미군의 조직에는 군 지휘통제체계에 관한 3가지 유형의 갈등이 반영되어 있다.

땅 · 바다 · 하늘이란 서로 상이한 물리적 환경을 고려한 특수성(전문성)을 견지할 필요가 있다는 점으로 인해 미군은 육 · 해 · 공군으로 분할되어 있는데, 4번째의 군대인 해병대의 경우는 해군과 함께 상륙할 목적의 지상전력을 구성하고 있다.

특수성에 근거해 군을 육 · 해 · 공군으로 분할함은 매우 바람직한 데, 그 이유는 전승(戰勝)에 매우 중요한 요소인 강렬한 형태의 충성심이 개개 군집단에서 조성되기 때문이다.

개개 군인으로 하여금 추상적인 '이상(理想)'을 위해 목숨을 바치도록 한다는 것이 쉬운 일은 아니다. 군의 경우 자신을 희생시키겠다는 정신은 단위 부대의 사기와 응집력 그리고 이들에 의한 결과로 인해 우러나게 되는데, 이들 모두는 소속 집단에 대한 나름의 자긍심(自矜心)에 깊은 뿌리를 두

20) Mackubin Thomas Owens, "Organizing for Failure: Is the Rush Toward 'Jointness', Going Off Track?" in Armed Forces Journal International (June 1998), p. 12. 지금부터 'Organizing for Failure'로 지칭.

고 있다.[21)]

미 국방장관을 역임한 바 있는 리차드슨(Elliot Richardson)은 제2차 세계대전 당시 소대장으로서의 자신의 경험을 다음과 같이 피력한 바 있다.

> "자신들이 최상의 미 육군사단, 최고의 소대, 최상의 중대 및 대대에 소속되어 있다고 군인들은 생각하고 있는 듯 보였다. 이 같은 느낌은 물론 사기와 직결되어 있다"[22)]

미국의 육 · 해 · 공 각군은 나름의 역사와 전통을 갖고 있다. 이들 군은 병사들에게 이 같은 역사와 전통을 심어주고, 집단의식과 동기를 부여할 목적에서 교육을 시키고 있다. 이 점에서 볼 때 군의 충성심은 자신이 소속되어 있는 단위 부대뿐만 아니라 소속 군과도 밀접한 관계가 있다.

군 조직 내부에서 미국의 각군은 나름의 독립된 개체를 유지하고 있다. 이는 군의 전력 개발과 관련해 기능 측면에서 '규모의 경제'를 유지하고, 개개 기능에 보다 효율적으로 자원을 배분한다는 차원에서 도움이 되고 있다.

마지막으로 미국 각군의 정책은 개개 작전환경에서의 이론과 실제를 반영한 전투에 초점을 맞추는 전문가들이 크게 좌우하고 있다. 이 점에서 볼 때 미국의 각군은 나름의 강력한 실체를 유지하고 있을 뿐 아니라 분권화를 구현하고 있다.

특수 시각, 기능 중심 및 분권화를 강조함에 나름의 이점이 없지 않다. 그러나 이 경우는 조직 갈등에 관한 또 다른 극단이 주는 이점을 향유하지 못

---

21) James Kitfield, Prodigal Soldiers (New York: Simon & Schuster, 1995), pp. 62~63, 93-94.

22) Reorganization Proposals, p. 691 (statement of the Honorable Elliot L. Richardson, former secretary of defense).

하게 될 것이다.

전문가들의 경우는 전문 영역이 서로 상이하다는 점에서 상호 협조가 쉽지 않다. 더욱이 이들 전문가의 경우는 자신들의 영역 보호에 적지 않은 관심을 기울이고 있다. 이 점에서 볼 때 특수 시각을 조장하면 상호 협조가 용이치 않게 될 가능성도 없지 않다.

미군의 경우 전쟁은 지역 사령관이 내린 명령에 근거해 나름의 작전 영역에서 진행된다. 따라서 기능 중심으로 책임을 부여하면 군 자산들이 지역 사령관보다는 기능 분야에 보다 더 충성하게 된다는 점에서 전투 효율이 떨어질 가능성도 없지 않다.

마지막으로 의사를 분권적으로 결정하는 경우는 포괄적이고도 통합된 시각에서의 그리고 효율적인 군사 정책 및 전략의 발전이 쉽지 않게 된다. 이들은 나름의 목표들을 설정하고, 이들 목표 간에 우선 순위를 강요할 능력이 있는 중앙집권화된 권위체에 의해서만이 달성될 수 있는 성질의 것이다.

미국의 육 · 해 · 공군은 나름의 독자성을 누리고 있는데, 이는 미군의 역사에 그 근원을 두고 있다. 18세기 및 19세기 당시의 전쟁은 '물'을 경계로 나누어져 있었다. 이는 대부분의 경우 육군과 해군이 작전을 상호 독립적으로 수행할 수 있음을 의미하였다.

미국의 육군과 해군은 독자적으로 발전을 거듭하였다. 더욱이 이들 육군과 해군은 휘하 병사를 훈련시키고, 무장시키며, 휘하 군을 지시하는 과정에서 독자성을 발휘하였다.[23] 육군과 해군은 별도의 민간인(전쟁장관과 해군장관)[24] 에게 보고하였으며, 이들 장관의 경우는 대통령에게 직접 보고하였다.

---

23) Russell F. Weigley, History of the United States Army (New York: MacMillan Press, 1967), 또는 Allard, pp. 21~87. 또는 "미래전 어떻게 싸울 것인가", pp. 49~153.

24) 1775년에서 1972년까지의 해군장관에 대해 논의한 사항을 보려면 Paolo Coletta, K, Jack Bauer, and Robert G. Albion, American Secretaries of the Navy(Annapolis, MD, U.S, Naval Institute, 1992) 참조.

미 의회는 육군과 해군을 감독할 목적의 군사문제위원회(Military Affairs Committee)와 해군문제위원회(Naval Affairs Committee)란 별도의 위원회를 운영하였다. 이 같은 방식으로 미 의회가 육군과 해군 간의 독자성(분할)을 반영했을 뿐 아니라 이들 현상을 조장한 측면도 없지 않았다.[25]

이들 육군과 해군이 상호 작용하는 과정에서는 그 결과가 긍정적인 경우뿐만 아니라 부정적인 경우도 없지 않았다.

요크타운(York Town)에 대한 공격의 경우에서 보듯이 미 독립전쟁 당시 미국과 프랑스는 일종의 상륙작전을 감행한 바 있다.[26] 그러나 1812년도의 전쟁 당시 Lake Ontario의 해군 지휘관인 촌시(Chauncy) 대령은 "육군이 해군 전력을 자군에 예속시키고자 하는 간계(奸計)를 꾸미고 있다"[27]며 육군에 대한 지원을 거부하였다.

멕시코와의 전쟁 당시인 1847년 3월, 해군은 10,000명 이상의 육군 전력의 상륙을 지원해 이들이 멕시코의 도시인 베라쿠즈(Veracruz)를 점령할 수 있도록 하였다.

당시는 미군에 의한 제2차 세계대전 이전의 최대의 상륙작전이었다. 상륙 이후 육군과 해군은 지속적으로 상호 공조하였다. 해군은 함정에서 대포를 하선시킨 후 이것을 이용해 멕시코 군의 성곽을 격파하는 방식으로 육군을 지원하였다.

베라쿠즈를 포위할 당시의 상호협조를 보면서 육군과 해군 장교들은 육

---

25) Thomas D. Boettcher, First Call: THe Making of the Modern US, Military: 1945~1953(Boston, MA: Little, Brown and Company, 1992), pp. 109~110 또는 James Locher III, Defense Organization: The Need for Change, S. Rep, 99-86, 99소 Cong, Ist Sess, (1985), pp. 570~71 (history of the Senate Armed Services Committee).

26) Scott Stucky, "Joint Operations in the Civil War," in Joint Force Quarterly (Autumn/Winter 1994-1995), p. 93.

27) Brian Davis Pearson, Interoperability: Treat the Disease, Not the Symptom, Unpublished thesis (Monterey, CA: Naval Postgraduate School, 1995), p. 6.

군의 소콧(Winfield Scott) 장군과 해군의 코너(David Conner)제독이 긴밀히 협조했다며 이들을 칭송하였다.[28)]

남북전쟁 당시의 북군의 군사작전을 살펴보면 각군 간 긴밀히 협조한 경우도 있지만 상호 대립(對立)한 적도 없지 않았다.

그란트(Ulysses) 장군 휘하 육군부대와 푸테(Andrew Hull Foote) 해군대령 휘하의 해군부대는 테네시 강변에 있던 남군 소유의 헨리(Henry) 요새와 쿰버랜드(Cumberland) 강변의 도넬선(Donelson) 요새를 점령할 당시인 1862년도 상호 협조하였다. 그러나 육군과 해군 간의 작전을 지도할 교리가 없었다는 점으로 인해 당시의 작전은 급조된 방식으로 진행되었으며, 육군 및 해군 지휘관들 간의 일시적인 교분에 근거하고 있었다.[29)]

반면에 대서양 연안의 피셔(Fisher) 요새를 공격할 목적의 상륙작전을 수행할 당시인 1864년도 12월, 북군의 육군 지휘관인 버틀러(Benjamin Butler) 육군소장과 해군 지휘관인 해군소장 포터(David Dixon Porter)는 관계가 원만치 못했다.

당시의 상륙작전은 일대 실패로 끝났는데, 이는 이 같은 이유 때문이었다. 1865년도 1월 북군은 이들 지역에 대한 두 번째 공격을 감행했는데, 당시 공격을 지휘한 육군 지휘관과 해군 지휘관은 원만한 관계를 유지하고 있었다. 이들에 의한 작전이 순조롭게 진행됨에 따라 미군은 당시의 공격작전을 성공시킬 수 있었다.[30)]

사우스 케롤라이나주의 찰스톤(Charleston)을 점령하고자 한 1863년도 당시, 남군의 육군과 해군은 관계가 매우 나빴다. 예를 들면 이들 양군은 찰

---

28) Paul C. Clark, Jr. and Edward H. Moseley, "D-Day Veracruz, 1847-A Grand Design," in Joint Force Quarterly (Winter 1995-1996), pp. 103~114.

29) Stucky, pp. 94~99.

30) Ibid, pp. 99~104.

스톤 항구의 숨터(Sumter) 요새를 공격할 목적에서 별도의 상륙군을 편성했는데, 해군의 상륙 전력이 일대 참패하는 것을 목격한 육군의 상륙전력은 공격을 거부하였다.[31)]

미국의 육군과 해군이 발전을 거듭하고 있던 19세기 당시, 이들 군은 자군 작전환경의 중요성만을 강조하는 형태의 전쟁이론을 수용하였다. 해군의 경우는 '해양력이 역사에 끼친 영향(The Influence of Sea Power upon History)'[32)]이란 제목의 마한(Alfred Thayler Mahan)의 책에 크게 의존하였다.

이 책에서는 무역뿐만 아니라 외국을 침략하고자 하는 등의 국가의 주요 활동이 해군의 영역이라는 점을 거론하면서 국력을 만천하에 공포하고자 할 때 해군력이 단연 독보적이라고 주장하고 있었다. 해군력의 장점을 설명하는 과정에서 영국해군은 훌륭한 사례를 제공하였다.

반면에 육군은 대륙 세력 특히 프로이센 군의 사례를 거론하면서 자군의 중요성을 역설하였다. 또한 육군은 자군 조직을 구성하는 과정에서도 프로이센 군의 경우를 모방하였다.

1873년도 미국은 클라우제비치가 저술한 '전쟁론(On War)'를 번역하였다. 미국의 지상전 전략가들은 19세기의 프랑스 전략가인 조미니(Antoine Jomini)가 저술한 책과 함께 오늘날에도 이 책을 인용하고 있다.[33)]

땅과 바다라는 작전환경이 서로 상이하다는 점, 전쟁에 관한 이들 군의 철학이 서로 다르다는 점으로 인해 육군과 해군은 상호협조(Mutual Cooperation)란 교리를 정립하게 되었는데, 이는 각군 간의 노력통일 방안을 구체화하지 못한 상태에서 신사 협정에 의존하는 '상호불간섭 조약'의 일

---

31) Bruce Catton, Never Call Retreat (Garden City, NY: Doubleday & Co, 1995), p. 224.
32) Bruce Catton, Never Call Retreat (Garden City, NY: Doubleday & Co, 1995), p. 224.
33) Allard, pp. 48 n. 1, 74. 또는 "미래전 어떻게 싸울 것인가", pp 96~98.

종이었다.[34)]

스페인과 전쟁을 수행할 당시인 1898년도에는 육군과 해군 간에 적지 않은 갈등이 있었다. 육군 및 해군 지휘관들은 쿠바의 산티아고(Santiago)를 공격할 목적의 합동작전(2개군 이상이 참여하는 작전)[35)]을 수행하는 과정에서 상호 협조하지 못했다.

육군 지휘관 샤프터(Shafter)의 경우는 해군 함대가 항구로 직접 올라와서 지상군 공격을 지원해주기를 원하였다. 반면에 해군 지휘관 삼슨(Sampson)은 육군이 항구 진입로에 위치해 있던 스페인 군의 요새를 점령하여 해군이 기뢰(機雷)를 제거할 수 있도록 해주어야 할 것이라고 생각하였다.

결과적으로 보면 육군은 해군에 의한 해안 봉쇄에 의존해 도시를 점령하였다. 샤프터 장군은 삼슨 제독의 대변인이 항복문서에 서명하지 못하도록 하였는데, 이는 육군과 해군 간의 대립의 결과였다. 전후(戰後) 육군과 해군은 나포한 스페인 함정을 어느 군이 소유해야 할 것인 지의 문제를 놓고 논쟁하였다.[36)]

4. 각군의 독자성: 하늘로부터 공격을 받다

제1차 세계대전은 육군과 해군이 거의 완벽히 독자성을 유지하고 있었음에도 불구하고 전투 효율에 별다른 지장이 초래되지 않았던 최후의 전쟁이었다.

---

34) Ibid., p. 97. 또는 "미래전 어떻게 싸울 것인가", p 176.

35) 이것과 대립되는 개념에 연합작전이 있는데, 이는 2개국 이상의 군이 참여하는 작전을 의미한다.

36) Locher, pp. 334~355.

제1차 세계대전에서는 항공기란 새로운 형태의 군사무기가 출현하였다. 육군과 해군 모두가 항공기를 보유하게 되면서 이들 군 간에 나름의 마찰과 갈등이 유발되었다.

미국의 항공력은 그 유년기를 육군 항공단(Air Corps)이란 명칭으로 육군의 보호 아래서 보냈다. 제1차 세계대전에서 미 항공력의 역할은 대단한 수준이 아니었다. 항공력의 위력을 시험해볼 목적에서 1921년 7월 미첼(Billy Mitchell) 준장 휘하 일군(一群)의 항공기들은 나포한 독일군 전함을 격침시킨 바 있는데, 이들을 목격한 미 해군은 항공력이 해전과 밀접한 관계가 있음을 인지하게 되었다.[37] 전후 미 해군과 육군은 나름의 항공력을 발전시켰다.

1922년 3월 미 해군은 항공모함을 최초 진수시켰는데, 이것의 이름은 랑글(Langley)이었다.[38] 해군 조종사들은 항공기를 해전에서 독보적인 전력으로는 생각하지 않았다. 해군은 함정 · 잠수함 그리고 항공기를 포함하는 통합된 형태로 해전을 수행했는데, 이들은 항공기를 이 같은 통합된 팀의 일부로 간주하였다.[39]

해군 항공과 비교해볼 때 여타 항공력의 경우는 육군 및 해군의 우월성에 정면 도전하는 듯한 철학을 견지하고 있었다.

제1차 세계대전은 수많은 인명 피해에도 불구하고 극도로 정체되는 형태인 참호전(塹壕戰) 양상을 띠었다. 이 점을 목격한 미첼과 같은 사람들은 항

---

37) Stephen Howarth, To Shining Sea: A History of the United Navy: 1775-1991(New York: Random House, 1991), pp. 333~334.

38) Stefan Terziabschitsch, Aircraft Carriers of the U.S. Navy (Annapolis, MD: Naval Institute Press, 1989), p. 14.

39) 해군항공의 기원에 대한 논의를 보려면 Jeffrey G. Barlow, Revolt of the Admirals: The Fight for Naval Aviation, 1945-1950(Washington, DC: Naval Historical Center, 1994), pp. 3~8. 참조. 지금부터 이것을 Revolt로 지칭.

공력은 지상군 전력을 지원하기 위한 전술 목적이 아니고, 적 전력의 집결지, 경제 중심지 그리고 인구 중심지를 공격하기 위한 수단으로 활용해야 할 것이라고 주장하였다.[40)]

미첼이 이처럼 극단적인 주장을 전개하게 된 것은 이탈리아의 항공력 이론가인 듀헤(Giulio Douhet)의 작품에 영향을 받은 탓이었다. 듀헤는 항공력을 이용해 적의 전쟁 수행능력, 인구밀집 지역 그리고 궁극적으로는 적 국민의 전쟁 수행의지를 공격하는 방식으로 적을 격파해야 할 것이라고 소리 높여 외쳐대고 있었다.[41)]

항공력에 관한 듀헤의 이론에는 육군과 해군의 능력을 비하(卑下)하는 듯한 내용이 암시되어 있었다. 항공력 옹호주의자와 해군 항공요원들은 항공력 활용과 관련해 서로 상이한 교리를 견지하고 있었다.

제2차 세계대전 이후 미국의 국방은 국방조직의 문제를 놓고 격렬히 논쟁하였는데, 그 과정에서 이들 양측은 상대방을 교리적 측면에서 신랄히 공격하였다.

제2차 세계대전이 점차 가열됨에 따라 미국의 각군은 자군 중심의 이론을 '종교적 차원의 신념'[42)]에서 열광적으로 외쳐되었다. 육군은 지상전에서의 승리를 전승(戰勝)을 위한 필수 조건으로 생각한 반면, 해군은 바다의 통제를 미국이 지구적 차원에서 영향력을 행사하기 위한 필수 요건으로 생각하였다.[43)]

---

40) Billy Mitchell, Our Air Force: The Keystone of National Defense (New York: Dutton, 1921) and Winged Defense: The Development and Possibilities of Modern Airpower, Economic and Military (New York: Putnam, 1925).

41) Giulio Douhet, The Command of the Air, Dino Ferrari trans, (Washington, DC: U.S. Government Printing Office, 1983); Allard, p. 91. 또는 "미래전 어떻게 싸울 것인가", pp 165-168.

42) Reorganization Proposals, p. 450.

43) 현대 해양력의 중요성을 기술한 논문을 보려면 John F. Lehman, Jr., Command of

한편 육군 항공단의 경우는 항공력을 이용해 상대방 국가를 대규모 폭격하게 되면 피비린내 나는 참호전을 수행하지 않고도 적의 전쟁수행 능력과 전쟁수행 의지를 말살시킬 수 있을 것으로 확신하고 있었다. 이들 각군의 전쟁 철학에는 상대방 군의 역할을 비하하는 듯한 의미가 내포되어 있었다. 각군 특유의 전쟁 철학에 근거해 각군의 전력이 막강해짐에 따라 일반 시각보다는 각군 특유의 특수 시각이 그리고 지역 사령관의 책임보다는 기능 중심의 각군의 책임이 보다 더 힘을 얻게되었다.

미국의 각군은 여타 군과 비교해볼 때 자군이 절대 우위에 있다고 생각하고 있었다. 그럼에도 불구하고 미국의 각군은 군 조직 차원의 갈등, 특히 중앙집권화/분권화의 문제는 조심스럽게 접근하였다.

육군은 지상전이 단연 중요하다고 생각하였다. 그러나 육군은 운송을 목적으로 함정과 항공기에 그리고 근접항공지원을 목적으로 항공기에 의존해야 할 것이라는 점을 인지하였다. 그 결과 육군은 여러 다양한 형태의 군 자산을 조정 및 활용할 목적에서 중앙집권화된 권위체를 선호하게 되었다.

육군 항공단의 경우는 전략폭격 분야에서는 작전을 독자적으로 수행했지만 근접항공지원과 방공(防空: Air Defense) 측면에서는 육군과 공조하였다. 그 결과 육군 항공단은 보다 혼합된 형태의 실체를 띠게 되었다. 그러나 미 해군은 나름의 항공력(육군 항공단의 통제를 받지 않는)과 지상전력(해병대)을 보유하고 있다는 점에서 자생 능력을 구비하고 있는 조직이었다.

그 결과 해군의 경우는 육군 항공단 및 육군과 거의 접촉할 필요가 없었다.[44)]

당시 미국의 각군은 서로 상이한 형태의 조직 구조를 견지하고 있었다.

---

the Seas(New York: Charles Scribner Sons, 1988). 참조.

44) Reorganization Proposals, p. 460 (statement of General Russell E. Dougherty, U.S. Air Force[ret]).

중앙집권화/분권화의 문제를 바라보는 이들 군의 입장에 미묘한 차이가 있었던 것은 이 같은 이유 때문이었다.

클라우제비치의 전쟁론이 영어로 번역된 이후인 1800년대 말에는 프로이센 군의 일반참모 모델이 미 육군에서 크게 각광을 받았다. 육군은 일반참모에서 따온 통합구조(Unified Structure)를 활용하였다. 1903년도 이전의 미 육군에는 2개의 지휘계통(Chain of Command)이 존재해 있었다. 즉 전투사령관의 경우는 대통령에게 직접 보고한 반면, 병참감(Quartermaster General)은 전쟁장관에게 보고하였다.

1903년도에는 전쟁장관 엘리후 루트(Elihu Root)의 노력으로 인해 일반참모 법(General Staff Act)이 미 의회를 통과하였다. 한편 그는 육군의 다양한 형태의 국(Bureau)을 통합(Unify)해 일군의 일반참모가 지원하는 참모총장 휘하에 두었다.[45]

일반참모 제도란 다양한 모습의 조직들을 통합(Unify)해 집행권한을 갖고 있는 단일의 강력한 참모 휘하에 두고, 이 참모가 단일의 의사결정권자에게 보고토록 하는 개념이었다.[46] 반면에 해군은 함정 · 잠수함 그리고 항공기를 담당하는 개개 국(局: Bureau)이 독자성을 유지할 수 있도록 한다는 개념인 분권화된 지휘계통을 견지하였다.

해군의 최고위 부서로 1915년도에 설립된 해군참모총장실은 개개 국의 책임자를 통제하지 않았다. 이들의 경우는 해군장관에게 직접 보고하였다.[47]따라서 미 육군의 경우는 미군을 강력한 형태의 중앙집권적으로 통제함이 보다 우수하다고 믿고 있었던 반면[48] 해군은 의사를 효율적으로 결정하

45) William H. Groening, The Influence of the German General Staff on the American General Staff, unpublished thesis(Carlisle, PA: Army War College, 1993)

46) 일반참모 개념을 자세히 논의한 것을 보려면 infra chapter 2 참조.

47) Boettcher, p. 64.

48) Edgar F. Raines, Jr. and David R. Campbell, The Army and the Joint Chiefs of Staff:

려면 미 국방을 분권화된 방식으로 통제함이 보다 더 좋다는 신념을 견지하게 되었는데, 이는 자군의 조직구조에 근거한 사고(思考)였다.[49)]

이외에도 미국의 각군은 작전환경뿐만 아니라 보유 장비가 서로 상이하다는 점으로 인해 중앙집권화/분권화의 문제를 서로 다른 시각에서 바라보았다.[50)]

해군의 '세계(世界)'는 처음에는 함정으로 구성되어 있었는데, 그 후 여기에 항공기가 추가되었다. 이들 개개 함정과 항공기는 보다 많은 융통성·권한 및 독자성을 구비한 단일의 장교가 지휘하였는데, 이들의 경우는 자신에게 필요한 요소들을 자체 내에 보유하고 있었다. 함정과 항공기의 작전환경인 바다와 하늘에는 통신에 장애가 될 만한 요소가 거의 없었다.

그 결과 바다 및 하늘에서는 지휘계층의 보다 낮은 차원에서 정보를 수집하고 다양한 형태의 군 자산에 명령을 전달할 수 있었다. 바다 및 하늘의 경우 전술적 차원에서 보다 더 조화를 유지할 수 있었던 것은 이 같은 이유 때문이었다.

바다 및 하늘이란 작전환경의 경우는 보다 낮은 차원의 부대들 간에 자신들의 활동과 작전을 인지시킬 수 있을 뿐 아니라 전력이 소규모의 집단(수천의 함정 및 항공기) 내부에 숨겨져 있다.

이 같은 작전환경 및 장비의 특성으로 인해 해군의 경우는 분권화를 선호하였다.[51)] 반면에 육군의 경우는 개개 병사에서 탱크와 대포에 이르는 무수히 많은 이동 물체로 구성되어 있는데, 이들은 직접 교신이 불가능하도록 하는 특성의 지상이란 작전환경에서 작전을 수행하고 있었다.

Evolution of Army Ideas on the Command, Control and Coordination of the U.S Armed Forces, 1942 1985 (Washington, DC: U.S. Army Center of Ministry History, 1986).

49) Allard, p. 114. 또는 "미래전 어떻게 싸울 것인가", pp 198-200.

50) Ibid., pp. 154~156.

51) Bernard D. Cole, "Struggle for the Marianas," in Joint Force Quarterly (Spring 1995), p. 91.

지상전력의 하위 제대의 경우는 의사를 신속히 결정해 행동하고자 할 때 필요한 정보 및 통신 능력이 크게 부족하였다.

육군의 경우는 정보를 종합해 일관된 공격기획을 구상할 목적에서 보다 높은 차원에서의 보다 중앙집권화된 방식의 의사결정을 강조하고 있는데, 이는 이 같은 이유 때문이다.

요약해 말하면 해군의 경우는 분권화에 보다 더 친숙해져 있다면 육군의 경우는 군의 자산을 중앙집권적으로 통제하는데 익숙해져 있다.

제1차 세계대전 이후 항공기가 부상하면서 미국의 각군은 임무 및 역할의 중첩이란 현상을 겪게 되었다. 그 결과 군 조직에 관한 3가지 유형의 기본 갈등을 바라보는 각군의 시각이 보다 더 복잡해지게 되었다.

함정이 항공기에 의한 공격에 취약하다는 점을 인지한 해군은 항공국(Aviator Bureau)이 해군 내부에서 우위를 점유하고 항공모함이 함대의 핵심요소가 될 정도로 항공무기에 대폭 투자하였다. 그 후 해군은 자군의 항공무기를 신경질적으로 방어하였다.

특히 해군은 대잠수함 및 정찰 임무를 수행하고자 할 때 필요한 지상에 기반을 둔 자군 항공기들을 여타 군이 통제하지 못하도록 각고의 노력을 경주하였다.

강력한 수준의 중앙집권화된 군이 출현하는 경우 해군 항공기들이 육군항공단 또는 제2차 세계대전 이후 출현한 공군에 의해 통제될 가능성이 있다는 점을 해군은 크게 우려하였다.[52] 이처럼 항공기를 특정 군이 통합적으로 통제하게 되면 훈련 및 획득의 측면에서 '규모의 경제'를 달성할 수 있지만 해상 작전의 핵심인 항공기를 직접 통제할 수 없게 된다고 해군은 생각하였다.

52) Boettcher, pp. 74~77.

항공기의 쏘티(Sortie)를 놓고 여타 군의 장교들과 해군 장교들이 협상을 벌일 수밖에 없는 그러한 상황을 해군은 예견하고 있었다.[53] 사실 제2차 세계대전 당시 해군과 '육군 내의 공군(Army Air Force)'(육군 항공단이 1941년도에 '육군 내의 공군'으로 바뀌었다.)은 항공기의 활용과 관련해 서로 상이한 철학을 견지하고 있었다.[54]

해군은 지상에 기반을 둔 모든 항공력을 단일의 군이 통합적으로 통제하게 되면 항공력 활용에 관한 철학의 차이로 인해 함대에 치명적인 사태가 발생할 가능성이 있다는 점을 우려하였다. 지상에 기반을 둔 모든 항공력을 단일의 항공군(air force service)이 통제해야 할 것이라는 논리에 중앙집권화된 의사결정권자가 동요될 가능성도 없지 않다는 생각에서 해군은 미 국방의 중앙집권화를 결사 반대하였다.

해병대의 경우는 자군의 원정 전력을 근접항공지원하고 충분치 못한 화력을 보완할 목적에서 나름의 항공력을 보유하고 있었다. 권한을 중앙에서 강력히 행사하는 경우 이 같은 중앙집권화된 의사결정권자가 자군의 항공력에 대한 통제권을 빼앗아갈 가능성이 있다며 해병대는 해군과 함께 국방의 중앙집권화에 결사 반대하였다.[55]

해병대는 함정에 탑승하고 있는 해병 원정전력이 현장에 도착하기도 이전에 지역 사령관이 자군의 항공기에 전투를 명령하게 되는 상황을 반기지 않았다.

소위 말해 해병 항공을 '날아다니는 대포'로 절실히 필요로 하고 있는 원정군 전력이 전장에 도착하기도 이전에 자군의 항공력이 고갈되는 현상을 해병대는 우려하였다. 그 결과 해병대는 자군 항공력에 대해 지역 사령관

53) Ibid., p. 86.
54) Allard, p. 106. 또는 "미래전 어떻게 싸울 것인가", p 190.
55) John Trotti, Marine Air: First to Fight(Novato, CA: Presidio Press, 1985), pp. 23~36.

이 명령을 내려서는 아니 된다며 강력한 형태의 지역 사령관이란 개념에 정면 반대하였다.[56)]

해병 항공전력은 지상 전투작전과 근접항공지원을 부드럽게 통합할 목적에서 해병 사단장이 지휘하고 있었다.[57)] 해병 항공기를 해병 요원이 아닌 여타 사람이 통제하는 경우 해병대의 지상전력에 적시에 근접항공지원을 제공하지 못하게 될 가능성도 없지 않았다.

해병대는 상륙을 목적으로 하는 전력인데, 육군은 상륙에 필요한 이상의 전력을 보유하고 있다며 해병대를 자신들과 경합을 벌이는 지상전력으로 바라보는 경향도 없지 않았다.

이 같은 현상을 보면서 해병대는 중앙집권화를 의혹의 눈초리로 바라보았다.[58)] 육군의 경우는 해병대의 규모를 줄이고자 하는 욕망을 갖고 있었는데, 중앙집권화된 의사결정권자가 이 같은 육군의 의도에 동요될 지도 모른다고 해병대는 생각하였다.[59)]

국방을 각군이 주도해야 함을 의미하는 분권화, 기능 중심 그리고 특수화를 미 국방은 선호하고 있는데, 여기에 나름의 이점이 없지 않다. 그러나 그 결과 중앙집권화, 지역 중심 그리고 일반 시각이 주는 이점을 상실하게 될 가능성도 없지 않다.

땅 · 바다 · 하늘이란 자군의 작전환경에 초점을 맞춤에 따라 미국의 육 · 해 · 공군은 이들 개개 환경에서 우수성을 추구할 수 있었다. 그러나 그 결

---

56) William J. Crowe, Jr. with David Chanoff, The Line of Fire: From Washington toe the Gulf, the Politics and Battles of the New Military (New York: Simon & Schuster, 1993), p. 154.

57) Palmer, p. 160.

58) Boettcher, pp. 76~83.

59) Ibid., pp. 25~26. 또는 J. Robert Moskin, The U.S. Marine Corps Story (New York: McGraw-Hill Book, Company, 1977), pp. 461~67.

과 통합(Unified)된 전략(戰略)에 근거해 각군의 노력을 효율적으로 조정하고, 국방예산을 효과적으로 배분하지 못하게 될 가능성도 없지 않았다.

불확실성에 관한 반 크레벨트의 이론에서 알 수 있듯이 군 조직의 특정 부위, 즉 각군 차원에서 효율성을 추구하는 경우 군 조직의 또 다른 부위, 즉 지휘 측면에서 가장 높은 차원인 각군을 조정하는 차원에서 비효율성이 유발될 가능성도 없지 않다.

5. 제2차 세계대전 당시의 합동작전과 합참의 기원

제2차 세계대전 당시는 군사작전이 지구적 차원의 성격을 띠었다. 이 점뿐만 아니라 보다 대규모의 복잡한 형태의 합동작전이 요구되었다는 점으로 인해 미군의 지휘구조는 변화될 수밖에 없었다.

1942년도 1월 미국 대통령 루즈벨트(Franklin D. Roosevelt)와 영국수상 처칠(Winston Churchill)은 전쟁을 지시할 목적에서 미군과 영국군으로 구성되는 연합참모회의(Combined Chiefs of Staff)를 설립하였다. 그러나 당시 미국은 영국의 참모총장위원회(Chiefs of Staff Committee)에 해당하는 기구를 갖고 있지 않았는데, 이곳은 육·해·공군의 최고 수뇌부로 구성되어 있었다.

제2차 세계대전 이전의 미군은 육군과 해군 간의 합동위원회(Joint Board)를 통해 상호 협조 및 조정하였는데, 1941년도 12월 당시 이곳 위원회는 8명의 장교로 구성되어 있었다. 여기에는 각군 참모총장 즉 육군참모총장, '육군 내 공군'의 수장(首長), 해군참모총장 그리고 해병대사령관이 포함되어 있지 않았다.

영국의 조직 구조에 대처할 목적에서 미국의 각군 참모총장들은 합동참모회의(Joint Chiefs of Staff)란 명칭의 위원회를 구성해 회합을 시작하였다. 그러나 루즈벨트 대통령은 이 같은 형태의 새로운 위원회를 성문화하지 않았는데, 이는 나름의 융통성을 보장할 목적에서였다.[60] 합동참모회의 구조에는 상황에 따라 합동기획(合同企劃)을 수행하기 위한 몇몇 위원이 포함되어 있었다.

초기의 합동참모회의 구조는 이곳에서 가장 중요한 위원들인 합동참모기획가들(Joint Staff Planners)을 비상근으로 활용하고 있었다는 점에서 보듯이 적합한 형태의 것이 아니었다.

1943년도 초에는 합동참모회의 조직을 갱신하였는데, 여기서도 조직의 근간 즉 합동참모회의 휘하의 위원회 체계를 유지하였다.[61] 그 후 군의 의사결정 과정에 참여하던 몇몇 사람들은 합동참모회의 구조가 충분치 못하다고 생각하기 시작하였다.

1943년 육군참모총장 마샬(George Marshall)은 각군을 통합(Unification)해 단일 참모장 밑에 두는 종적(縱的) 지휘구조로 합동참모회의를 대체하자고 제안하였는데, 이는 육군 내부의 지휘구조를 반영한 것이었다.[62]

육군은 통합이란 보다 강력한 형태의 중앙집권화를 지지하였다. 제2차 세계대전 당시 합동참모회의가 비교적 원만히 운영될 수 있었던 것은 이들 참모총장이 상호 협조하는 성품을 갖고 있었기 때문이라며 상황이 달라지면 결과가 파국(破局)에 직면하게 될 가능성도 없지 않다고 육군은 주장하였다.[63]

해군의 경우는 분권화된 형태의 지휘통제체계를 선호하고 있었다. 때문

60) Historical Division, Joint Secretariat, JCS, Organization Development of the Joint Chiefs of Staff, 1942-1989 (Washington, D.C. U.S. Government Printing Office, 1989), pp. 1~3. 지금부터 Organizational Development로 지칭.

61) Organizational Development, pp. 3~6.

62) Boettcher, p. 7, Barlow, Revolt, pp. 23~27.

63) Barlow, Revolt, p. 25.

에 해군은 보다 강력한 형태의 통합을 반대하였는데, 이 같은 해군의 입장에 대해 해군의 열렬한 후원자인 루즈벨트 대통령은 수용적이었다.[64)]

제2차 세계대전 당시에는 각군이 성공적으로 협조한 경우도 있었지만 전력을 쇠진케 하는 형태의 각군 간의 불화도 없지 않았다.

북아프리카를 침공할 목적의 1942년 11월의 '횃불작전(Operation Torch)'은 스페인과의 전쟁 이후 최초의 대규모 차원의 상륙작전이었다. 당시의 작전은 상륙작전에 대한 육군의 경험이 일천하다는 점에도 불구하고 순조롭게 진행되었는데, 이는 적의 저항이 거의 없었다는 점에 크게 기인하고 있었다.[65)]

해병대의 경우는 태평양전쟁에 투입되어 있었다. 이 점에서 당시의 상륙작전은 주로 육군이 수행하였는데, 육군은 해병부대와의 훈련을 통해 상륙전에 관한 숙련의 정도를 높일 수 있었다. 북아프리카로 운송될 당시 그리고 실제 상륙 공격을 감행할 당시 육군 부대들은 해군 지휘관인 헤윗(Henry Hewitt)의 지휘를 받았다.

육군부대가 해안에 교두보를 확보함에 따라 지휘권이 육군의 페튼(George S. Patton) 장군에게 자연스럽게 이관되었다.

1944년도 6월 노르망디에서는 대규모의 상륙전력을 편성해 침공에 성공했는데, 당시는 원활히 합동작전을 수행하는 경우 얻을 수 있는 이점이 지대하다는 점을 보여준 대표적인 사례였다.[66)]

북아프리카 및 노르망디를 침공할 당시와 비교해볼 때, 태평양에서의 미

---

64) Boettcher, p. 21.

65) John Gordon IV, "Joint Power Projection: Operation Torch," in Joint Force Quarterly (Spring 1994), pp. 60~69.

66) Allard, p. 108. 또는 "미래전 어떻게 싸울 것인가", p 193. 노르망디 상륙작전의 경우는 Stephen E. Ambrose, D.-Day: June 6, 1944: The Climatic Battle of World War II(New York: Simon & Schuster, 1994) 참조, 합동차원의 정보수집 그리고 각군 노력의 중복현상을 보려면 James D. Marchio, "Days of Future Pasts: Joint Intelligence in World War II," in Joint Forces Quarterly (Spring, 1996), pp. 116~123 참조.

군의 작전은 각군이 조화를 이루지 못하는 상태에서 진행되었다.

진주만(Pearl Harbor)에서 미군이 일대 참변을 겪게된 것은 부분적으로는 하와이 주둔 미 육군 및 해군의 지휘관들이 상호 협조하지 못했다는 점 때문이었다. 이 같은 각군 간의 조화 부재란 문제가 해결되기는커녕 보다 심화되는 경향도 없지 않았다.[67)]

유럽의 모든 연합군은 아이젠하워(Dwight Eisenhower)란 단일 지휘관이 지휘한 반면 태평양의 미군 조직에는 단일의 통합사령관(Unified Commander)이 존재하지 않았다. 이곳의 경우는 Pacific Ocean 지역을 해군제독 니미츠(Chester Nimitz)가 지휘한 반면 남서태평양 지역은 육군의 맥아더(Douglas MacArthur) 장군이 지휘하였다.[68)]

해군은 태평양은 자신들이 수호해야 할 곳으로 생각하고 있었다. 또한 해군은 태평양전쟁에는 대규모의 상륙작전과 해군작전이 포함될 수밖에 없다고 확신하고 있었다. 해군이 아닌 지휘관이 태평양 지역의 최고 지휘관이 되는 상황에 해군은 강력히 반대하였는데, 이는 이 같은 이유 때문이었다.[69)]

육군은 태평양 전구(戰區: Theater)에 대한 지휘를 맥아더에게 맡기고자 하였다. 태평양전쟁 초기의 필리핀에서 맥아더 장군이 해군 전력 및 항공 전력을 크게 낭비했다는 점을 들어 해군은 이 같은 육군의 선택을 불신하였다.

태평양을 전반적으로 지휘하겠다는 육군의 욕망은 1942년도 초 남서태평양에 80,000의 육군 병력이 배치되면서 보다 더 고조되었다.

---

67) Allard, p. 97 또는 "미래전 어떻게 싸울 것인가", pp 178-179; Locher, p. 356;

68) Allard, p. 104. 또는 "미래전 어떻게 싸울 것인가", p 187.

69) Jason B. Barlow, "Interservice Rivalry in the Pacific," in Joint Force Quarterly (Spring 1994), pp. 76~81. 지금부터 "Interservice Rivalry,"로 지칭.

육군참모총장을 역임한 바 있는 맥아더의 경우는 태평양 지역 최고사령관으로 거론되고 있던 해군의 어떤 지휘관들보다도 선임자였다. 이 점에서 문제는 보다 더 복잡해졌다. 출현한 지 얼마 되지 않은 합동참모회의는 태평양전쟁에서의 지휘의 문제를 놓고 5개월간 실랑이를 벌였다.

최종적으로 합동참모회의는 태평양을 2개의 전쟁전구(Theater of War)로 나누고는 남서태평양 지역은 맥아더가 그리고 Pacific Ocean 지역은 니미츠 제독이 지휘토록 하였다.

멕시코 전쟁에서의 스콧(Scott) 육군장군과 코너(Conner) 해군제독 그리고 남북전쟁에서의 그란트(Grant) 육군장군과 푸테(Foote) 제독과는 달리 맥아더 장군과 니미츠 제독은 성격이 매력적이지 못했다. 이 점에서 문제는 보다 더 악화되었다.

이처럼 지휘가 양분됨에 따라 합동참모회의에서는 작전전구(Theater of Operation)에서 통상 결정되는 사안인 군사력 할당이란 문제를 놓고 고민해야만 하였다. 전후 맥아더는 다음과 같이 기술하고 있다.

> "태평양에서의 지휘를 통일하지 못했다는 점은 제2차 세계대전 당시 자행된 잘못된 형태의 의사결정들 중 가장 이해가 되지 않는 부분입니다. 지휘통일(Unity of Command)의 원칙은 교리 및 지휘의 측면에서 가장 기본적인 형태의 것입니다. … 태평양전쟁에서 지휘를 통일하지 못했다는 점은 논리 및 이론의 측면에서뿐만 아니라 상식적으로도 변명의 여지가 없습니다. 당시 지휘를 양분하게 된 것은 또 다른 이유에서 찾아야 할 것입니다. 지휘를 통일하지 않은 결과로 인해 노력이 분산되었습니다. 그 결과 전쟁기간이 늘어났으며 보다 많은 인명과 자원이 소모되었습니다"[70)]

---

70) Barlow, "Interservice Rivalry," p. 79.

한편 지휘의 양분에 따른 문제들이 맥아더 장군과 니미츠 제독의 성격과 보다 관계가 있을 가능성도 없지 않다. '육군 내의 공군' 장교인 스트리트(Clair Street) 장군과 합동참모회의 참모 중 일부는 다음과 같이 말하면서 맥아더를 비난한 바 있다.

> "맥아더를 배제시킬 때만이 태평양지역에서의 바람직한 형태의 조직 편성이 가능했을 것이다"[71]

태평양전쟁에서는 마샬군도를 해방시킨 1944년도의 Operation Flintlock에서 보듯이 합동기동부대(Joint Task Force) 형태의 각군 간 협조를 통해 괄목할만한 업적을 이룬 경우도 없지 않았다.[72]

1944년 여름의 마리아나(Marianas) 전역(戰役) 당시 해군은 섬을 향해 돌진해 들어가던 육군과 해병대를 함포 지원하였으며, 지상군은 또한 합동 항공 지원 형태로 지원을 받았다.[73] 그러나 마리아나 전역에서 사이판을 점령할 당시 육군과 해병대 간의 관계는 불화와 갈등으로 점철(點綴)되어 있었다.

당시의 지상군사령관 해병중장 스미스(H.M. Smith)는 육군이 해병대 수준으로 임무를 수행하지 못하고 있다며, 육군 27사단장인 스미스(Ralph Smith)를 해임시켰다.[74]

1944년도 10월의 레이테 만(Leyte Gulf) 전투는 필리핀 전역(戰役)에서 대규

---

71) Ibid., p.80.

72) Operation Flintlock에서의 합동기동부대를 알고 싶으면 Lance Betros, Coping with Uncertainty: The Joint Task Force and Multi-Service Military Operations, Unpublished thesis (Fort Leavenworth, KS: School of Advanced Military Studies, U.S, Army Command and General Staff College, 1991), p. 30 참조.

73) Bernard D. Cole, "Struggle for the Marinanas," in Joint Force Quarterly (Spring 1995), pp. 92~93.

74) Ibid., p. 93.

모의 해전이 수행된 경우인데, 당시의 해전에는 2개 함대가 참여하였다.

문제는 이들 중 1개 함대는 맥아더 휘하에 있었던 반면 나머지 1개 함대는 니미츠가 지휘했다는 점이었다. 지휘를 통일하지 못했다는 점으로 인해 이들 함대 간에 의사가 제대로 소통되지 못했으며 나름의 오해가 있었다.

그 결과 이들 중 1개 함대는 극도의 위기에 직면하게 되었으며, 함대 일부의 안녕을 확인할 목적에서 "Task Force 34 어디에 있는가?"란 무선신호를 급히 보낼 수밖에 없었다. 미군의 조직이 제대로 구비되어 있지 못했음에도 불구하고 궁극적으로 보면 전투에서 자멸은 모면할 수 있었는데, 이는 다행스런 일이었다.[75)]

6. 전후 미군 조직에서 목격된 이견들: 1945~1947년

전후 미 국방은 상부 지휘구조를 재구성하기 위한 노력을 전개했는데, 제2차 세계대전을 거치면서 각군 간의 균형이 와해되었다는 점에서 당시의 논쟁은 특히도 소란스러웠다.[76)]

제2차 세계대전을 통해 확인된 사항 중 하나는 지상 및 해상 전쟁의 수행에 항공력이 매우 중요하다는 점이었다. 따라서 향후 출현하게 될 공군이 국방을 주도하게 될 것이라는 인식이 은연중에 조성되었는데,[77)] 이는 핵무

75) Ronald H. Spector, Eagle against the Sun: The American War with Japan (New York: The Free Press, 1985), pp. 417~444.

76) 1999년의 Kosovo 분쟁 이후의 논쟁은 Bradley Graham, "Air vs. Ground: The Fight is On: Air Force, Army Already Battling for Lead Roles in Future Wars," in Washington Post (June 22, 1999), p. 1. 참조

77) Barlow, Revolt, pp. 13~21.

기의 운반 능력을 공군만이 갖고 있기 때문이었다.[78]

상륙작전과 해군작전 중심의 태평양전쟁에서 방향을 선회해 미군은 동서(東西)로 분할된 유럽으로 관심의 초점을 전환하였다. 그 결과 해군은 유럽으로 향하는 수송함에 대한 호위 차원을 넘어선 공세 전력임을 입증시키기 위한 나름의 임무를 찾고자 노력하지 않을 수 없게 되었다.[79]

더욱이 신생 공군의 출현으로 인해 공군이 '지상에 기반을 둔 해군 항공기들'을 통제하게 될 가능성도 없지 않게 되었다. 한편 핵 폭탄 운반이 가능한 항공기를 탑재할 목적의 초대형 순양함을 건설하고자 해군이 노력함에 따라 핵무기 운반과 관련된 자군의 고유 임무를 수호할 목적에서 공군은 필사적으로 노력하였다.

이외에도 대규모의 집중된 지상전력이 핵무기의 좋은 표적(標的)이 될 수 있음을 인지한 육군은 핵무기의 출현으로 인해 향후에는 지상전이 불가능해질 지 모른다며 크게 우려하였다.

한편 제2차 세계대전 당시는 해병대의 규모가 크게 늘어났다. 지상전에서 해병대가 자군과 경쟁하고 있음에 분개하고 있던 육군은 상륙공격은 핵무기에 의한 가장 좋은 표적이라며 지상전에서의 자군의 우위를 강화하고자 노력하였다.[80]

이미 앞에서 언급한 바처럼 육군은 통합된 형태의 지휘구조를 운영하고 있었다. 이 점으로 인해 육군은 단일의 장관이 예산을 통제하는 통합된 형태의 국방성과 단일의 장교가 군 조직을 지휘하는 통합된 형태의 국방조직을 선호하게 되었다.

---

78) Boettcher, p. 99.

79) George W. Baer, One Hundred Years of Sea Power: The U.S. Navy, 1980~1990(Stanford, CA: Stanford University Press, 1994), pp. 275~314.

80) Boettcher, p. 99.

육군이 국방조직의 통합을 선호했던 것은 중앙에서 단일의 의사결정권자가 자원을 할당하지 않는 경우 향후의 전쟁에서 점차 주요 역할을 수행하게 될 공군 및 해군에게 자원을 잃게 될 가능성이 있다는 우려 때문이었다.[81]

반면에 해군은 통합(Unified)된 형태의 지휘구조에 반대했는데, 이는 해군이 분권적 형태의 지휘통제체계를 유지하고 있었다는 점 그리고 항공력을 지속적으로 유지하고 싶다는 점 때문이었다.

통합된 형태의 예산을 단일의 장교 또는 민간인이 통제하는 경우 해군에 배정될 예산의 규모가 줄어들지도 모른다는 점을 해군은 우려하였다.[82]

강력한 형태의 단일 지휘관이 출현하는 경우 그가 궁극적으로는 민주국가의 전복을 획책할 독재자가 될 가능성도 없지 않다는 이론을 내세워 해군은 자군의 입장을 정당화시켰다.[83]

미군 전체를 대변하는 일반참모의 냄새가 나는 모든 사항에 대해 해군은 강력히 반대하였다. 일반참모 개념에 반대하던 사람들은 군 전체를 대변하는 단일 지휘관과 마찬가지로 단일의 일반참모를 편성하게 되면 군국주의가 조장되며, 이들이 선거에 의해 선출된 민간인을 전복시킬 가능성도 없지 않다고 주장하였다. 이들은 독일에 군국주의가 출현해 미군이 피를 흘리며 싸우지 않을 수 없었던 것은 독일군의 일반참모들 때문이었다고 주장하였다.

Goldwater-Nichols Act가 통과되기 이전의 논쟁에서도 이 같은 주장이 재차 부상하였다.

육군의 안(案)을 지지하고 있던 트루먼(Harry Truman) 대통령은 국방의 재조직에 지대한 관심을 보였다.

---

81) Barlow, Revolt, p. 30.

82) Allard, p. 116. 또는 "미래전 어떻게 싸울 것인가", pp 199-200.

83) Ibid., p. 113. 또는 "미래전 어떻게 싸울 것인가", p 203.

1945년도 12월 그는 자신의 의도를 상원군사위원회(Senate Military Affairs)에 제기하였다. 그 결과 이 문제에 관한 다수의 청문회가 뒤를 이었다.[84] 국방재조직에 관한 행정부의 입장을 인지하고 있다는 점을 증언 이전에 언급하면 군 장교의 경우도 의회에서 증언할 수 있다고 트루먼 대통령은 언급하였다.[85]

결과적으로 보면 자신이 제안한 안에 대해 군 장교들이 반대의 목소리를 높이는 것을 보면서 트루먼 대통령의 심기가 매우 불편해졌다.[86] 국방재조직과 관련된 논쟁에서 미국의 각군은 의회에서의 대립, 언론 매체를 통한 활동[87] 그리고 비공식적인 모임 등을 포함한 모든 수단을 동원하였다.

육군은 '육군 내 공군(Army Air Force)'의 독립을 인정하였다. 그러나 육군은 더 이상 군이 분권화되는 현상을 방지해야 한다며 단일 참모장 휘하에 있는 통합된 형태의 군을 옹호하였다.

해군장관 포레스텔(James Forrestal)이 이끌고 있던 해군의 경우는 각군 간의 상호 협조 및 조화란 개념을 옹호하였다. 해군은 문민통제를 위협할 뿐 아니라 각군 간의 자발적인 공조로도 제2차 세계대전에서 승리할 수 있었다는 점을 고려해볼 때 군의 상부구조 통합은 불합리한 방안이라고 주장하였다.[88]

향후 독립하게 될 공군이 지상의 모든 항공기를 통제할 수 있도록 육군이 지원하는 반면 통합된 형태의 단일의 일반참모란 개념을 공군이 지원하도록 육군과 공군이 암묵적으로 타협한 것 같다며 해군은 나름의 우려를 표명하였다.[89]

---

84) Boettcher, p. 48.

85) Ibid., p. 55.

86) Ibid., p. 82.

87) 공군과 해군의 Public Relation은 Barlow, Revolt, pp. 44~52 참조.

88) Organizational Development, p. 12.

89) Barlow, Revolt, p. 32.

소련해군이 무시할 정도의 수준이라며 미국이 대규모의 해군을 유지할 필요는 없다고 '육군 내의 공군' 지휘관 스팟즈(Carl Spaatz)는 사적 성격의 식사 모임에서 언급하였다. 그 결과 해군의 우려는 보다 더 고조되었다. 국방의 상부구조가 보다 통합되는 경우 자군의 역할이 사라질지 모른다는 우려에서 해병대 또한 더 이상의 통합을 반대하였다.

해병대사령관을 제외한 여타 참모총장에게 배포한 글에서 육군참모총장 아이젠하워는 해병대가 육군을 모방하고 있다며, 제2차 세계대전 당시 60만을 상회하던 해병대 병력을 5만으로 줄일 필요가 있다고 주장하였다.[90)]

상원의 군사문제위원회는 육군의 안을 지지하였다. 반면에 상원의 해군문제위원회(Naval Affairs Committee)는 국방재조직과 관련된 육군 안을 해군 및 해병대 장교들이 공격하는 형태의 청문회를 개최하는 방식으로 상원 군사문제위원회에 대응하였다.

해군장관 포레스텔은 육군 안을 지지하고 있던 트루먼 대통령의 입장에 공개적으로 반대하였다. 또한 해병대사령관 반데그리프트(Alexander Vandegrift)는 해병대와 관련된 아이젠하워 장군의 글을 공식 거론하면서 자군을 열정적으로 방어하였다.[91)]

1946년도 5월 하원의장 빈손(Carl Vinson)과 상원 해군문제위원회 위원장인 상원의원 월쉬(David Walsh)는 국방재조직에 관한 트루먼 대통령 및 육군의 의도에 반대하는 내용의 서신을 해군장관 포레스텔에게 보내어 상원 군사문제위원회의 활동을 방해하였다.

1946년도 5월, 트루먼 대통령은 국방을 단일 지휘관이 지휘토록 한다는 개념의 타당성 여부에 관해 재차 숙고하기 시작하였다. 그 결과 그는 육군

---

90) Boettcher, p. 83.

91) Ibid., pp. 85~87.

안에 대한 해군의 주요 불만을 수용하게 되었다.[92)]

1947년 6월 트루먼 대통령은 하원에 새로운 형태의 안을 제출하였다. 여기서 그는 해병대에 전혀 손을 대지 않았으며, 군 전체를 지휘하는 단일 참모장이란 개념도 지지하지 않았다. 그는 각군 장관을 내각에서 추방하고는 모든 군을 담당할 새로운 형태의 단일의 민간인 자리를 신설하였다.

또한 당시의 안에는 새로 탄생하게 될 공군이 지상에 기반을 둔 해군의 모든 항공력을 통제하게 될 것이라는 내용의 조항이 포함되어 있었다. 단일의 민간인을 중심으로 국방을 통합한다는 안에 대해 해군은 강력히 저항하였다.

해군장관 포레스텔은 해군이 자군의 항공기를 통제해야 한다는 점을 트루먼 대통령에게 천명하였다.[93)] 해군은 '육군 내의 공군'이 언론과 원만한 관계를 맺고 있을 뿐 아니라 국방재조직과 관련해 나름의 로비를 전개하고 있다고 생각하였다.

그 결과 해군은 자군의 입장을 지원할 목적의 '연구 및 조직에 관한 장관위원회(Secretary's Committee on Research and Organization)'란 명칭의 사무실을 신설하였다.[94)]

1946년도에는 현대 미 국방에서 주요 요소가 된 통합사령부기획(Unified Command Plan)이란 개념이 출현하였다. 태평양전쟁 당시 태평양을 두 개의 전쟁전구(Theater of War)로 나누어 운영함에 따라 나름의 문제가 있었다며, 1946년도 해군은 각군이 혼합되어 있는 형태의 태평양사령부를 설치하자고 제안하였다.

이 같은 해군의 제안에 대항해 육군은 처음에는 지역 사령부보다는 기능

---

92) Ibid., pp. 104~106.

93) Ibid., pp. 108~109.

94) Barlow, Revolt, pp. 44~52.

성격의 사령부를 옹호하였다. 이는 태평양에 기반을 둔 육군장군인 맥아더를 해군이 통제하게 될 지 모른다는 우려 때문이었다. 1946년도 말 트루먼 대통령은 통합사령부기획을 인가하였다.

이는 CINC(Commander in Chief)라고 지칭되는 전구사령관(Theater Commander)이 합동참모회의에 직접 보고하는 형태의 조직 구조였다.[95] 대부분의 CINC들은 통합사령부를 감독하였는데, 통합사령부는 '유럽주둔 미군사령부(USEUCOM)' 처럼 지역 내의 1개군 이상을 망라하는 사령부였다.

그러나 CINC는 공군 전력만의 전략공군사령부(Strategic Air Command)의 경우처럼 1개 군으로 구성된 특수사령부(Specified Command)를 감독할 수도 있었다. 개개 통합사령부 내의 각군 전력은 '각군 구성군사령부(Service Component Command)' 를 구성하였다.

구성군사령부의 경우는 CINC로부터 작전을 지시 받았다. 그러나 구성군사령부는 장비 및 훈련 측면에서 자신들의 모군과 긴밀한 관계를 유지하였다.

개개 CINC는 다수의 군에서 나온 장교들로 구성된 합동참모에 의존했는데, 이들은 CINC 휘하의 총사령부에 위치하였다. 통합사령부기획은 지역중심의 책임을 대변하는 성격의 것이었다. 그 결과 기능 중심의 책임을 대변하고 있던 각군과 CINC가 갈등을 보이지 않을 수 없게 되었다.

7. 1947년도의 국가안보법

1947년도의 제80차 의회(Eightieth Congress)에서는 국방재조직에 관한 트루먼 대통령의 수정안을 놓고 논쟁이 벌어졌다.

---

95) Joint History Office, OJCS, The History of the Unified Command Plan, 1946-1993(Washington, DC: U.S. Government Printing Office, 1995), p. 12.

하원과 상원은 휘하의 해군 및 육군 위원회들을 통합된 형태의 군위원회(Armed Services Committees)로 단일화해 그 기능을 강화하는 한편 각군을 지원하는 의원의 숫자를 제도적으로 줄여버렸다.[96] 이외에도 당시 공화당 중심으로 편성되어 있던 미 의회는 다음과 같은 몇몇 이유로 인해 해군의 입장을 지지하고 있었다.

첫째, 공화당의 경우는 규모가 큰 정부를 불신하였는데, 통합된 군을 요구하는 육군 안은 그 대표적인 사례인 듯 보였다.

둘째, 공화당은 고립주의를 선호하는 경향이 있었다. 이는 그 성격상 대규모 차원의 육군이 개입될 수밖에 없는 유럽에서의 전쟁 참여에 의혹을 제기하는 한편 태평양전쟁에의 대거 참여를 옹호하고 있다는 의미였다. 이 같은 일련의 성향은 해군에 유리한 형태의 것이었다.

마지막으로 파당정치로 인해 공화당 의원들은 트루먼 대통령의 정책에 일반적으로 반대하는 입장이었는데, 당시의 상황에 이것을 적용해보면 이는 해군에 대한 지원을 의미하였다. 나름의 지원세력을 구축할 목적에서 해군장관 포레스텔은 상원의 Majority Leader와 개인적인 회합을 가졌다.[97]

전쟁장관 패터슨(Robert Patterson)은 개인적으로는 보다 강력한 형태의 국방 통합을 지지하고 있었다. 그럼에도 불구하고 그는 해군에 대한 미 의회의 지원을 보면서 해군과 대립하지 않으면서 의견을 조정하기로 결심하였다. 공군의 독립을 인정하는 등 해군장관 포레스텔 또한 나름의 타협안을 제출하였다. 그는 공군의 창설은 필연적이라고 생각하였다.[98]

해군장관 포레스텔 및 전쟁장관 패터슨의 대변인들은 에버스타트(Ferdinand Eberstadt)란 민간인이 작성한 안을 놓고 의견을 일치시켰는데, 여

96) Boettcher, p. 109.

97) Ibid., pp. 117~119.

98) Barlow, Revolt, pp. 40~43.

기에는 해군에 유리한 내용이 담겨져 있었다.[99)]

상원군사위원회에서 아이젠하워 장군은 국방을 이끌어갈 단일 참모장이 필요하다고 증언하였다. 그 결과 타협안이 물거품이 될 가능성도 없지 않았다. 그러나 궁극적으로 미 의회는 국가안보법(National Security Act)이란 명칭의 타협안을 1947년도에 통과시켰다.[100)]

당시 미 의회가 이 같은 규약을 통과시키게 된 것은 부분적으로는 군의 기능들을 일부 강화함으로서 국방비를 줄여 인플레이션을 억제할 필요가 있었기 때문이었다.[101)] 결과적으로 보면 1947년도의 국가안보법은 생산적인 성격의 법이었다. 당시의 규약으로 인해 국가안전보장회의(NSC: National Security Council) 및 중앙정보부(Central Intelligence Agency)를 포함한 국가안보 정책을 담당하는 현대화된 조직의 골격이 형성되었다.

신생 공군을 포함한 각군 성(省: Department)을 감독하게 될 민간인 국방장관 중심의 국가국방조직(NME: National Military Establishment)이 이 규약의 Title II로 인해 출현하게 되었다.[102)] 규약의 Section 202(a)[103)]에 따르면 "국방장관은 국가안보와 관련된 모든 문제에 관해 대통령의 주요 조원자가 되었다" 국방장관의 임무는 크게 4가지인데, 국가 국방조직을 위해 일반 정책을 수립하고, 각군에 대해 "일반적인 지시 · 권한 및 통제권"을 행사하며, 획득 측면에서의 불필요한 중복을 방지하고, 년간 예산을 조정하는 것이었다.[104)]

그러나 각군 성은 독립된 "집행부서(Executive Department)"[105)]란 입지를 고

99) Boettcher, p. 120.

100) Pub. L. NO. 80-253, 61 Stat. p. 495(1947).

101) Boettcher, pp. 129~130.

102) Pub, L, No. 80-253, Title II, Sec, 201, 61 Stat. P. 499(!947).

103) Ibid., Sec. 202(a), 61 Stat. p. 500.

104) Ibid., Sec, 202(a)(1)-(4), 61 Stat. p. 500.

105) Ibid., Sec. 202(a), 61 Stat. p. 500.

수하였다. 이는 앞에서 언급한 4가지 임무를 부여받고는 있지만 각군 성에 대한 법적 차원의 권한을 국방장관이 갖고 있지 못함을 의미하였다.

국방장관에 의한 모든 의사결정에 대해 각군 장관은 대통령에게 이의를 제기할 수 있었다.[106] 국가안보법에서는 또한 국방장관 휘하 차관보(Assistant)의 수를 엄격히 제한하였다.

국방장관의 경우는 차관(Undersecretary) 또는 차관보(Assistant Secretary) 외에 3명의 특정 보좌관만을 둘 수 있었다.[107] 국가안보법에서는 국가국방조직을 집행기구(Executive Agency)로 정의하지 않았다. 그 결과 법적 차원에서의 이것의 위치가 애매 모호했으며 국방장관의 권한이 약화되는 결과가 초래되었다.[108]

국가안보법의 Title II에서는 합동참모회의를 법적으로 특별히 규명하고는 이 위원회를 구성하고 있는 각군 참모총장들을 "대통령과 국방장관에게 군사문제에 관해 조언하는 주요 인물"[109]들로 정의하였다. 합동참모회의는 해병대사령관을 제외한 육 · 해 · 공군 참모총장으로 구성되어 있었다.

국가안보법에서는 대통령의 개인적인 군사조언자를 합동참모회의의 일원으로 일할 수 있도록 하고 있다. 그러나 합참의장이란 직분은 설치하지 않았다. 국가안보법의 Title II에서는 전략 임무 달성에 관한 나름의 기획을 구상하고, 지구상 곳곳에 통합사령부를 설치하는 권한을 합동참모회의에 부여하고 있다.[110]

---

106) Ibid.

107) Ibid., Sec. 204, 61 Stat, pp. 500~1.

108) Steven L. Rearden, History of the Office of the Secretary of Defense: The Formative Years: 1947–1950 (Washington, DC: U.S. Government Printing Office, 1984), pp. 23~25.

109) Pub. L. No, 80–253, Title II, Sec, 211(c), 61 Stat, p. 505(1947).

110) Ibid., Sec. 211(b), 61 Stat, p. 505.

국가안보법에서는 합동참모란 명칭의 조직을 두어 합동참모회의를 지원토록 하였다. 이곳에 근무하는 장교는 100명을 초과할 수 없었는데, 이들을 단일의 국장(Director)이 감독하였다.[111)]

국가안보법에서는 국방예산을 통합하는 과정에서의 나름의 방향을 추천하기 위한 권한을 제외한 국방예산과 관련된 어떠한 권한도 합동참모회의에 부여하지 않았다.[112)]

트루먼 대통령은 포레스텔을 초대 국방장관으로 임명하였다. 법적 권한이 미약하다는 점으로 인해 그의 경우는 각군 및 각군 장관들 간에 나름의 타협을 유도할 수밖에 없는 입장이었다. 간단히 말해 그의 경우는 추종 형태의 지시가 아니고 타협을 유도할 권한만을 부여받고 있었다.[113)]

당시 해군과 공군은 전략 핵 폭격과 항공모함에 탑재되어 있는 항공기의 미래란 문제를 놓고 논쟁을 벌이고 있었는데, 국방장관의 권한이 미흡하다는 점으로 인해 나름의 문제가 유발되었다. 이들 공군과 해군은 핵무기 활용과 관련된 해군의 권한이란 문제를 놓고 격돌하였다.

공군만이 핵무기를 이용한 작전권을 부여받았다며, 해군 항공을 대폭 지원하는 경우 공군의 전략폭격 능력 개발에 적지 않은 지장이 초래된다고 공군은 주장하였다. 공군의 폭격기들이 소련에 도달할 수 있을 것인 지의 여부 그리고 소련이 서구를 일방적으로 침공하는 경우 핵무기를 이용해 이것을 효율적으로 저지할 수 있을 것인지에 대해 해군은 의혹을 품고 있었다.

제2차 세계대전 이후에는 해군 또한 자신의 입지를 강화할 목적에서 핵무기의 배치를 염원하고 있었다.[114)]

---

111) Ibid., Sec. 212, 61 Stat, p. 505.

112) Organizational Development, p. 17.

113) Richard E. Neustadt, Presidential Power and the Modern Presidents: The Politics of Leadership from Roosevelt to Reagan (New York: The Free Press, 1990).

114) Barlow, Revolt, pp. 105~122.

1948년 3월 국방장관 포레스텔은 플로리다주 키웨스트(Key West)의 해군 기지에 각군 참모총장을 모아놓고는 각군의 임무 및 역할을 조정할 목적의 회합을 주관하였다.

그러나 당시 협의된 내용을 보면 분명치 못한 부분도 없지 않았다. 당시는 각군의 임무 및 역할이란 문제를 완벽히 해소하고자 노력하지도 않았다. 당시의 회합으로 인해 해군은 해전(海戰)과 관련된 항공작전을 수행할 수 있게 되었다.[115] 이외에도 당시의 협약으로 인해 해군은 초대형의 순양함을 건조하고, 핵무기를 보유할 수 있게 되었으며, 공군의 항공전역(航空戰役: Air Campaign)에 참여할 수 있게 되었다.

당시의 협약에 전략이란 단어는 정의되어 있지 않았다. 그러나 해군은 전략 항공력을 보유할 수 없게 되었다.[116] 해병대는 4개 야전사단을 보유할 수 있게 되었다. 그러나 해군은 해병대를 제2의 지상군으로 만들 수는 없었다.[117] 이처럼 Key West 협약에서는 각군의 이익을 보호 및 유지하였다.

그 후 로드아일랜드(Rhode Island)의 뉴포트(Newport)에서 있었던 1948년도 8월의 회합에서 공군과 해군은 핵무기 문제를 놓고 일종의 협상을 벌였다. 핵무기에 관한 공군의 주도적인 역할을 인정하는 조건으로 공군은 해군이 핵능력을 개발하고 공군의 전략폭격에 참여할 수 있다는 점에 동의하였다.[118]

각군의 임무 및 역할에 관한 논쟁이 완벽히 해결되지 않았다는 점뿐만 아니라 1950회계 연도의 국방예산 문제로 인해 국방장관 포레스텔은 파국에 직면해 있었다.

트루먼 대통령은 150억$ 규모의 국방예산을 산정하였다. 전후(戰後) 점령

---

115) William J. Webb, "The Single Manger for Air in Vietnam," in Joint Force Quarterly (Winter 1993-1994), p.90.

116) Barlow, Revolt, p. 123.

117) Baer, p. 302.

118) Rearden , p. 401; Barlow, Revolt, p. 130.

군 임무를 수행하고, 위협으로 부상(浮上)하고 있던 소련에 대항하려면 이 같은 규모의 예산은 턱없이 부족하다고 각군 참모총장들은 주장하였다.

합동참모회의의 위원인 각군 참모총장은 두 개의 모자를 쓰고 있었다. 다시 말해 이들은 각군의 총수일 뿐 아니라 합동참모회의의 요원이었다. 이 점으로 인해 이들 참모총장은 국방예산을 줄이고자 하는 포레스텔을 지원하지 않았다.

국방예산의 삭감과 관련해 당시 각군 참모총장들은 포레스텔을 지원하기보다는 자군의 이익을 열렬히 대변하고 있었다. 국방예산을 삭감하고자 노력하는 과정에서 포레스텔은 각군 장관들로부터도 지원을 받지 못했다.

법적 권한을 갖고 있지 않았다는 점으로 인해 포레스텔은 예산을 강요할 수 있는 입장이 아니었다.[119] 항공기와 핵무기를 놓고 공군과 해군이 경쟁하였다.

해군은 더 이상의 국방 통합에 저항할 목적에서 '연구 및 조직에 관한 장관위원회(Secretary's Committee on Research and Organization)'을 대체해 통합위원회(UNICOM: Unification Committee)를 설립하였다. UNICOM에 관한 내용이 언론에 유출되자 해군은 이것을 OP-23이란 명칭의 사무소로 대체하였다.[120] 여기서는 미 국방을 더 이상 통합해서는 아니 된다는 내용의 글이 다수 양산되었다.[121]

1948년 가을 트루먼 대통령은 국방의 집행기구(Executive Branch)를 연구할 목적에서 의회의 동의 아래 후버위원회(Hoover Committee)를 구성하였다.

이곳에서는 국가국방조직(NME: National Military Establishment)에 관심을 기울였다. 1947년도의 해군 안을 작성한 바 있던 에버스타트가 국방조직에 관

119) Boettcher, pp. 159~160.
120) Barlow, Revolt, pp. 164~71.
121) Boettcher, p. 176.

한 이 위원회의 위원으로 선발되었다. 그는 비밀리에 청문회를 개최하였는데, 그 과정에서 항공과 관련된 공군과 해군 간의 갈등이 전면으로 부상하였다.[122)]

국가국방조직은 근본적으로 문제가 있다고 에버스타트는 최종 결론지었는데, 국방장관인 포레스텔은 그 내용을 트루먼 대통령에게 제출하였다.[123)] 1949년도 8월의 에버스타트 안을 수용, 의회는 국가안보법의 내용을 대폭 수정해 국방장관의 입지를 강화하는 내용의 법안을 통과시켰다.[124)]

1949년도의 개정안에서는 권력의 중앙집권화로 일대 선회하였는데, 이는 해군의 입장에 배치되는 형태의 것이었다. 의회는 국가국방조직을 국방성(DOD: Department of Defence)으로 지칭하고는 이것에 집행권한을 부여하였다.

의회는 각군을 신생 국방부 예하의 각군성(Military Department)으로 강등시켰다.[125)] 국방장관이 국방에 관한 "지시 · 권한(Authority) 및 통제권"을 갖고 있을 뿐 아니라 "국방성과 관련된 모든 문제에 관해 대통령을 지원하는 주요 인물"[126)]이라고 의회는 명시하였다. 개정안에서는 각군 장관을 유지시키고 있었다. 그러나 각군 장관을 국방장관이 지도하도록 하였으며, 이들이 대통령과 직접 접촉하지 못하도록 하였다.

개정안에서는 각군 장관과 참모총장이 의회에 직접 권고할 수 있도록 하였는데, 이는 대통령에 의한 일방적인 독주를 막기 위함이었다.[127)] 미 의회는 국방부 부장관(Deputy Secretary of Defence)뿐만 아니라 3명의 차관보

---

122) Ibid., pp. 161~162.

123) Ibid., p. 166.

124) Pub. L. No. 81-216, 63 Stat. p. 578(1949).

125) Ibid., Sec. 2, 63 Stat, p.579.

126) Ibid., Sec. 5, 63 Stat, p. 580.

127) Ibid..

(Assistance Secretary)란 직책을 만들었다.[128)]

한편 의회는 국방장관실(OSD: Office of the Secretary of Defense)이란 명칭의 민간의 참모조직을 강화하였을 뿐 아니라 합법화하였다.

마지막으로 의회는 직급 측면에서 모든 장교의 선임인 합참의장 직분을 신설해 합동참모회의의 성격을 바꾸었다.[129)] 합참의장의 주요 역할은 합동참모회의를 중재하고, 의사결정 과정에서 합동참모회의를 지원하며, "대통령과 국방장관에 필요하다고 생각되는 경우" 이들에게 정보를 제공하고, 각군 참모총장이 이견을 보이는 사안에 대해 대통령에게 보고하는 것이었다.[130)] 그러나 미 의회는 군을 통솔하는 단일 지휘관의 출현을 두려워하고 있었다.

따라서 미 의회는 합참의장이 합동참모회의에서 투표권을 행사하거나 합동참모회의 또는 각군 참모총장에 대해 지휘권한을 행사하지 못하도록 하였다. 일반참모의 출현을 우려하고 있던 미 의회는 합동참모 소속 장교들의 규모를 100명에서 210명으로 소폭 증가시켰는데,[131)] 이는 합동참모 장교의 규모에 대한 제한을 없애자는 트루먼 대통령의 제안을 무시한 것이었다.[132)]

합동참모회의가 대통령에게 집단으로 조언하는 대신 합참의장이 대통령의 주요 군사조언자가 될 수 있도록 하자고 트루먼 대통령이 제안하였는데, 미 의회는 이 같은 대통령의 제안 또한 기각시켰다.[133)]

1949년도의 개정안에는 국방 통합을 반대한 사람들의 입장에서 보면 나름의 의미 있는 내용이 담겨져 있었다. 1949년도 10월 하원군사위원회 위원

---

128) Ibid., Sec. 6, 63 Stat, p. 581.
129) Ibid., Sec. 7, 63 Stat, p. 582.
130) Ibid
131) Ibid.
132) Rearden, p. 54.
133) Organizational Development, pp. 23~25.

장 빈선(Vinson)은 “통합 및 전략(Unification and Strategy)”에 관한 청문회를 개최하기로 결정하였다.

이 같은 결정에 따라 국방 통합을 반대하는 사람들이 자신들의 견해를 피력할 수 있는 창구가 열리게 되었다. 해군은 개정안에 반대하였다. 특히 해군은 해군의 초대형 순양함을 취소하는 대신 공군의 B-36 전략 폭격기를 개발하겠다는 내용을 포함한 국방예산의 감축에 격노하였다.[134] 이 같은 상황을 보면서 해군은 소련의 표적을 겨냥해 핵무기를 운반하겠다는 자군의 희망에 암영(暗影)이 깔린 반면 국방이 보다 중앙집권화 되면 자군의 입장이 보다 더 어려워질 것이라고 생각하였다.[135]

“제독들의 반란(Revolt of the Admirals)”이라고 지칭되는 사건을 통해 해군참모총장 덴펠드(Lousi Denfeld)를 포함한 해군의 고위급 장교들은 자신들이 느끼는 좌절감을 표출하였다. 이들은 트루먼 대통령과 해군장관 마테(Francis Matthews)의 정책에 정면 도전하였다. 그 결과 덴펠드는 해임되었으며, 반체제 성격의 해군장교들은 뿔뿔이 흩어지게 되었다.[136]

당시 논쟁의 저변에는 향후의 전쟁에서 항공력이 매우 중요하다는 인식이 깔려 있었다. 한국전쟁을 통해 이 같은 인식에 약간의 변화가 있었다. 한국전쟁에서 공군과 해군의 항공기들은 전장 상공에서 제공권(制空權: Command of the Air)을 확보하고 있었음에도 불구하고 지상에 기반을 둔 북괴군의 탱크 등을 저지하지 못했다.[137] 한국전쟁을 통해 항공모함 상의 항공기에 대한 해군의 입장에 변화가 있게 되었다. 한국전쟁으로 인해 항공모함을 이용한 작전이 필요하다는 논리가 나름의 설득력을 갖게 되었다.

---

134) Barlow, Revolt, pp. 131~57.

135) Crowe, p. 149; Baer, pp. 307~309.

136) Baer, p. 309.; Barlow, Revolt, pp. 206~268.

137) Boettcher, pp. 211~212.

그 후 50년간 이 같은 논리는 그 효력을 발휘하였다.

다시 말해 지상의 항공기들을 위한 비행장이 작전전구(Theater of Operation) 내에 부족한 경우 지상의 표적을 향해 항공모함 상의 항공기를 이용해 전력을 투사할 필요가 있었다.[138] 한국전쟁에서 발견된 또 다른 사항이 있는데, 이는 항공력의 조화로운 활용을 저해하는 요소가 각군 간에 존재하고 있다는 점이었다. 전술 항공작전을 바라보는 공군과 해군의 시각은 너무나 상이하였다. 전장에 다수의 표적이 상존해 있는 등 지상 상공에서의 전술 항공작전이 매우 복잡하다는 점을 고려해, 공군은 전술 항공작전은 단일의 중앙집권화된 지휘부에서 조화를 유지하며 지휘해야 할 전역(戰役: Campaign)으로 간주하였다.

반면에 함정 또는 해변의 표적처럼 비교적 쉽게 규명되는 표적에 대한 전술 항공작전에 익숙해 있던 해군 및 해병대의 경우는 표적 근처의 상공에 있는 경우 보다 많은 재량권을 이들 항공기에 부여하고 있었다.

필드(James Field)가 기술하고 있는 바처럼 "지상전에 대한 전술항공 지원을 해당 군에 대한 봉사(Service)로 간주해야 한다고 해군과 해병대가 생각한 반면 공군은 이것을 독립적으로 통제해야 할 단일 전역의 일부로 간주하고 있었다"[139] 따라서 공군의 조종사들은 중앙의 지휘관과 보다 자주 교신할 필요가 있다는 점으로 인해 항공기에 보다 강력한 형태의 통신수단을 탑재하고 있었다.

반면에 해군 및 해병 항공기의 경우는 이 같은 교신이 비교적 덜 필요했다. 때문에 강력한 형태의 통신수단이 특별히 요구되지 않았다. 전구(戰區: Theater)의 항공자산들을 할당하고자 할 때 요구되는 중앙집권적 통제

138) Richard P. Hallion, The Naval Air War in Korea(Baltimore, MD: The Nautical & Aviation Publishing Company of America, 1986), pp. 191~92.

139) Field, p. 387.

(Centralized Control)란 개념을 해군에서는 찾아볼 수 없었다. 이 점에서 뿐 아니라 공군과 해군의 통신장비 간에 상호운용성이 결여되어 있었다는 점으로 인해 이들 군 간의 조화에 지장이 초래되었으며, 전술 항공기를 효율적으로 활용할 수 없었다.[140)]

공군은 표적을 전구 차원에서 선정할 목적으로 2주에 1번 표적위원회(Formal Target Committee)를 소집한 반면 정전(停戰) 일주 전까지도 이곳 위원회에 해군 대표를 초청하지 않았다. 공군은 선정된 표적을 동해(東海)에 위치해 있던 7함대에 통보해주었다. 7함대는 또한 해군이 선정한 표적들을 공군에 통보해주었다. 이 같은 형태로 업무를 부드럽게 처리할 수 있었던 것은 사실이다. 그러나 이는 노력통일(Unity of Effort)의 원칙에 위배되는 행위였다.[141)]

해병대 또한 자군의 항공기를 중앙에서 통제한다는 개념에 동의하지 않았다. 해병대는 필요시 자군의 항공력을 해병 지상전력에 대한 근접항공지원 목적으로 활용한다는 조건으로 항공력 활용에 관한 자신의 입장을 완화시켰다.[142)]

8. 아이젠하워 대통령의 유산: 1953년 및 58년도의 국방재조직

1950년대 당시 미국은 또 다시 국방을 재조직하였다. 1952년 6월, 해병대와 직접 관련된 문제를 논의하는 경우 합동참모회의에 해병대사령관이 참

140) Ibid., pp. 385~397.

141) Mark Clodfelter, The Limits of Air Power: The American Bombing of North Vietnam (New York: The Free Press, 1989), p. 21.

142) Webb, p. 90.

여할 수 있게 되었다.[143)]

합동참모회의에서 논의되는 거의 대부분의 문제가 해병대와 직접 관련이 있다고 주장함에 따라 1967년도에는 대부분의 합동참모회의에 해병대사령관이 참석하게 되었다.[144)] 합동참모회의에 해병대사령관이 포함되도록 한 맨스필드-더글러스 법(Mansfield-Douglas Act)에서는 평시 해병 전력을 3개 사단과 3개 비행단으로 규정함으로서 해병대의 존립을 보장하였다.[145)]

1953년 4월 아이젠하워 대통령은 록펠러(Rockefeller) 위원회의 제언을 반영한 국방재조직 관련 안(案)인 Reorganization Plan No. 6을 의회에 제출했다. 그 후 의회는 이 안을 통과시켰다.[146)] 아이젠하워 대통령은 합동참모회의 역할 중 지휘계통(Chain of Command) 측면에서 애매한 부분을 분명히 하고자 하였다. 그는 이들 애매한 부분으로 인해 군에 대한 문민통제가 위협받을 수 있다고 생각하였다. "군의 임무가 불분명한 경우 문민통제가 불확실해진다"[147)]고 아이젠하워 대통령은 말한 바 있다.

소위 말해 군에 대한 문민통제를 위협할 것으로 생각되는 그러한 부분을 분명히 하고자 그는 노력하였다. 국방재조직에 관해 아이젠하워 대통령이 제출한 1953년도의 안에서는 군의 지휘계통이 대통령에서 국방장관, 그리고 각군 장관을 거쳐 각군 참모총장으로 연결되고 있었다.

이외에도 합참에 근무하게 될 장교의 보임에 대한 거부권을 합참의장에

---

143) Pub, L. No. 82-416, 66 Stat, pp. 282~283(1952).

144) Reorganization Proposals, p. 73(statement of General David C. Jones, Chairman, JCS; Lawrence J. Korb, The Fall and Rise of the Pentagon: American Defense Policies in the 1970s(Westport, CT: Greenwood Press, 1979), p. 131. 지금부터 Fall and Rise로 지칭.

145) Korb, Fall and Rise, pp. 130~131.

146) INS v. Chadha, 462 U.S, 919(1983).

147) Jonathan Karp, "India Faces Task of Creating Nuclear-Weapons Doctrine," in Wall Street Journal (May 27, 1998), p. 19.

게 부여하였는데, 이는 지나치게 각군 중심의 시각을 갖고 있는 장교들이 합참에 근무하지 못하도록 할 의도였다. 당시 합동참모회의의 개개 위원은 합동참모회의를 대변할 뿐 아니라 각군 참모총장으로서의 자군의 이익을 대변하고 있었다.

이 점에서 이들은 두 개의 모자를 쓰고 있었다. 합동참모회의의 개개 위원이 두 개의 모자를 쓰고 있다는 점과 관련해 국방장관 윌슨(Wilson)은 1954년 7월 지시문을 발행하였다. 당시 그는 합동참모회의의 위원으로서의 책임이 각군 참모총장으로서의 책임에 우선하도록 하였다. 그 결과 각군 참모총장들은 합동참모회의와 관련된 문제에 보다 많은 노력을 투여하게 되었다.[148)]

1957년도 당시의 공군참모총장 화이트(Thomas White)는 군 통합(Unification)에 관한 또 다른 안을 제출하였다. 그 결과 국방재조직의 문제가 재차 부상하게 되었다. 그의 안은 1947년도에 육군이 제안한 안과 유사한 형태의 것이었다.

화이트의 안을 해군뿐만 아니라 이번에는 육군도 반대하였다. 그 이유는 국방 통합으로 인해 자군 현대화와 관련된 예산이 삭감될 가능성이 있다고 육군이 생각했기 때문이었다. 더욱이 당시의 육군참모총장 리지웨이(Matthew Ridgway) 대장은 합참의장의 권한을 보다 더 강화해야 한다는 발상을 의혹의 눈초리로 바라보았다.

그의 경우는 월맹과 프랑스 간의 디엔비엔푸(Dien Bien Phu) 전투 도중 인도차이나전쟁에 개입할 필요가 있다고 말한 합참의장 라드포드(Arthur Radford) 제독의 제안을 힘겹게 물리친 바가 있었다.[149)]

---

148) Organizational Development, pp. 31~33.

149) Arthur T. Hadley, The Straw Giant: Triumph and Failure: America's Armed Forces (New York: Random House, 1986), p. 131.

1986년도 이전의 마지막으로 미 국방은 1958년도에 국방을 일대 재조직하였는데, 이는 미사일 관련 기술의 발전과 미국이 보유하고 있던 핵의 규모가 크게 늘어남에 따른 결과였다. 이들 현상을 목격하면서 미국은 핵 자산을 강력한 권한의 민간인이 통제해야 하며 분명히 정의된 군의 지휘계통 범주 안에서 이들 자산이 활용되어야 할 것으로 생각하였다.

더욱이 국방예산을 삭감할 필요가 있음을 보면서 1940년대 말의 경우처럼 군 조직을 강화할 필요가 있을 것으로 미국은 생각하였다. 1958년 4월 아이젠하워 대통령은 자신의 안을 의회에 제출하면서 다음과 같은 메시지를 첨부하였다.

> 각군이 독자적으로 지상 · 해상 및 항공전을 수행할 수 있었던 시절은 이미 지나갔습니다. 평시 국방력을 건설하고, 군 조직을 정비하고자 할 때는 이 점을 염두에 두어야 할 것입니다. 전략 및 전술 기획은 완전 단일화(Unite; 또는 통합)되어야 할 것입니다. 군의 전투력은 통합사령부(Unified Command) 형태로 조직되어야 하며, 이들 통합사령부는 최신의 효율적인 무기체계를 구비하고 있는 상태에서 단일 지휘관이 지휘해야 할 것입니다. 또한 통합사령부 휘하의 전력은 소속 군에 무관하게 단일의 개체로 싸울 준비가 되어 있어야 할 것입니다.[150]

아이젠하워 대통령은 국방의 지휘계통이 대통령에서 국방장관을 거쳐 통합사령부 및 특수사령부(Specified Command)의 사령관들로 직접 연결되어 각군 장관과 참모총장을 지휘계통에서 배제해야 할 것이라고 제언하였다. 합동참모회의는 이들 사령관을 지휘하는 과정에서 국방장관을 보좌하는

150) Organizational Development, pp. 36~37.

역할을 수행해야 한다는 개념이었다.

예를 들면 국방장관의 권한을 갖고 그리고 국방장관의 이름으로 합동참모회의가 통합 및 특수 사령관에게 명령을 하달하게 될 상황이었다.[151]

합동참모회의에서 합참의장은 독보적인 위치라기보다는 "대등한 사람들 중 첫째(First among Equals)"가 되어야 할 것으로 아이젠하워 대통령은 제언하였다. 그럼에도 불구하고 그는 합참의장이 합동참모회의에서 한 표를 행사할 수 있어야 한다고 주장하였다. 또한 아이젠하워 대통령은 합동참모회의를 지원할 목적의 비잔틴(Byzantine) 위원회를 없애고 합동참모를 강화해야 한다고 주장하였다.[152]

합동참모회의의 위원인 각군 참모총장들이 두 개의 모자를 쓰고 있다는 점에 관해 말하면 아이젠하워 대통령은 국방장관 윌슨이 1954년도에 내린 지시문에 힘을 실어주고자 노력하였다.

당시의 지시문에서 윌슨은 합동참모회의의 임무가 각군의 임무에 우선한다고 언급한 바 있다. 이처럼 할 수 있도록 아이젠하워 대통령은 자신의 임무를 참모차장에게 위임하고 각군 참모총장은 합동참모회의의 임원으로서의 임무에 충실하도록 하자고 제안하였다.[153] 아이젠하워 대통령의 제안에 대해 의회는 광범위한 차원에서 청문회를 개최하였다. 아이젠하워의 제안에 대한 비판은 각군의 독자성이란 측면에서 이 제안이 갖는 의미에 초점이 모아졌다.

예를 들면 합동참모를 강화하게 되면 이것이 프로이센 형태의 군국주의 냄새가 나는 일반참모가 될 가능성이 있다는 점 뿐 아니라 해병대가 사라질지 모른다는 점에 대한 우려가 있었다. 해병대사령관 페이트(Randolph Pate)

151) Ibid., p. 38.
152) Organizational Development, pp. 38~41.
153) Ibid., p. 38.

를 제외하고는 당시 증언에 나선 민간인들뿐만 아니라 각군 장교들은 아이젠하워 대통령의 제안을 지지하였다. 페이트는 국방장관의 권한을 강화하는 경우 해병대가 나름의 어려움에 직면하게 될 것으로 생각하고 있었다.

1958년 7월 중순 미 의회는 아이젠하워 대통령이 요구한 사항 모두를 수용한 '국방재조직법(Department of Defense Reorganization Act)'를 통과시켰다.[154] 1958년도의 법으로 인해 합동참모로 근무하는 장교의 숫자가 400명으로 늘어나게 되었다. 그러나 이들이 프로이센의 일반참모가 되어서는 곤란하다는 비판을 수용해 다음과 같은 구절이 삽입되었다.

> "합동참모는 군 전체에 대한 일반참모로 행동하거나 이처럼 조직되어서는 아니 되며, 어떠한 형태의 집행권한도 가져서는 안될 것이다."[155]

의회는 합동참모를 위원회 형태에서 기능 성격의 부장(Directorate)을 갖는 보다 전통적 형태의 참모구조로 전환시켰으며, 합참의장에게 합동참모회의에서 한 표를 행사할 수 있도록 하였다.[156]

합동참모의 조직 개혁에 관한 설계뿐만 아니라 구체적인 집행의 문제는 합동참모회의에 일임하였다. 1958년도의 규약에서는 위원회 체계를 합동참모를 염두에 둔 참모구조 형태로 대체해도 좋다고 승인하였다.

여기에 근거해 합동참모회의에서는 육군의 일반참모 구조와 유사한 형태로 합동참모의 참모 라인을 재구성할 필요가 있다고 제언하였다. 육군의 경우 참모부에 "G"를 사용한 반면 합동참모의 개개 참모부에는 "J"를 사용하였다.

154) Pub, L. No. 85-599, 72 Stat. p. 514 (1958).

155) Ibid., Sec. 5, 72 Stat, p. 518.

156) Ibid., Sec. 5, 72 Stat, p. 519.

예를 들면 육군의 정보참모부는 "G-2"인 반면 합참의 정보참모부는 "J-2"가 되었다.[157] 통합 및 특수 사령부의 참모들은 합동참모 구조를 그대로 반영해 사용하였다. 다시 말해 이들은 통합 및 특수 사령관의 "합동참모"로 지칭되었다.

국방장관은 합동참모회의가 제안한 사항을 인가하고는 합동참모회의의 기능 그리고 국방장관실과의 관계를 상세히 하고 있던 국방부 지시 5100.1 및 5158.1을 재차 구상하였다.

개정된 5100.1에서는 두 개의 국방 지휘계통을 정립하였는데, 각군 병력의 훈련 및 무장에 관한 지휘계통은 대통령에서 국방장관, 각군 장관을 거쳐 각군으로 연결되는 반면 작전지휘와 군사력 활용에 관한 지휘계통은 대통령에서 국방장관, 합동참모회의 그리고 통합 및 특수 사령부의 사령관으로 연결되었다.

여기서 합동참모회의의 경우는 국방장관의 지휘 사항을 그대로 전달하는 역할을 담당한 반면 나름의 명령을 내리지는 못했다.[158] 이들 두 지휘계통은 각군 구성군사령부(Service Component Command) 차원에서 만나게 되는데, 각군 구성군사령부에는 해당 통합사령부 내에 배치되어 있는 개개 군의 모든 전력이 망라되어 있었다.

예를 들면 훈련 및 무장 측면에서 미 제6함대는 해군의 지휘계통을 따랐다. 그러나 지중해에 배치되는 경우 6함대는 지중해를 망라하는 통합사령부인 미 유럽사령부(USECOM)의 사령관으로부터 작전명령을 수신하였다. 6함대뿐만 아니라 USECOM내의 모든 해군 부대는 USECOM 내부에서 해군 구성군사령부를 구성하였으며, USECOM 내부의 모든 해군 부대를 지휘하는 제독을 해군 구성군사령관이라고 지칭하였다.

157) Organizational Development, p. 42.
158) Locher, p. 142.

구성군사령관들은 해당 지역의 통합사령관(Unified Commander)으로부터 작전명령을 수신하였지만 무장 · 훈련 및 여타 지원 기능과 관련해 각군과 연계되어 있었다.[159)]

개정된 5100.1에서는 또한 합동참모회의를 통합 및 특수 사령부에 관한 정책을 제언할 책임이 있는 사람, 즉 국방장관의 군사참모로 명시하였다. 국방부 지시(Directive) 5100.1에서는 "통합 및 특수 사령관이 수행하는 작전지시 뿐 아니라 국방장관이 이들 사령부에 내리는 여타 명령을 수행할 목적의 군의 전략기획 및 전략지시를 준비할 책임"을 합참의장에게 부여하였다.

마지막으로 합동참모회의는 각군을 연계시킬 목적의 합동교리를 개발하고, 군의 요구사항과 관련해 예산과정에서 국방장관에게 조언해야 할 것이라고 국방부 지시 5100.1은 명시하고 있었다.[160)]

기존 정책을 재차 강조하면서 국방부 지시 5158.1에서는 합동참모회의의 임원으로서의 임무가 각군 참모총장으로서의 임무에 우선한다며, 각군 참모총장은 참모총장으로서의 임무를 자군의 참모차장에게 위임하고 합동참모회의 임원으로서의 역할에 충실해야 할 것이라고 명시하였다.[161)]

---

159) 1999년을 기준으로 미국의 통합 및 특수 사령부는 특정 능력 또는 자산을 통제하는 사령부뿐만 아니라 지역 사령부를 포함하고 있다.

1. 남부사령부(Southern Command): 라틴아메리카와 중부 아메리카 담당.
2. 태평양사령부(Pacific Command): 태평양 및 아시아 지역 담당.
3. 유럽사령부(European Command): 유럽 및 아프리카 담당.
4. 중부사령부(Central Command): 이스라엘, 시리아 및 터키를 제외한 중동지역 그리고 북동부 아프리카 담당.
5. 합동군사령부(Joint Forces Command): 대서양과 북아메리카의 대부분 담당.
6. 수송사령부(Transportation Command): 모든 수송자산 담당.
7. 전략사령부(Strategic Command): 모든 전략핵 군사력 담당.
8. 특수작전사령부(Special Operations Command): 모든 특수작전 전력 담당.
9. 우주사령부(Space Command): 모든 우주자산과 사이버전 활동 담당.

160) Organizational Development, p. 43.

161) Reorganization Proposals, p. 99 (statement of Admiral Thomas B. Hayward, chief of

1949년도의 개정안에서는 의회에서 증언할 수 있도록 각군 참모총장에게 법적 권한을 부여한 바 있다. 아이젠하워 대통령은 이 같은 각군 참모총장의 특권을 취소하는 문제를 포함한 여타 분야에 관해 더 이상 조직을 개편하지 못했다. 아이젠하워 대통령 초기 각군 참모총장들은 대통령이 제안한 국방예산에 관해 사적으로는 반대 입장을 표명하였지만 공개적으로는 지지하였다.

1955년 각군 참모총장들은 아이젠하워가 제기한 국방예산에 공개적으로 반대하였다. 1960년 각군 참모총장들은 아이젠하워 대통령이 제안한 예산과 견해를 달리하는 내용의 편지를 상원군사위원회에 보내기까지 하였다.[162]

아이젠하워 대통령은 이 같은 각군 참모총장의 저항을 "합법적인 불복종"으로 간주하였다. 그는 이 같은 각군 참모총장의 권한을 규제하고자 노력하였지만 성공하지 못했다.[163]

군 관련 정보를 대통령에게 전적으로 의존하는 현상을 방지할 목적에서 의회는 각군 참모총장과 접촉할 필요가 있었다. 행정부의 행위를 감시한다는 의회의 역할이 각군 참모총장이 의회에서 증언하도록 함으로서 보다 더 용이해졌다. 또한 의회에서의 각군 참모총장의 증언으로 인해 대통령에 대항한 의회 내부의 이단자들의 활동이 촉진되는 효과가 있었다.

9. 안정된 반면 아직도 성능에 의문이 가던 시기: 1958~1980년

1958년도에서 1980년도까지의 기간에는 미 합동참모회의 구조에 문제가

naval operations).

162) Korb, Fall and Rise, pp. 108~109.

163) Ibid., p. 109.

있다는 내용의 다수의 보고서가 지속적으로 출현하였다. 그러나 합동참모회의 구조는 비교적 일관성을 유지하였다. 이들 보고서에는 1960년 12월의 시밍턴(Symington) 보고서 그리고 1970년 7월의 Blue Ribbon Defense Panel 보고서 등이 있다.

닉슨(Richard Nixon) 대통령과 레어드(Melvin Laird) 국방장관이 설립한 Blue Ribbon Defense Panel은 합동참모회의의 임원인 각군 참모총장들이 자군의 관점을 넘어서지 못하는 등 각군 중심의 시각에 편향되어 있다며, 이 점으로 인해 위원회가 마비 상태에 있다고 주장하였다. 또한 여기서는 각군 참모총장들이 위원회의 임원으로서의 역할뿐만 아니라 참모총장으로서의 역할을 수행하는 과정에서 격무에 시달리고 있다고 주장하였다.

위원회의 일 처리 방식이 종종 만장일치 방식을 따르다 보니 최소 공통분모 차원에서 타협하는 형국이 되고 있다며 합동참모회의의 의사결정에 문제가 있다고 Panel은 주장하였다. 통합사령부기획(Unified Command Plan)과 군사작전에 관한 책임을 합동참모회의에서 단일의 장교로 이관하자고 Panel은 제언하였다.[164)]

선거유세 당시 카터(Jimmy Carter) 대통령은 정부를 광범위한 차원에서 개혁할 필요가 있다고 역설한 바 있다. 대통령에 취임한 1976년도 그는 합동참모회의 조직에 관심을 집중시켰다. 그 결과 1978년도에는 스테드만(Steadman) 보고서가 나오게 되었다.

보고서는 국방자원을 할당하는 과정에서 자신들의 요구사항을 대변해 주는 공식 대변인을 워싱턴 D.C에 갖고 있지 못하다는 점에서 통합 및 특수 사령관들의 입지가 매우 취약하다고 주장하였다. 정책기획 과정과 관

---

164) Historical Division, Joint Secretariat, JCS, Role and Functions of the Joint Chiefs of Staff: A Chronology (Washington, DC: U.S, Government Printing Office, 1987), pp. 138~142. 지금부터 Role and Functions로 지칭.

련해 동 보고서에서는 각군 참모총장들이 자군의 이익을 넘어서지 못해 합동참모회의가 나름의 어려움에 직면해 있다는 내용의 Blue Ribbon Defense Panel 보고서를 지지하였다.

또한 동 보고서는 합동참모체계가 문서만 양산하고 있다며, 문서를 생산해내는 과정에서 각군 본부의 참모들이 직접 영향을 끼치는 것은 아니지만 이들 참모들이 지나칠 정도로 간섭하고 있다고 주장하였다.[165)]

합동참모회의 체계에 대한 이 같은 비판에도 불구하고 주요 변화는 없었다. 합동참모회의의 경우는 시대에 따라서 몇몇 사무실을 설치 또는 폐쇄하곤 하였다. 그러나 1960년대에는 합동참모회의를 지원하는 몇몇 장교들과 합동참모를 망라하는 조직인 '합동참모회의 조직(OJCS: Organization of the Joint Chiefs of Staff)' 의 경우 그 규모가 크게 늘어났다.

그 결과 합동참모의 규모에 관한 법적 제약을 위배하지 않고서도 합동참모회의의 임무를 처리할 수 있게 되었다.[166)] 그러나 1970년 국방장관이 설정한 인력감축 목표를 달성한다는 차원에서 합동참모회의는 '합동참모회의 조직' 의 규모를 능률적으로 조정하였다.

합동참모회의와 관련해 말하면 1967년도의 미 의회에서는 합참의장을 제외한 각군 참모총장의 임기를 2년에서 4년으로 연장하였으며, 4년 단임으로 한정하였다.[167)] 재 임용될 가능성이 없다고 생각되는 경우 각군 참모총장들이 의회에서 보다 자주 증언할 것이라고 의회는 생각하고 있었다.[168)]

1978년 미 의회는 해병대와 관련되지 않은 문제에 관해서도 해병대사령관이 합동참모회의에 참석해 한 표를 행사할 수 있도록 하였다.[169)] 합동참

165) Role and Functions, pp. 145~148.

166) Locher, p. 144.; Korb, Fall and Rise, p. 13.

167) Pub. K. No. 90-22, Sec, 401, 81 Stat. pp. 52~53 (1967).

168) Role and Functions, p. 159.

169) Pub. L. No. 95-485, Sec. 807, 92 Stat, pp. 1622~23 (1978).

모회의 외부에 관해 말하면, 1958년에서 1980년의 기간에는 국방장관실과 각군 간의 조직에 지대한 변화가 있었다. 당시의 국방장관들은 강화된 자신의 권한을 이용해 각군의 지원 활동을 국방차원의 기구로 통합하였다.

예를 들면 국방핵지원국(Defense Atomic Support Agency)이 1959년도에, 국방통신국(Defense Communication Agency)이 1960년, 국방정보국(Defense Intelligency Agency)이 1961년 그리고 국방지도국(Defense Mapping Agency)이 1972년도에 창설되었다.

이들 국방관련 기관들은 처음에는 합동참모회의 또는 합동참모회의를 대신한 합참의장을 통해 국방장관에게 보고하였다. 그러나 1970년대 당시 국방장관은 이들 국방기관을 합동참모회의 또는 합참의장이 감독하지 못하도록 하였다.[170)]

1958년도 미국은 각군 간의 갈등을 해소할 목적에서 국방재조직에 관한 법을 통과시켰다. 그 후부터 1980년도까지는 합동참모회의 구조가 안정되었으며, 국방장관실이 국방차원에서 뿐 아니라 국방기구에 대해 점차 권한을 강화해 나아갔다.

당시 미군의 군사작전은 조직 개편에 따른 나름의 이점 외에 몇몇 문제점을 노출시켰다. 대통령과 같은 민간의 정책결정권자에게 군사적 차원에서 조언함에 관해 말하면 1960년대 초의 미 합동참모회의와 케네디 대통령은 관계가 원만치 않았다.

당시 케네디 대통령은 자신이 급조해 편성한 일부 측근들의 조언에 의존해 일을 처리하는 경향이 있었다. 케네디 대통령이 신뢰하는 집단에는 합동참모회의(합참의장 및 각군 참모총장) 구성원들이 포함되어 있지 않았다. 이 점에서 이는 합동참모회의를 무시하는 처사였다.

---

170) Role and Functions, p. 122.

1961년 4월 쿠바 반체제 인사들이 Bay of Pig를 침공하는 과정에서 무참히 패주(敗走)하자 케네디는 합동참모회의를 비난하였다. 당시 침공의 성공 가능성이 높지 않다는 점을 합동참모회의가 분명히 했어야만 하였다고 케네디 대통령은 생각하였다. 합동참모회의는 침공을 이미 인가한 상태에서 대통령이 자신들에게 조언을 구했다는 사실에 분개하였다.

이외에도 반체제 세력들이 쿠바 해안에 상륙할 당시 항공기를 이용해 이들을 지원토록 하지 않았다는 점에서 합동참모회의는 잘못이 대통령에게 있다고 생각하였다.[171]

Bay of Pig에서의 참사 직후 라오스에서는 미국이 지원하고 있던 정부가 공산 게릴라들에게 넘어가는 듯한 상황이 전개되었다. 이들 문제를 해결할 목적에서 케네디 대통령은 군사 행위를 고려하였다.

당시 합동참모회의는 60,000의 미군을 파병하는 등 화력을 무한정 과시할 때만이 나름의 효과가 있을 것이라고 주장하였다. 아이젠하워 대통령의 경우는 핵전쟁이 발발하는 경우 상대방을 대규모 보복하겠다는 정책을 견지하고 있었다.

케네디가 대통령에 당선되는 과정에서는 이 같은 아이젠하워 대통령의 정책에 반기를 들었다는 점이 일조하였다. 케네디 대통령은 핵 문제에 관해 '유연한 반응(Flexible Response)'이란 정책을 견지하였는데, 이는 핵무기의 사용과 관련해 보다 점진적이고도 절제된 자세를 취한다는 개념이었다.

이 같은 점진적인 접근 방안을 재래식 무기의 영역에까지 적용하고 있던 케네디는 위기에 전혀 대응하지 않는 것은 곤란하지만 전면 대응하지 않고도 위기를 통제할 수 있을 것으로 생각하고 있었다. 당시 라오스에 16,000여 명(합동참모회의가 주장한 60,000명이 아니고)의 해병대를 파병하겠다고 위

171) McMaster, pp. 6~7.

협하자 소련은 협상을 요구하였다.

이 점을 보면서 합동참모회의의 제언에 대한 케네디 대통령의 의구심은 보다 더 높아지게 되었다.[172] 1962년 10월, 케네디 대통령은 퇴역 육군대장인 테일러(Maxwell Taylor)를 불러들여 합참의장으로 임명하였다. 퇴역 이후 테일러 대장이 견지하던 입장에 동조하고 있던 케네디 대통령은 신뢰할만한 그리고 충성심이 있어 보이는 사람을 합참의장으로 보임시키고자 하였다.[173]

1962년 10월의 쿠바미사일위기 당시 케네디 대통령에게 조언한 사람들의 집단에 포함되어 있던 유일한 군 장교는 테일러 대장이었다. 당시의 위기에 대처하는 과정에서 해군 함정을 정선(停船)시킬 필요가 있다는 안이 제기되었는데, 대통령은 이 같은 안과 관련해 각군 참모총장과 전혀 논의하지 않았다.

대통령은 실행을 결정한 이후 각군 참모총장과 그 방안을 놓고 협의하였다.[174] 그 후 얼마 뒤 케네디 대통령은 육군 및 해군 참모총장을 자신의 마음에 드는 장교로 교체하였다.[175]

월남전 초기, 존슨(Lyndon Johnson) 대통령과 멕나마라 국방장관이 심사숙고하는 과정에서 합동참모회의는 철저히 배제되어 있었다. 당시 존슨 대통령이 가장 역점을 두었던 사항은 1964년도의 선거와 '위대한 사회(The Great Society)'에 관한 국내 입법을 통과시키는 문제였다. 그의 경우 이는 월남에 대한 미국의 지원을 철회해 약하게 보여서는 곤란하다는 것을 의미하였다.

한편 월남전에 온갖 힘을 동원해 매진하는 경우 자신이 제기한 '위대한 사회'라는 입법이 위험에 직면할 가능성도 없지 않았다. 그 결과 존슨 대통

172) Ibid., p. 8.

173) Maxwell D. Taylor, The Uncertain Trumpet(New York: Harper & Brothers, Publishers, 1960).

174) McMaster, pp. 26~29.

175) Ibid., p. 31.

령은 월남에 점진적으로 그리고 산발적으로 군사력을 투입한다는 중도적인 입장을 견지하게 되었다.

월남전에서 승리하려면 대규모의 군사력을 투입해야 할 것이라고 합동참모회의는 믿고 있었다.[176] 따라서 존슨 대통령과 민간의 정책 조언자들은 정책기획 과정에서 합동참모회의로부터 심도 있게 자문 받는 듯한 인상을 주는 반면 실제로는 이들의 역할을 줄이고자 노력하였다.

이들은 월남전에 관한 존슨 대통령의 정책에 합동참모회의가 공개적으로 반대하지 못하도록 해야겠다고 생각하였다. 실제로 존슨 대통령과 멕나마라 국방장관은 정책기획 과정에서 합동참모회의를 배제시켰으며, 정책이 결정된 이후에나 이들의 자문을 구했다.[177]

존슨 대통령의 경우는 매주 화요일 민간의 정책조언자들과 함께 오찬을 하였는데, 이 자리에서 주요 사항을 결정하였다. 합참의장이 이곳 오찬에 초대받은 것은 1967년도 여름뿐이었다.[178]

존슨 대통령과 멕나마라 국방장관이 합동참모회의를 무시함에 따라 이들은 펜타곤의 "벙어리 5인방"이란 별명을 얻게 되었다.[179] 이 같은 현상이 발생하게 된 것은 존슨 대통령에 충성하고 있던 당시의 합참의장들이 합동참모회의의 견해를 제대로 대변하지 못했기 때문이었다.

그 결과 존슨 대통령이 선택한 정책을 지원한다는 차원에서의 행정부 간의 의견을 수렴할 수 없었을 뿐 아니라 서로 다른 목소리가 대통령과 의회에 전달될 수 있는 길이 차단되었다. 테일러(Taylor)[180] 대장뿐만 아니라 그

---

176) Ibid., p. 261.

177) Ibid., pp. 87, 93.

178) Korb, Twenty-five Years, pp. 160~161.

179) McMaster, p. 330.

180) Ibid., pp. 77, 101.

의 후임자인 휠러(Earle Wheeler)[181] 대장 또한 각군 참모총장들의 견해를 대통령과 의회에 제대로 전달하지 못했다. 월남에서 적용해야 할 정책과 관련해 미국의 각군은 서로 견해를 달리하고 있었다.

예를 들면 해병대는 해안을 따라 월남을 둘러싸는 정책을 옹호한 반면(이는 해병대에 적합한 형태의 임무였다), 공군은 북부월남을 폭격하는 정책을 그리고 해군은 북부월남의 항구를 따라서 기뢰(機雷)를 부설하는 정책을 지지하고 있었다. 당시 존슨 대통령과 멕나마라 국방장관이 합동참모회의를 철저히 무시할 수 있었던 것은 부분적으로는 각군이 서로 상이한 입장을 견지하고 있었기 때문이었다.[182] 행정부의 정책을 지원하도록 할 목적에서 멕나마라 국방장관은 각군 참모총장의 약점을 교묘히 활용하였다.

예를 들면 1964년도 당시의 해군참모총장 맥도널드(David McDonald)의 경우는 전통적으로 해군의 텃밭인 태평양사령부의 사령관으로 해군장교가 임명되도록 멕나마라 국방장관에게 로비를 한 바 있다. 이 같은 점으로 인해 해군참모총장은 행정부의 정책에 반대할 수 있는 입장이 아니었다.[183]

당시 미국의 각군 참모총장들은 존슨 대통령에 대해 어느 정도 충성심을 느끼고 있었다. 이들이 미국의 대외정책에 대한 불만을 토로할 수 없었던 것은 이 같은 이유 때문이었다. 멕나마라 장관은 월남에 관한 행정부의 정책에 대해 각군 참모총장들이 이견을 제시하지 못하도록 나름의 노력을 경주하였는데, 그 과정에서 이 같은 점이 일조하였다.

1965년 7월 존슨 대통령은 합동참모회의의 위원들과 자리를 함께 하였다. 당시 월남에 미흡한 수준의 병력을 배치했다며 대통령에게 이견을 제

181) Ibid., pp. 131, 135, 188, 193, 3030.
182) McMaster, pp. 82, 143, 249.
183) Ibid., pp. 82~83.

기한 사람은 해병대사령관인 그린(Wallace Greene) 뿐이었다.[184)]

1965년 7월 합동참모회의의 위원들은 하원군사위원회와 회합을 가졌다. 당시 행정부의 정책에 대해 이의를 제기한 사람은 해병대사령관 뿐이었다.[185)] 대통령과 국방장관이 각군 참모총장을 의사결정 과정에서 제외시키고자 노력했다는 점, 그리고 이들 참모총장이 공개적인 이견 제기를 주저했다는 점으로 인해 대통령이 지명한 군사자문위원의 전적인 의견 개진이 없는 가운데 미군이 월남에 투입되는 결과가 초래되었다.

그러나 1966년도 이후 미국의 각군 참모총장들은 멕나마라의 전술을 간파하였다. 따라서 이들 참모총장들은 나름의 타협안을 제시하였다. 이들은 강력하고도 통합된 형태의 자세를 견지해 자신들의 안을 멕나마라가 무시하지 못하도록 그리고 이들 안이 대통령에게 전달되는 과정에서 방해하지 못하도록 하였다.[186)]

월남전에 관해 유화적인 입장을 견지함에 따라 멕나마라 장관은 존슨 대통령과의 관계가 원만치 못했다. 이 점을 간파한 각군 참모총장들은 1966년도 이후 멕나마라의 정책에 정면 도전하였다.[187)]

예를 들면 1967년도의 합참의장 휠러(Wheeler)는 '대탄도미사일조약(ABM: Anti-ballastic Missile Treaty)'와 관련해 멕나마라를 공개적으로 비난했으며, 공군 및 해군 참모총장의 경우는 국방의 특정 획득 및 예산 정책에 대해 반대 입장을 공개적으로 표명하였다.[188)]

1967년도 월남전에 대비한 예비군 전력의 동원을 민간의 의사결정권자들이 인가하지 않는다면 집단 사임도 불가능한 일이 아니라고 이들 참모총장

---

184) Ibid., p. 314.

185) Ibid., pp. 309~312.

186) Korb, Twenty-five Years, pp. 115~116.

187) Ibid., p. 120.

188) Ibid., p. 121.

은 생각하였다.[189] 극단적인 행동을 취하지는 않았지만 각군 참모총장들은 자신들의 의도를 넌지시 암시하였다. 이 같은 각군 참모총장들의 의도를 감지한 존슨 대통령은 멕나마라 장관을 해임시켰다.[190]

군 작전에 관해 말하면 육군과 해군 간의 Mobile Riverine Force[191]에서뿐만 아니라 손테이(Son Tay) 포로수용소를 공격할 당시[192]에서 보듯이 월남전에서는 합동작전을 성공적으로 수행한 사례가 몇몇 없지 않다. 그러나 합동작전에 관한 월남전에서의 기록은 크게 빛나는 형태의 것이 아니었다.

공군과 해군은 상호 조정 또는 통합된 기획이 부재한 상태에서 북부 베트남 지역에 대한 별도의 전략폭격 전역(戰役: Campaign)을 감행하였다.[193] 공군과 해군이 별도 지역을 공습했다는 점 외에 월남주둔 군사지원사령부(Military Assistance Command)의 사령관인 웨스트모얼랜드(Westmoreland) 대장은 일부 지역에 대한 공습을 독자적으로 기획하였다. 공군과 해군은 비행 쏘티를 놓고 경쟁하였다.

그 결과 이들 군은 비행 쏘티 횟수를 늘릴 목적에서 최소한의 무장으로 비행토록 함에 따라 항공력을 효율적으로 활용하지 못했다.[194] 더욱이 북부 베트남을 몇몇 지역으로 나누어 이들 지역을 각군이 독자적으로 공습하다 보니 특정 지역을 담당하고 있던 항공력의 경우는 여타 지역으로의 침입을 주저하였다. 그 결과 지역과 지역 간을 이동하는 표적(標的)의 경우는 공격받지 않는 경우도 없지 않았다.[195]

---

189) Palmer, p. 44; Korb, Twenty-five Years, p. 164.

190) Korb, Rise and Fall, p. 115.

191) Palmer, p. 61.

192) Ibid., p. 161.

193) Reorganization Proposals, p. 47.(statement of General David C. Jones, Chairman, JCS).

194) Clodfelter, pp. 120~130.

195) Kitfield, p. 49.

북부월남을 여러 지역으로 나누어 각군이 독자적으로 공습하였다는 점 외에도 항공전역(航空戰役: Air Campaign)에 관한 월남전에서의 지휘계통(指揮系統: Chain of Command)은 분명치가 않았다.

1965~1968년도의 기간 중에 진행된 '굴러가는 천둥(Rolling Thunder)' 이란 명칭의 폭격전역 당시 사이공에 위치해 있던 공군 제2항공사단의 경우는 태평양사령부로부터 뿐만 아니라 필리핀에 주둔하고 있던 제13공군으로부터도 지시를 받았다.

반면에 통킹만(Tonkin Gulf)에 위치해 있던 해군항공모함 Task Force 77의 경우는 태평양사령부로부터 명령을 직접 수신하였다. 태평양사령부는 공군 제2항공사단의 지휘계층을 단순화시키고자 노력했는데, 궁극적으로 제2항공사단에 관한 지휘권한을 제7공군과 제13공군 간에 분할시키는 결과가 초래되었다.

더욱이 1972년 5월부터 10월까지 진행된 라인베커(Linebacker) I 폭격전역 당시 B-52에 대한 세부 권한을 행사한 것은 전략공군사령관이었다.[196] 1972년 12월의 Linebacker II 작전 당시 전략공군사령부는 폭격기로 폭격해야 할 표적을 선정하는 과정에서 보다 많은 역할을 담당하였다.

한편 폭격하게 될 표적에 관한 정보를 월남 전구(戰區)의 미 항공기들에게 너무나 늦게 알려준 관계로 인해 폭격기에 대한 엄호가 적지 않은 지장을 받았다.[197]

당시의 지휘관계는 매우 복잡했다. 그럼에도 불구하고 민간의 의사결정권자들은 이 같은 사실뿐만 아니라 이것이 기획 및 작전 측면에서 초래하게 될 해악(害惡)에 관해 전혀 알고 있지 못했다. 잘린(Zalin)은 다음과 같이 기술하고 있다.

---

196) Clodfelter, p. 165.

197) Ibid., p. 192.

1972년 닉슨 대통령은 사이공의 공군사령관으로 새로 임명된 복트(John Vogt) 대장에게 필요한 것이 없는지 정중히 물었다. 월남에서의 항공전을 단일 지휘관이 지휘할 수 있도록 지휘통제체계를 단순화시킬 필요가 있다고 장군은 답변하였다. 이 같은 답변에 닉슨 대통령은 크게 놀랐다. 닉슨 대통령은 장군이 권력을 장악해 전쟁을 혼자서 지휘하겠다는 의도를 갖고 있다고 생각하였다. 백악관을 떠난 직후 작성한 회고록의 초안에서 닉슨 대통령은 당시의 사건을 이처럼 기술하였다. 닉슨의 회고록을 도와주고 있던 측근은 그 내용에 의문을 품고는 복트 장군과 면담하였다. 복트 장군의 반대에도 불구하고 닉슨의 측근은 문제의 본질을 회고록에서 삭제해버렸다.[198)]

남부 베트남의 북부지역의 경우는 전술 항공자산에 대한 통제를 단일화함이 어떠한 효과와 영향이 있는 지를 보여준 대표적인 사례였다. 그곳 지역은 초기에는 2개 해병사단에 할당되었는데, 이들 사단은 작전을 독자적으로 수행하면서 웨스트모얼랜드 대장에게 직접 보고하였다.

이는 이들 지역의 항공자산을 해병대가 통제하였음을 의미하였다. 그러나 1967년도 중반 그곳 지역에 적 부대가 집결함에 따라 웨스트모얼랜드 대장은 3개 육군사단을 그곳에 배치하였다. 그곳에서는 해병대 및 육군 항공뿐 아니라 함대 항공이란 독립적으로 움직이는 3개 항공력이 작전을 수행하는 결과가 초래되었다.

그 결과 항공교통(Air Traffic) 통제의 문제 뿐 아니라 육군과 해병대 사단에 근접항공지원을 배분함에 따른 나름의 문제가 발생하였다. 웨스트모얼랜드 대장은 항공력을 단일 지휘관이 지휘토록 해야겠다고 생각해 나름의 방안

---

198) Zalin Grant, Over the Beach: The Air War in Vietnam (New York: W.W. Norton, 1986), p.111.

을 모색하였다. 결과적으로 공군 장군이 항공력의 단일 관리자가 되었다.[199)]

모든 항공력을 공군이 지휘하는 경우 지휘구조 내에서의 해병대의 독자성이 침해된다며, 그곳 지역에서의 근접항공지원이 만족한 수준으로 진행되고 있다고 주장하면서 해병대는 이 같은 제안에 반대하였다. 해병대는 이 문제를 합동참모회의로 상정하였다.

당시의 합참의장인 휠러(Wheeler) 대장과 공군이 한편이 되고 육군 · 해군 그리고 해병대가 또 다른 한편이 되어 서로 대립하였다. 따라서 합동참모회의는 국방장관에게 분할된 형태의 제언을 하였다. 국방부 부장관인 닛츠(Paul Nitze)는 이 문제를 웨스토모얼랜드 대장이 원하는 방향으로 결정하였다.

그가 이처럼 결정하게 된 것은 전장에서 벌어지는 문제에 관해서는 통상 현장 지휘관의 견해를 존중해야 한다는 점, 그리고 월남에서의 항공전력의 중앙집권화가 나름의 전례가 된다기보다는 예외적인 경우에 불과할 것이라는 합참의장의 견해 때문이었다.

웨스트모얼랜드 대장은 기 계획된 명령에 근거해 항공공격 자산의 70%를 육군 및 해병대 사령부에 배정해 이들이 비교적 고정적인 횟수의 항공전력을 지원 받을 수 있도록 하고, 나머지 30%의 전력에 대해서는 매일의 상황에 근거해 자신이 임무를 부여한다는 수정안을 수용하였다. 해병대는 이 수정안에 대해 지속적으로 반대하였다.

1971년도에 접어들면서 해병 항공작전을 담당하고 있던 해병장군 또한 항공력을 단일 지휘관이 지휘함에 따른 이점을 인지하게 되었다. 그 결과 해병대는 수정안에 동의하였다.[200)]

이 같은 경험 외에 월남전 당시는 의사결정 과정에서의 합동참모회의의 역할이 불분명했을 뿐 아니라 각군 간의 합동작전에 나름의 실망적인 부분

199) Webb, pp. 90~93.

200) Ibid., pp. 94~97.

도 없지 않았다. 당시 합동작전에 의한 결과는 다양한 형태로 나타났다.

이 점을 보면서 이것이 지휘통제체계에 문제가 있기 때문인지 아니면 합동작전 자체가 이처럼 어려운 것인지에 관해 끊임없는 논란이 있었다. 1965년도에는 400여명의 병력을 도미니카공화국에 파견했는데, 당시의 의사결정 과정에서 합동참모회의 임원들은 철저히 배제되었다. 당시의 결정은 존슨 대통령의 민간의 정책조언자와 하원의원이 참석한 가운데 이루어졌는데, 합동참모회의 요원 중 단 한 명도 그곳에 참석하지 못했다.[201)]

1968년 1월, 북한은 공해상에서 정보를 수집하고 있던 프에블로(Pueblo)호를 나포하였다.[202)] 펜타곤 국가정찰본부(National Reconnaissance Center)의 경우는 사건 발생 이틀 전에 이미 이 같은 상황을 예견하고 있었다. 그런데 어떤 이유에서인지 이 같은 정보가 지휘통제체계를 통해 프에블로 호에 전파되지 않았다.[203)]

아마도 당시의 기상 환경으로 인해 이 같은 통신이 지장 받았을 것이라는 것이 보다 정확한 표현일 것이다.[204)] 프에블로 호가 어려움에 직면하는 경우 즉각 지원할 수 있는 미국의 항공기는 단 한 대도 없었다.[205)]

만약의 사태에 대비해 항공 비상대기를 요구하다가 상황이 발생하지 않는 경우 신뢰가 실추될 가능성도 없지 않다고 해당 장교들이 우려했을 가

---

201) Korb, Twenty-five Years, pp. 133~134.

202) 당시의 사건으로 인해 몇몇의 책이 발간되었다. F. Carl Schumacher, Jr. and George C. Wilson, Bridge of No Return: The Ordeal of the U.S.S. Pubelo (New York: Harcourt Brace Jovanovich, 1971), Trevor Armbrister, A Matter of Accountability: The True Story of the Pueblo Affairs(New York: Coward-McCann, 1970).

203) Raymond Tale, "Worldwide C3I and Telecommunications," in Seminar on Command, Control, Communication and Intelligence: Guest Presentations (Cambridge, MA: Program on Information Resources Policy, Harvard University, 1980), pp. 27~28.

204) Walter S. Poole, Joint History Office, JCS가 필자에게 1997년 12월4일에 보낸 편지 내용.

205) Ibid.

능성도 없지 않다.[206] 하원군사위원회의 소위원회에서는 프에블로 호 사건에 대한 조사를 시작하였다.

소위원회에서의 증언에서 당시의 해군참모총장 무어(Moorer) 대장은 프에블로 호의 임무 승인과 관련해 의사를 결정한 장교는 단 한 명도 없다고 말하였다. 당시의 사건에 대해 책임 질만한 사람이 단 한 명도 없다는 무어의 발언을 소위원회는 복잡한 조직 내부에서의 의사결정 과정에서 발생할 수 있는 일로 치부하지 않았다.

소위원회는 이 문제를 조직 및 행정 측면에서 군 지휘구조에 심각한 문제가 있음을 보여준 사건으로 생각하였다.[207] 적시(適時)에 포괄적인 방식으로 의사결정권자에게 정보를 전달함과 관련해 미국의 군사체계에 나름의 문제가 있다고 소위원회는 보고서에서 지적하였다.[208]

1975년 미국은 캄보디아의 공산주의자들이 억류하고 있던 미군 함정 마야게즈(Mayaguez)를 구출할 목적의 군사작전을 감행하였다. 당시 합동참모회의와 슐레진저(Schlesinger) 국방장관은 원만한 관계를 유지하고 있었다. 당시의 국무방관 키신저는 B-52를 이용해 캄보디아를 공격해야 할 것이라고 주장하였다. 반면에 합동참모회의와 국방장관은 구출을 목적으로 제한된 수준의 군사력을 사용해야 할 것이라는 점에 의견을 모았다.[209]

전술 작전의 성공으로 인해 함정과 승무원을 구출할 수 있었다. 그러나 탕(Tang) 섬을 점령하라는 임무를 부여받은 해병대의 경우는 방어군에 의한 공격에서 간신히 살아남을 수 있었다. 해병대의 경우는 방어군의 규모를 지나칠 정도로 과소 평가한 정보에 의존하고 있었다.

---

206) Armbrister, p. 200.

207) Ibid., pp. 393~394.

208) Ibid., p. 393.

209) Korb, Fall and Rise, p. 135.

해병대가 의존한 정보에서는 섬에 있는 공산주의자들이 20여명 미만일 것으로 판단한 반면 국방정보기구의 보고서뿐만 아니라 여타 정보 부서의 경우는 100명 이상의 공산주의자들이 나름의 무장 상태로 대기하고 있다고 보고하였다.[210)]

당시 해병대가 정확한 정보를 갖지 못했던 것은 작전에 참여하고 있던 공군과 해병대가 상호 연계관계를 유지하지 못했기 때문이기도 하다. 그러나 정보를 적시에 배포하지 못한 주된 이유는 작전기획 과정에서 시간이 촉박했기 때문이었다. "정확한 정보를 수신했더라면 다수의 전술 상황으로 인해 작전기획을 변경하지는 않았을 것이다"고 작전이 종료된 이후 해병대 지휘관은 언급하였다. 이 같은 해병대 지휘관의 발언에 주목해야 할 것이다.[211)]

해병 요원을 Tang 섬으로 운반할 목적에서 공군의 헬리콥터들이 사용된 것은 사실이다.[212)] 그러나 당시 장비 사용과 관련해 비정상적인 상황이 발생했던 것은 작전 기획 및 집행의 속도에 기인하는 바가 크다.

미군 조직의 효용성에 관해 의문이 제기되도록 한 사건 모두가 군사작전만은 아니었다.

1978년 미국 정부는 바르샤바동맹국이 서유럽을 침공하는 경우에 대비해 병력을 징집하고, 부대와 물자를 배치함에 따른 능력을 평가할 목적에서 '니프티 너겟(Nifty Nugget)'이란 명칭의 도상훈련(Command Post Exercise)을 실시하였다. 훈련에 참가한 군(軍)과 민(民) 간에 의견이 일치되지 못했다는 점, 그리고 군 내부에서 제대로 조정하지 못했다는 점으로 인해 당시의 훈련은 일대 실패로 끝났다.

바르샤바동맹국의 침공으로부터 유럽대륙의 미군의 파멸을 방지하기에

---

210) Lamb, pp. 32, 129~130.

211) Ibid., pp. 132~134.

212) 퇴역 장교와의 대담 내용임.

는 당시 병참은 너무나 늦게 지원되었다. 따라서 합동참모회의는 수송자산을 조정할 목적에서 합동배치국(JDA: Joint Deployment Agency)을 설치했는데, 이곳의 경우는 각군의 수송 자산을 통제하지 못했을 뿐 아니라 통합 및 특수 사령부와 비교해볼 때 영향력이 또한 크지 않았다.[213)]

1980년 4월 미군은 이란에 억류중인 인질을 구출할 목적의 '독수리발톱(Eagle Claw)'이란 명칭의 작전을 감행하였다. 장비 고장으로 인해 작전은 도중 무산되었으며, 헬리콥터와 항공기가 충돌하면서 별다른 성과 없이 8명의 미군이 사망하였다.[214)]

당시의 구출작전을 비판하는 사람들은 임무가 급조된 방식으로 기획되었으며, 영광을 공유할 목적에서 육 · 해 · 공군 및 해병대에서 요원을 선발했다고 주장하였다. 사실 당시의 작전에서는 해병대 조종사가 조종하는 해군 헬리콥터에 육군의 특수요원들이 탑승해 있었다.[215)] 작전에 참여했던 각군 요원이 사용하던 통신 수단 간에 상호운용성이 결여된 관계로 인해 각군 구성군 요원들이 상호 교신할 수 없었다는 점을 비평가들은 지적하였다.[216)]

그러나 Eagle Claw 작전에 관해 말하면 작전에 참여했던 각군 요원들 간에 일체성이 결여(훈련 도중 각군 구성군들이 별도로 생활하였다는 점에서 보듯이)되었던 이유는 비밀을 유지할 필요가 있었기 때문이었을 것이다.

물론 훈련 도중 작전 요원들을 한 곳에 모을 수 없었다는 점에는 변명의 여지가 없다.[217)] 이 같은 맥락에서 볼 때, 당시 해군 헬리콥터를 사용한 것

213) Dr. James K. Matthews and Cora Holt, So Many, So Much, So Far, So Fast (Washington, DC: U.S. Government Printing Office, 1996), pp. 1~2.

214) Nick Cook, "How 'Credible Sports' Made SuperSTOL a Reality," in Jane's Defense Weekly (March 5, 1997), pp. 18~19.

215) Locher, pp. 359~363.; Paul B. Ryan, The Iranian Rescue Mission: Why It Failed (Annapolis, MD: Naval Institute Press, 1985).

216) Hadley, pp. 6, 17.

217) Ibid., pp. 10~11; Kitfield, p. 217.

은 부분적으로는 해군의 항공모함에 공군의 헬리콥터가 제대로 탑재되지 못했기 때문일 것이다.[218] 솔직히 말해 당시의 작전에 가장 큰 영향을 끼친 요소는 기후였다.[219]

요약해 말하면, 미군의 경우는 강력한 형태의 육 · 해 · 공군을 강조하였다. 그 결과 분권화, 기능 중심 그리고 특수화에서 얻을 수 있는 장점을 향유하는 지휘통제체계가 가능해졌다. 미국의 각군은 중앙집권화된 군사기구로부터 간섭을 받지 않으면서 자군의 특정 작전환경을 고려해 군사력을 훈련시키고 무기를 개발할 수 있었다. 미국의 각군은 통합사령관이 지역의 군주(君主)로 변모하지 못하도록 통합사령부 내의 각군 구성군에 대해 고삐를 움켜쥐었다.

미국의 합동참모회의 체계는 각군 최고위급 군사장교들의 의견이 이론상으로는 민간의 의사결정권자들에게 전달될 수 있도록 되어 있었다. 그러나 각군 조직 간의 갈등을 제대로 조정하지 못함에 따라 중앙집권화, 지역중심 그리고 일반 시각의 이점이 상실되고 있다고 비평가들은 주장하였다. 이 같은 비평은 1980년대 전반부에 전면 부상하였다.

218) Kitfield, p. 219.
219) Ibid., p. 224.

제2장

국방재조직: 심층 분석

ㅣ 서론 ㅣ 국방재조직에 관한 심층분석 1부: 국방차원 조언의 적합성 ㅣ 국방재조직에 관한 심층분석 2부: 합동참모와 합동근무 ㅣ 국방재조직에 관한 심층분석 3부: 통합 및 특수 사령관과 여타 문제 ㅣ

제2장 국방재조직: 심층 분석

각군 참모총장들은 현안 처리와 관련해 나름의 장점뿐만 아니라 약점도 갖고 있습니다. 의사결정 과정에서 시간이 주요 변수가 아닌 경우 그리고 만장일치가 반드시 필요하지 않은 경우 정책 문제에 관해 각군 참모총장은 일을 비교적 잘 처리할 수 있는 입장입니다. 그러나 장기간에 걸친 토론이 없는 상태에서 신속히 의사가 결정되어야 하는 작전적 차원의 문제를 다룸에 있어서 각군 참모총장들은 능숙하지 못한 실정입니다.

Maxwell Taylor 대장[1)]

미래에는 일대 위기가 발생할 가능성도 없지 않습니다. 이 경우 군과 민의 최고위급 인사들은 우호적이지는 아닐 지라도 상호 긴밀한 관계를 유지하면서 전쟁수행 목적, 위험의 정도, 가능한 인적 및 물적 피해 등에 관해 지속적이고도 솔직하게 논의할 필요가 있을 것입니다. 만장일치인 듯 보이는 그 무엇을 통해 잘못된 형태의 안보 감각이 야기되지 않도록 한다는 차원에서 상이한 견해들이 가장 높은 차원의 지휘부인 대통령에게 전달될 수 있어야 할 것입니다.

Bruce Palmer 대장[2)]

---

1) Taylor, pp. 175~76.

2) Palmer, p. 201.

1. 서론

국방재조직(Defense Reorganization Act)의 내용을 담고 있는 Gold water-Nichols법이 다수의 논의를 통해 1986년도에 제정되었는데, 당시의 논의는 합동참모회의 구조의 최고위 차원에서 시작되었다.

1982년도 당시의 합참의장인 공군대장 존스(David C. Johns)는 하원에서의 증언을 통해 합동참모회의를 재조직할 필요가 있다고 언급하였다. 합참의장으로 재직할 당시 그는 조직 측면에서 합동참모회의의 문제라고 생각되던 사항을 상세히 다룬 논문을 발표했는데, 이는 그 전례가 없는 것이었다.

그 후 4년에 걸쳐 미 의회, 행정관료, 군 장교 그리고 민간의 국방분석가들은 합동참모회의 재조직과 관련해 논쟁하였다. 1986년에는 1947년도의 국가안보법(National Security Act) 이후 국가안보와 관련된 가장 획기적인 법안이 제정되었는데, 이는 이 같은 노력의 결과였다.[3)]

중앙집권화/분권화, 기능 중심/지역 중심 그리고 특수 시각/일반 시각 간에는 나름의 갈등이 없지 않은데, 국방재조직을 주장하는 사람들은 이 같은 갈등의 조정이란 측면에서 미 국방이 적절히 대처하지 못하고 있다고 주장하였다.

국방재조직을 주장하는 사람들은 합동참모회의가 민간의 의사결정권자에게 제공하는 조언이 적절치 못한데, 이는 각군 참모총장들이 두 개의 모자를 쓰고 있으며, 합참의장의 권한이 미약하기 때문이라는 점, 그리고 합동참모들이 각군 본부 참모들에 예속되어 있다는 점 때문이라고 주장하였다.

---

3) 합동참모회의 및 국방성의 지휘구조를 재조직하려는 노력은 국방 개혁운동과는 다르다. 국방개혁 운동의 경우는 첨단 기술에 기반을 둔 무기를 지양하고 저가의 그러나 보다 신뢰성이 있는 무기의 획득을 추구하고 있다. Daniel Wirls, Buildup: The Politics of Defense in the Reagan Era (Ithaca, NY: Cornell University Press, 1992), pp. 87~101; Gary Hart, America Can Win (Bethesda, MD: Adler & Adler, 1986)

근 4년에 걸친 논의에서는 국방재조직을 주장하는 사람들의 이 같은 논리를 검토하였다. 국방재조직을 주장하는 사람들은 미군이 제대로 합동작전을 수행하지 못하고 있는데, 이는 통합사령관(Unified Commander)의 권한이 미약하다는 점, 그리고 합동 교육 및 훈련이 미흡하다는 점 때문이라고 주장하였다. 국방재조직과 관련된 논쟁에서는 국방의 예산절차, 그리고 각 군의 문민 장관들뿐만 아니라 이들 참모의 역할까지도 거론하였다.

미 국방이 나름의 문제를 안고 있는 것은 국방에 근무하는 사람들의 능력이 떨어지기 때문이 아니고 적절한 형태의 조직이 구비되어 있지 않기 때문이라고 국방재조직을 옹호하는 사람들은 주장하였다.

다시 말해 미 국방의 문제는 국방의 고위급 자리에 몇몇 우수한 사람을 보임 시킨다고 해결될 수 있는 문제가 아니라는 의미였다. 국방체계가 안고 있는 구조적인 문제를 몇몇 우수한 사람들이 임기응변 방식의 방안을 고안해 대응할 수도 있을 것이다. 그러나 이는 본질적으로 불안정할 뿐 아니라 고위급 정책 결정권자들의 성격에 따라 좌우되는 방안이라고 이들은 주장하였다.

정치-군사 위기가 진행되는 도중 임기응변에 근거해 문제를 해결하고자 하는 경우는 의사결정이 지연되며, 다수의 인명이 손상될 수 있을 뿐 아니라 궁극적으로는 국가의 이익이 저해될 가능성도 없지 않았다.

중앙집권화/분권화, 기능 중심/지역 중심 그리고 특수 시각/일반 시각이란 국방조직에 관한 3가지 유형의 갈등 간에 균형을 유지하지 못하고 있음을 볼 때 국방조직을 개편할 필요는 있었다. 그러나 극단에서 극단으로 흐르는 방식으로 문제를 해결하고자 하는 경우는 국방조직의 문제가 해결되기는커녕 보다 복잡해질 가능성도 없지 않았다.

2. 국방재조직에 관한 심층분석 1부: 국방차원 조언의 적합성

국방을 재조직할 필요가 있다고 주장하던 사람들은 첫 번째 대상으로 합동참모회의를 선택하였다. 국방재조직을 옹호하던 사람들은 공동 책임의 성격을 띠고 있는 합동참모회의 조직으로는 두 개의 모자를 쓰고 있는 각군 참모총장으로 인한 각군 시각과 합동 시각 간의 본질적인 갈등을 극복할 수 없다고 주장하였다.

소위 말해, 각군 참모총장이 각군의 최고 의사결정권자라는 점뿐만 아니라 합동참모회의의 위원이란 점에서 합동 시각과 각군 시각 간의 갈등은 그 해소가 불가능하다는 생각이었다.

각군 참모총장으로서의 직분과 합동참모회의의 위원이란 직분이 상호 조화를 이룰 수 없다는 점으로 인해 나름의 갈등이 유발될 수밖에 없다고 국방재조직을 옹호하는 사람들은 주장하였다. 그 과정에서 이들은 합동참모회의의 역사를 통한 다수의 사례를 인용하였다.[4)]

각군 참모총장은 자군 발전에 역점을 두어 일해야 한다는 법적인 책임 뿐 아니라 미국 정부 곳곳에서 자군을 변호해야 하는 등의 부수적 책임을 부여받은 사람이었다. 특히 국방예산이 빠듯한 경우 각군 참모총장은 자군의 전투력 유지를 위해 고심해야 할 것인데, 이는 부족한 국방자원을 놓고 각군 간 경쟁이 요구되는 형태의 일이었다.[5)]

국방재조직을 주장하는 사람들은 각군 참모총장들이 타군에 대한 경험이 부족하다는 점으로 인해 이 같은 문제가 보다 더 악화되고 있다고 주장하였다.

1947년부터 1982년까지의 기간 중 미군에는 45명의 참모총장이 보임되었

4) Locher, p. 159.

5) Reorganization Proposals, p. 236.

는데, 이들 중 1/3은 합동군을 지휘해본 경험도 그리고 합동참모로서 근무해본 경험도 없었으며, 펜타곤의 합동 부서에서 근무해본 경험이 있는 사람은 11명에 불과하였다.[6)]

이외에도 각군 참모총장의 경우는 자신이 추구하는 목표 및 이상에 맞추어 자군 조직을 갱신해야 한다는 복잡하고도 민감한 문제를 수행해야 할 뿐 아니라 사병 및 하사관 집단들로부터 지원 및 합법성을 지속적으로 얻어야 한다는 점에서 조직의 규범에 충실해야만 하는 입장이었다.[7)]

이 같은 논리에 따르면 각군 참모총장의 경우는 자군 총수로서의 자신의 이상을 구현할 목적에서 자군 내부에 강력한 형태의 지지 기반을 구축할 필요가 있었다. 이는 군이 추구해야 할 공동 목표를 위해 각군 참모총장이 자군의 이익을 희생하는 데에 한계가 있을 수밖에 없다는 의미였다.

더욱이 각군 참모총장의 경우는 자군에서 전역한 사람들로 구성된 강력한 조직으로부터 압력을 받고 있는데, 이들은 참모총장의 행위뿐 아니라 참모총장이 수행하는 정책까지도 면밀히 주시하고 있었다.

각군 참모총장들은 자군에서 전역한 사람들의 모임에서 전역 이후 자신을 받아들일 것인 지의 문제를 놓고 어느 정도 걱정하지 않을 수 없었다.[8)]

마지막으로 국방재조직을 옹호하던 사람들은 각군 참모총장이 자군의 총수로서 그리고 합동참모회의 위원으로서의 임무를 동시에 수행하기에는 하루 24시간이 너무나 짧다고 주장하였다.[9)] 각군 참모총장의 경우는 참모

---

6) Ibid., p. 312.

7) Perry M. Smith, Taking Charge: A Practical Guide for Leaders (Washington, DC: National Defense University Press, 1986); Martine van Creveld, The Training of Officers: From Military Professionalism to Irrelevance (New York: The Free Press, 1990).

8) Crowe, p. 156.

9) Reorganization Proposals, p. 263.(statement of General Curtis E. LeMay, U.S Air Force).

총장으로서의 자신의 임무를 참모차장에게 위임할 수 있는 입장이다.

그러나 이들은 합동참모회의의 위원으로서 민간의 정책결정권자에게 군 문제에 관해 조언하기보다는 자군을 변혁시키는 일에 보다 더 관심이 있기 때문에 이 같은 권한 위임을 꺼리고 있다고 국방조직의 갱신을 옹호하는 사람들은 주장하였다.[10)]

이처럼 권한 위임을 꺼리는 또 다른 이유는 각군 간 문제에 대한 책임과 관련해 각군 참모총장이 자군 내부의 사람들과 '한통속'이기 때문이었다.[11)] 따라서 합동참모회의 회합의 경우는 많은 경우 각군 참모총장을 대신해 참모차장이 참석하였다. 이 같은 현상으로 인해 합동참모회의에서의 논의가 지속성 및 효과성의 측면에서 지장 받고 있다고 국방조직의 개편을 옹호하는 사람들은 주장하였다.[12)]

요약해 말하면, 각군 참모총장의 경우는 합동 또는 군 차원의 시각보다는 자군의 시각을 합동참모회의 회합에서 옹호할 수밖에 없도록 나름의 강력한 압박을 받고 있으며, 그가 합동 또는 군 차원의 시각에서 일하고자 해도 참모총장으로서의 임무와 이들 임무의 수행에 하루 24시간이 너무나 짧다는 것이었다.

지역구 국회의원들의 경우는 지역구민을 배려하는 한편 국회의원으로서 범국가적 차원에서 의사를 결정해야 한다는 나름의 문제에 직면해 있다. 국방재조직을 옹호하는 사람들은 2개의 모자를 쓰고 있는 각군 참모총장을 지역구 국회의원에 비유하였다. 지역구 국회의원들이 국가이익보다는 지

10) Korb, Twenty-five Years, p. 20.

11) Reorganization Proposals, p. 438.(statement of John M. Colins, Congressional Research Service).

12) 1976년도부터 1981년도까지의 기간 중 합동참모회의는 467회의 회합을 가졌는데, 적어도 한 명의 참모총장이 불참한 경우가 76%나 되었다. Ibid., p. 733.(statement of the Chairman's Special Study Group).

역 이익을 대변하라고 압박 받고 있는 것처럼 각군 참모총장의 경우도 마찬가지라고 이들은 주장하였다.

이 같은 묘사가 정확한 것이라면 각군 참모총장의 경우는 특수 시각/일반 시각 간에 적절히 균형을 유지하지 못하는 경우에 해당한다. 다시 말해 군 정책과 관련해 말하면 일반 시각보다는 각군의 특수 시각을 대변하는 사람들에 의해 운영되는 모순에 합동참모회의가 직면해 있다는 결론에 도달하게 된다.

이미 제1장에서 상세 설명한 바처럼, 땅 · 바다 · 하늘과 같은 독특한 작전환경에서의 전투에 관한 전문성을 함양할 수 있도록 군은 나름의 방식으로 분할되어야 할 것이다. 이처럼 분할해 운영되는 개개 군의 정책과 행위들을 상호 조정하려면 각군 장교들이 조직의 특정 차원에서 국방차원의 일반 시각을 견지하고, 자군의 이익을 조직 전반의 요구에 예속시킬 필요가 있을 것이다.

이 같은 일반 시각의 도달이란 측면에서 각군 참모총장이 효과적이지 못하다고 국방재조직을 옹호하는 사람들은 주장하였다. 각군 참모총장이 두 개의 모자를 쓰고 있다보니 분권화를 지나치게 강조하게 되어 적절한 형태의 중앙집권화에 따른 의사결정의 효율성 그리고 우선 순위에 근거해 국방체계를 획득 및 건설함에 따른 이점을 향유하지 못하고 있다고 이들은 주장하였다.

결론적으로 말하면 각군 참모총장의 경우는 자군 총수로서의 책임을 합동참모회의의 위원으로서의 책임에 예속시킬 수 없는 입장이다. 이 점에서 볼 때 군 문제에 관해 대통령과 국방장관을 조언한다는 이들의 임무가 지장 받고 있다고 국방재조직을 옹호하는 사람들은 주상하였다.

각군 참모총장들이 자군의 이익을 군 차원의 이익에 예속시킬 수 없다면, 즉 군 문제에 관한 이들의 조언이 각군의 시각을 고려한 특수화 및 분권화의 색채를 띠고 있다면 합동참모회의가 군 문제에 관해 민간의 의사결정권자들에게 제공하는 조언은 다음과 같은 두 가지 형태 중 하나의 양상을 띠게 될 것이다.

주요 정책과 관련해 각군 참모총장들이 의견의 일치를 보지 못함에 따라 대통령 및 국방장관에게 서로 대립된 안(案)을 제시하거나, 이들 참모총장이 자군의 이익을 효과적으로 충족시킨다는 차원에서 각군 간의 최소 공통분모에 해당되는 견해를 놓고 타협하고자 노력할 것이다. 합동참모회의가 민간의 의사결정권자들에게 분할된 안을 제출하고자 하지 않을 것임은 분명하였다.

예를 들면 1955년 10월에서 1959년 3월 사이 합동참모회의는 2,977건의 안건을 놓고 논의하였는데, 이들 중 서로 대립되는 권고 안을 제출한 경우는 23건에 불과하였다.[13] 국방장관에게 제출한 문서 중 99% 이상의 경우에서 각군이 만장일치 방식을 채택했다고 존스 대장은 주장하였다.[14]

정책결정권자들에게 군사적 차원의 조언을 하는 과정에서 각군이 의견의 일치를 보지 못하는 경우 합참의장은 그 내용을 국방장관에게 통보하도록 법적으로 규정되어 있다. 이 점으로 인해 각군 참모총장들의 경우는 최소 공통분모에 해당하는 방안, 즉 나름의 "희석된 방안"[15]을 선택하고 있다고 국방조직의 개혁을 옹호하는 사람들은 주장하였다.

각군의 의견이 대립되는 경우 이들 대립되는 의견 중 하나를 민간의 의사결정권자가 선택하게 될 가능성도 없지 않다는 생각에서 각군 참모총장들은 만장일치의 법칙을 개발해내었다.[16] 이들의 경우는 만장일치로 결정된

---

13) Taylor, p. 91.
14) Reorganization Proposals, p. 95.(statement of David C. Johns, Chairman, JCS).
15) Ibid., p. 54(statement of General David C. Johns, Chairman, JCS)
16) Ibid., p. 181(statement of General Lew Allen, Jr., U.S. Air Force Chief of Staff).

사항을 국방장관에게 제출할 수 있도록 각군 이익 간의 최소 공통분모에 해당하는 부분을 찾고자 노력하였다.

그 결과 민간 의사결정권자들의 경우는 대립된 각군의 이익들 중에서 선택할 필요성이 전혀 없게 되었다.[17] 이 같은 권고 안은 의사결정에 도움이 되지 못하는 형태가 될 가능성이 농후하다며, 결과적으로 국방장관이 특정 군 참모총장과의 비공식적인 대화 또는 구두의 조언에 근거하거나 국방부 문민관리의 권고 안을 채택하게 된다고 국방개혁을 옹호하는 사람들은 주장하였다.[18]

합참의장의 권한이 미약하다보니 합동참모회의가 분명하고도 의사결정에 도움이 되는 형태의 군사 조언을 제공하지 못하고 있다고 이들 국방조직의 개혁논자들은 주장하였다. 미 국방에서 합참의장은 민간의 의사결정권자에게 군 문제에 관해 조언하는 유일한 인물이 아니었다.

각군 참모총장이 포함되어 있는 합동참모회의에서 각군 참모총장과 동등한 입장이지만 이들 중 첫 번째의 인물로 합참의장을 정의하고 있는데, 이는 잘못된 것이라고 이들 개혁논자들은 주장하였다. 합참의장의 경우는 각군 참모총장 간의 이견 조정 이상의 역할을 수행하고자 할 때 필요한 자원을 갖고 있지 못하다고 이들 개혁논자들은 주장하였다.

합동참모들의 경우는 합참의장이 아니고 합동참모회의를 위해 일하고 있었다. 따라서 합참의장이 일반 시각에서 결과물을 생산해내도록 이들 참모에게 독자적으로 지시할 수 있는 입장이 아니었다. 사실 합참의장 휘하의 참모들 중에서 합참의장에게 충성을 다하는 장교는 1명의 3성 장군,[19] 2명

17) Reorganization Proposals, p. 288.(statement of General Louis H. Wilson, former Marine Commandant).

18) Ibid., p. 48.

19) McMaster, pp. 54~56.

의 중령, 육 · 해 · 공군 및 해병대로부터 나온 4명의 대령[20]에 불과하였다.

더욱이 국방의 주요 장교 중에서 부재 시 임무를 대행할 차장을 갖고 있지 않은 경우는 합참의장밖에 없었다. 그러나 합참의장의 경우는 업무 성격상 워싱턴이 아닌 지역으로 빈번히 여행할 필요가 있었다. 따라서 합참의장이 부재한 경우에는 각군 참모총장 중 한 명이 그 임무를 대행한다는 체계를 각군 참모총장들은 고안해내었다.

합참의장의 부재시 임무를 각군 참모총장이 대행한다는 개념은 크게 두 가지 측면에서 문제가 있다고 국방개혁을 옹호하는 사람들은 주장하였다.

첫째 합참의장을 대행하는 각군 참모총장의 경우는 주요 현안 문제에 관한 조언을 위해 민간의 의사결정권자와 회동하기 이전, 급조된 방식의 브리핑으로 그 내용을 파악하고 있다. 이 점에서 볼 때 군사적 측면에서 제공하는 조언의 질이 떨어질 가능성이 농후하였다.[21]

둘째, 각군 참모총장이 합참의장을 대행하게 되면 알아서는 아니 될 사항도 각군 참모총장이 알게 되는 현상이 벌어질 수밖에 없었다.[22]

각군 참모총장이 두 개의 모자를 쓰고 있다는 점, 그리고 합참의장의 입지가 미약하다는 점으로 인해 민간의 의사결정권자들에게 군과 관련해 조언한다는 합동참모회의의 주요 기능이 저해될 수 있다고 국방조직의 개편을 옹호하는 사람들은 주장하였다.[23] 더욱이 국방에서 각군이 득세하고 있다는 점으로 인해 중앙집권화/분권화 간에 균형이 이루어지지 못하고 분권화를 향해 지나칠 정도로 국방이 편향되어 있다고 이들 개혁논자들은 주장하였다.

---

20) Reorganization Proposals, p. 352.(statement of General M. Collins, Congressional Research Service).

21) Hadley, p. 289.

22) Crowe, p. 152.

23) Taylor, pp. 93~94.

각군 간의 임무 및 역할의 중복이란 문제를 해소하지 못하고 있을 뿐 아니라 합동교리(Joint Doctrine) 생산이란 자신의 임무에 충실하지 못하고 있다는 점, 그리고 정치적인 불확실성과 예산 상황을 고려한 다수의 우발기획들을 감독하지 못하고 있다는 점을 들어 이들 개혁세력들은 합동참모회의에 문제가 있다고 지적하였다.[24)]

합동참모회의가 군 차원의 문제를 합동의 시각에서 해결할 능력이 없다보니 국방장관실이 그 공백을 메우고자 기능을 확장하고 있을 뿐 아니라 각군이 각군 상호 간의 문제를 해결하고자 하지 않는 상태에서 국방장관실이 합동 영역에 관해서 또한 지나칠 정도의 역할을 수행하게 되었다고 이들 개혁논자들은 주장하였다.[25)] 군인들과 비교할 때 민간 국방관료들의 중요성이 증대되는 현상이 중앙집권화를 향한 진일보임에는 틀림이 없다.

그러나 이 같은 결과로 인해 국방의 문제들이 전문 군사장교들의 견해가 충분히 반영되지 않은 상태에서 처리될 위험도 없지 않았다. 미 국방장관의 특별자문위원을 역임한 바 있는 케스터(John Kester)는 다음과 같이 언급하였다. "국방을 어느 정도 중앙에서 통제하는 사람이 있어야 할 것이다. 이 같은 역할을 전문군사 장교들이 담당하지 않는다면 군 경험이 전무한 집단에서 나온 어느 누군가가 군과 관련된 많은 부분을 중앙에서 통제할 수밖에 없을 것이다"[26)]

구성원이 각군의 이익을 염두에 두고 있는 각군 참모총장이 되다보니 군 차원에서 각군 예산을 효율적으로 배분하는 문제와 관련해 합동참모회의가 제대로 조언하지 못하고 있다고 이들 개혁논자들은 주장하였다.

---

24) Locher, pp. 164~165, 184~187.

25) Allard, p. 128. 또는 "미래전 어떻게 싸울 것인가", pp 231-232.

26) Reorganization Proposals, p. 542.(statement of the Honorable John G. Kester, former special assistant to the secretary of defense).

국방부의 예산처리와 관련해 합동참모회의는 합동프로그램평가목록(JPAM: Joint Program Assessment Memorandum)이라고 불리우는 단일의 예산 관련 추천 안을 제출하도록 되어 있었다. 그러나 이들 목록이 각군의 요구사항을 군 차원에서 검토해 나온 결과라기보다는 각군이 제시한 요구사항을 단순히 모아 놓은 것에 불과하다고 이들 개혁논자들은 주장하였다.[27)]

민간의 의사결정권자들이 정해 놓은 국방예산의 범주 안에서 각군의 요구사항을 우선 순위에 근거한 분석을 통해 목록을 만든 것이 아니고 예산과 관련해 합동참모회의에서 권고한 내용은 각군의 희망을 집대성해 놓은 것에 불과하다고 이들 개혁논자들은 주장하였다.

그 결과 국방장관실의 참모들 특히 '프로그램 분석 및 평가실(Office of Program Analysis and Evaluation)' 소속의 참모들이 각군이 요구한 예산을 놓고 칼질하는 현상이 벌어지게 되었다. 국방예산을 놓고 벌어지는 논쟁은 미국의 군사전략을 국방 차원에서 구상하는 과정이라고 말할 수 있다.[28)] 국방 차원에서 국방예산을 권고할 수 없다면 국방정책을 만들어 국방장관실에 반영시킨다는 자신들의 임무를 합동참모회의가 포기하고 있음을 의미하였다.

그러나 합동참모회의가 몇몇 문제를 안고 있다는 점으로 인해 국방을 재조직할 필요가 있다는 주장에는 나름의 답변이 떠오른다.

첫째, 합동참모회의가 만장일치 제도를 택하고 있다는 사실이 여기서 양산되는 권고 안이 반드시 김빠진 또는 효과가 없는 형태의 것이란 의미는 아닐 것이다. 합동참모회의에서 개진한 다수의 의견 중 각군 참모총장들이 사심 없이 합리적인 논쟁을 통해 가장 부각되는 안을 채택했을 가능성도 없지 않다.

---

27) Locher, p. 161.

28) Korb, Twenty-five Years, pp. 94~95.

이 같은 맥락에서 해병대사령관을 역임한 바 있는 윌슨(Louis H. Wilson) 대장은 다음과 같이 증언하였다.

"각군 참모총장의 경우는 더 이상 승진할 가능성이 없다는 점을 말하고자 합니다. 이들이 더 이상 승진할 길은 거의 없습니다. 이들은 전문 군인으로서 추구하던 욕망을 모두 다 달성한 사람들입니다. 따라서 이들이 자신의 안일(安逸)을 염두에 두고 각군에 메어 있다는 주장(두 개의 모자를 쓰고 있다는 점을 비판하는 사람들이 주장하는 바임)은 잘못된 것입니다"[29]

이 같은 논리에 따르면 합동참모회의가 제공하는 조언에 관해 민간의 의사결정권자들이 만족해하지 않는다면 이는 이들 조언의 질이 떨어지기 때문이 아니고 이들 조언이 민간의 의사결정권자들이 원하는 형태가 아니기 때문일 것이다.

둘째, 민간의 의사결정권자에게 군에 관한 조언을 제출하기 이전에 이들 각군 참모총장이 의견을 일치시켰다고 할 지라도 이것이 군의 전문성에 근거해 이루어졌을 가능성이 높다.

전문가란 개념은 교육 및 경험으로 인해 문외한(門外漢)과 비교해볼 때 특정인이 자신의 전문 영역에 관해 보다 우수한 형태의 지식 및 지혜를 갖고 있다는 의미다. 따라서 특정 전문 영역에 관한 의사결정의 문제는 그 분야의 전문가에게 일임함이 합당할 것이다. 이들 논리에 따르면 의견일치에 근거한 각군 참모총장들의 판단은 군사전문가들이 내린 것이라는 점에서 존중되어야 할 것이다.

이외에도 분할된 견해를 민간의 의사결정권자에게 제출하는 경우 전문

29) Reorganization Proposals, p. 286.(statement of General Louis H. Wilson, former Marine commandant).

군사지식이 요구되는 문제를 놓고 민간의 의사결정권자들이 좌지우지하는 현상이 발생할 가능성도 없지 않다. 이 점으로 인해 각군 참모총장들이 의견을 조정해 통합된 안을 제출해야겠다고 결심했을 가능성도 없지 않다.[30)]

월남전 이후 미국에서는 군에 대한 비방의 목소리가 적지 않았다. 상황이 그러하다보니 국가방위에 필요한 예산과 정책을 확보한다는 차원에서 각군이 통합된 입장을 견지할 필요가 있었을 가능성도 없지 않다.[31)]

셋째, 국방재조직을 옹호하는 사람들은 합동참모회의에 의한 군 관련 조언이 신통치 않은 것은 합참의장의 입지가 약하기 때문이라고 주장하였다. 이들의 견해에 반대하는 사람들은 각군 참모총장들이 집단으로 대통령 및 국방장관에게 군사 문제에 관해 조언함에 나름의 이점이 없지 않다고 주장하였다.

각군이 자군의 입장에서 상이한 견해를 피력하게 되면 민간의 의사결정권자들의 경우는 다양한 형태의 견해와 방안을 받아볼 수 있게 된다. 반면에 민간의 의사결정권자들이 군 관련 문제에 관한 조언을 합참의장으로부터만 듣게되면, 다시 말해 중앙집권화 현상이 강화된다면 정치 및 군사적 측면에서 의사를 결정하는 대통령과 같은 사람들에게 다양한 형태의 대안 또는 이견이 전달되지 못하고 사장(死藏)될 가능성도 없지 않다.[32)] 국방재조직에 반대하는 사람들은 합참의장이 잘못 조언한 사항을 각군 참모총장들이 대통령에게 직접 접근해 해결한 경우를 지적하였다.

예를 들면 1954년도 당시의 합참의장인 라드포드(Arthur Radford) 대장은 디엔비엔푸(Dien Bien Phu)에서 고전하고 있던 프랑스군을 구출할 목적에서

---

30) Palmer, pp. 34~35.

31) Korb, Twenty-five Years, pp. 130~131.

32) Joseph Kahn, "This Time, Shared Reins Didn't Work at Goldman," in New York Times (January 13, 1999), p. C1.

항공모함 상의 항공기를 이용해 공습(空襲)하자고 제언하였는데, 당시의 육군참모총장 리지웨이(Matthew Ridgeway)는 아시아에서의 지상전 개입에 반대한다는 자신의 이견이 대통령에게 전달되도록 하였다.[33)]

각군 참모총장의 견해가 대통령에게 반영되지 못하도록 합참의장이 방해한 경우가 적지 않다며 국방재조직에 반대하는 사람들은 그 사례를 거론하였다. 쿠바미사일위기 당시의 합참의장인 테일러 대장은 각군 참모총장의 견해를 정책기획 집행위원회(Executive Committee Planning Policy)에 적극적으로 전달하지 않았다.[34)]

제1장에서 언급한 바처럼 월남전 당시의 각군 참모총장들은 월남전을 점진적인 방식으로 대응하겠다는 존슨 대통령의 견해에 반대하고 있었는데, 이 같은 각군 참모총장의 견해가 대통령에게 전달되지 못하도록 합참의장은 방해하였다.

예를 들면 테일러 대장은 각군 참모총장의 권고 안을 애매 모호하게 표현해 행정부에 대한 이들 참모총장의 비판을 무력화시킨 바 있다.[35)] 이외에도 월남전 당시의 멕나마라처럼 각군 참모총장의 권고 안이 대통령에게 전달되지 못하도록 국방장관이 차단할 수도 있었다.[36)]

이처럼 각군 참모총장의 견해가 대통령에게 전달되지 못하도록 중간에서 차단한 경우를 그 사례로 들면서 국방재조직에 반대하는 사람들은 각군 참모총장이 대통령에게 직접 접근해 나름의 주장을 전달할 수 있어야 할 것이라고 주장하였다.

이 같은 맥락에서 볼 때 합참의장이 부재한 경우 특정 참모총장으로 하여

---

33) Hadley, p. 168.
34) McMaster, pp. 27~28.
35) Ibid., p. 77.
36) Ibid., pp. 21, 186.

금 합참의장을 대행토록 한다고 해도 정치 및 군사 관련 의사결정이 저해되는 것은 아니라고 국방재조직에 반대하는 사람들은 주장하였다.

예를 들면 마야게즈(Mayaguez) 위기가 발발할 당시의 공군참모총장 존스는 이들 문제를 협의할 목적에서 유럽에 가 있던 당시의 합참의장 브라운(George S. Brown)을 대신해 임무를 수행한 바 있다. 그럼에도 불구하고 당시 특별한 갈등 내지는 비효율성이 발견되지는 않았다.[37]

넷째, 군사 문제에 관한 합동참모회의의 조언에 문제가 있다면 이는 조직의 결함 때문이라기보다는 관련 요원이 무능력하거나 성격상의 결함 때문일 가능성도 없지 않다. 월남전 당시의 몇몇 참모총장들은 분쟁을 점진적인 방식으로 접근하고자 하는 존슨 대통령의 입장에 소리 높여 반대하지 않았다.

예를 들면 1965년 7월27일 존슨 대통령은 예비군을 소집하지 않은 채 월남전에 대한 미군의 개입을 확대하겠다는 문제를 논의할 목적에서 군의 최고 수뇌부들과 회동한 바 있는데, 당시 존슨 대통령은 합참의장인 휠러(Wheeler) 대장에게 "나의 생각에 동의합니까?"[38]라고 물었다.

월남전이 여론의 지지를 얻는 가운데 진행되려면 예비군 소집이 필요하다고 자신뿐만 아니라 각군 참모총장이 생각하고 있었음에도 불구하고 그의 경우는 존슨 대통령의 견해에 동의하였다.[39]

또한 1965년 7월 각군 참모총장은 하원군사위원회에서 증언하였는데, 이들은 월남전에서 승리하고자 할 때 요구되는 군사력의 규모를 축소해 말했으며, 예비군을 소집할 필요가 있다는 자신들의 의도를 공개적으로 언급하

---

37) Lamb, p. 60.

38) David Halberstam, The Best and the Brightest[New York: Random House, 1972], pp. 599~600.

39) Ibid.

지 않았다. 그 후 이 문제에 관해 전화로 의견을 물어오자 해병대사령관은 향후 예상되는 군사력 투입 규모에 관해 분명히 언급하였다.[40)]

이 같은 결과가 초래된 것은 대통령 및 국방장관의 비난에도 불구하고 자신의 견해를 주장할 수 있을 정도의 의지를 이들 각군 참모총장이 갖고 있지 않았기 때문이라고 생각할 수 있을 것이다.

1965년도 당시의 이들 각군 참모총장의 행위는 "제독들의 반란" 당시의 해군제독 덴펠드(Denfeld)의 경우와 크게 대조되는 형태의 것이었다. 당시 덴펠드는 행정부의 정책에 정면 도전해 해군참모총장에서 해임된 바 있다.[41)]

그러나 의회에서의 각군 참모총장의 행위는 합동참모회의의 역사라는 측면에서 볼 때 조직 측면에서 애매한 부분이 없지 않다. 소위 말해 각군 참모총장이 대통령에게 충성해야 할 것인가 혹은 연방정부 전반에 걸쳐 충성해야 할 것인가의 문제가 바로 그것이다. 연방정부 전반에 대해 충성해야 한다면 각군 참모총장들의 경우는 의회에서 증언할 당시 행정부의 의견을 앵무새처럼 반복해서는 안될 것이다. 그 대신 이들은 자신들 내면의 양심의 소리를 대변해야 할 것이다. 가장 우수한 성품의 인물을 각군 참모총장에 임명한다고 할 지라도 의회 및 대통령과 각군 참모총장 간의 애매 모호한 관계는 극복이 불가능할 것이다.[42)]

민간의 의사결정권자들이 각군 참모총장들의 진솔(眞率)되고도 솔직한 견해를 갈망해 이것을 열렬히 추구했더라면 이들 견해가 개진되었을 것이라는 점을 주목할 필요가 있을 것이다.[43)]

---

40) McMaster, pp. 309~311.

41) Revolt, p. 272.

42) McMaster, p. 311.

43) McMaster, pp. 269~271.

다섯째, 군의 조직구조에 무관하게 민간의 의사결정권자들이 군 관련 조언을 자신들의 구미에 맞게 변형시킬 것이라고 국방재조직에 반대하던 사람들은 주장하였다. 다시 말해, 의사결정권자가 조언 받는 방식뿐만 아니라 조언 받고자 하는 사람을 조직 구조를 통해 지정할 수는 없다는 논리다. 의사결정권자가 원하지 않는 형태의 조언자가 등장하는 경우 의사결정 과정 자체가 위기에 직면하게 된다.

예를 들면 로스엔젤로스에서 폭동이 일어난 1992년도 당시, 그곳의 시장인 브레들리(Tom Bradley)는 경찰총수인 게이츠(Daryl Gates)와 전혀 대화가 되지 않았다. 게이츠의 경우는 브레들리 시장의 마음에 들어 경찰총수가 된 것이 아니었다. 그의 경우는 어느 누구도 넘볼 수 없는 민간인 자리에 앉아 있었다. 경찰 총수의 임기에 대해 일말의 권한이라도 행사할 수 있는 입장이었더라면 브레들리의 경우는 게이츠를 자신이 신뢰하는 사람으로 곧바로 교체했을 것이다.[44)]

합동참모회의의 운영방식 그리고 민간의 의사결정권자에게 조언하는 방식이란 측면에서 비공식적인 채널[45)]이 조성되었는데, 이는 이 같은 앞의 논리에 근거하였다. 예를 들면 존스 대장의 경우는 현안 문제를 논의할 목적에서 합동참모회의 외부에 나름의 비공식 조직을 결성하였다.[46)]

국가안보와 관련된 의사를 결정할 당시 케네디 대통령 또한 비공식 조직을 지속적으로 활용한 바 있다.[47)] 국방장관과 대통령이 비공식 조직에서 제공하는 조언에 만족해하는 한 공식 조직구조의 적합성 여부는 문제의 사안

44) James Q. Wilson, "The Closing of the American City," in the New Republic(May 11, 1998), pp. 31~32.

45) Verne G Kopytoff, "The Necessary Art of the Impromptu Meeting: When Small Talk Is More Than That," in New York Times(August 24, 1997), p. F11.

46) Kitfield, pp. 217~219.

47) McMaster, pp. 5, 21.

에 전혀 영향을 끼치지 못했다.

국방재조직에 반대하는 사람들은 비공식 형태의 조직이 바람직할 뿐 아니라 필연적이라고 주장했는데, 여기에 대해 다수의 격렬한 반응이 있었다. 대통령이 정책 조언자에게 제도적 차원에서 힘을 실어주게 되면 구미에 맞게 의사를 비공식적으로 결정하는 과정에서 대통령의 권한이 지장 받는 것은 사실이다.

각군 참모총장들의 경우는 법적으로 지정된 대통령의 조언자다. 그럼에도 불구하고, 자신의 마음에 들지 않으면 대통령은 이들 참모총장을 해임시킬 수 있는 입장이다. 케네디 대통령의 경우는 몇몇 참모총장을 해임시킨 바 있다.[48] 1990년 9월 미 공군참모총장 듀간(Michael Dugan)은 걸프전에서의 항공력의 역할에 관한 부적합한 발언으로 인해 해임된 바 있다.[49]

존스 대장이 비공식 성격의 회합에 의존해 문제를 해결하고자 했던 것은 합동참모회의가 부적합한 형태의 조직이었다고 생각했기 때문이었다.[50] 합동참모회의가 나름의 능력을 갖고 있다고 생각했더라면 그의 경우 비공식 성격의 집단에 의존하지는 않았을 것이다.

더욱이 비공식 성격의 조직에 의존해 문제를 해결하고자 하는 경우는 각군의 이견이 민간의 의사결정권자에게 전달되도록 하는 조직 및 구조적 측면의 창구가 없어지게 된다. 이것뿐만 아니라 행정부의 의사결정 과정에서 각군이 배제될 가능성도 없지 않다. 아이젠하워 행정부 당시 합동참모회의는 국가안전보장회의(NSC: National Security Council)에 대표를 파견해 이곳의

48) Ibid., p. 31.

49) R. Jeffrey Smith, "Chief of Air Staff Fired by Cheney: Dugan Discussed Targeting Baghdad, Saddam," in Washington Post (September 18, 1990), p. 1. 지금부터 'Chief of Air Staff'로 지칭.

50) Kitfield, pp. 217~219.

안건에 나름의 항목을 상정할 수 있었다.[51)]

반면에 케네디 대통령 당시의 합동참모회의는 케네디 행정부의 특별 모임에 참여하지 못했다.[52)] 존슨 대통령 당시의 합동참모회의의 경우는 군사 문제에 관한 자신들의 조언이 테일러 합참의장 및 멕나마라 국방장관의 방해를 극복하고 백악관에 도달할 수 있도록 할 목적에서 합동참모회의와 대통령의 군사 조언자 간을 연결하는 비정규 채널을 개설했는데, 멕나마라 장관은 이것을 제거하였다.

군 내부의 비공식 채널에 관해 말하면 존스 대장이 주관한 비공식 회합에 초대받지 못한 장교들의 경우는 한결같이 분개하였다.[53)] 정규 채널이 아닌 특별 회합에 의존하는 경향에 대해 마지막으로 반대 의견을 피력한다면, 합동참모회의의 모든 기능을 비공식 채널을 통해 해결할 수는 없을 것이다.

예를 들면 합동참모회의의 경우는 예산처리 과정에서 국방부가 사용하는 문서인 합동프로그램평가목록(JPAM: Joint Program Assessment Memorandum)을 생산해내고 있다.

이 같은 문서를 결정적이지 못한 또는 내용이 희석된 형태의 것이라며 의사결정에 도움이 되지 못한다고 치부하는 경우, 예산 과정에 종사하는 수천에 달하는 국방 요원들에게 각군 참모총장의 진정한 의도를 비공식 차원의 정보 공유를 통해 전달할 수는 없을 것이다.

---

51) McMaster, pp. 4~5.

52) Ibid., pp. 5, 21.

53) Kitfield, pp. 217, 219.

3. 국방재조직에 관한 심층분석 2부: 합동참모와 합동임무

합동참모회의가 부적합하고, 합참의장의 권한이 미약한 것은 문서 작성과 관련된 합동참모의 일 처리 과정에 각군이 크게 간섭하기 때문이라고 국방재조직을 옹호하는 사람들은 주장하였다.

합동참모들이 문서를 만드는 과정은 "다수 계층에서의 검토와 수정을 거치는 번거롭고도 적지 않은 노력이 소요되는 그리고 그 과정에서 내용이 희석되는 형태의 것이다"[54]고 육군대장 굿패스터(Andrew Goodpaster)는 말한 바 있다.

합동참모회의로부터 합동참모가 문서작성에 관한 지시를 받는 경우 이들 내용은 해당 합동참모 부서의 소령 또는 중령급 장교에게 전달된다. 이들 장교는 각군 본부의 참모들과 통상 상의하게 되는데, 그 이유는 이들 각군 본부의 참모들이 보다 규모가 크고 우수할 뿐만 아니라 각군 특유의 주요 자료를 갖고 있기 때문이다.

사실 각군 본부에는 합동참모로 근무한 바 있는 다수의 장교가 포진해 있는데, 이들은 합동참모들의 업무처리 과정에 영향력을 행사하라는 임무를 부여받고 있는 실정이다. 합동참모들의 경우는 각군 모두가 동의하는 형태의 결론에 도달해야 한다는 제도적 차원의 압력을 받고 있다고 존스 대장은 의회에서 증언하였다.

국방재조직을 옹호하는 사람들은 각군이 자군의 임무와 역할을 유지하고, 자군의 주요 무기체계의 획득과 관련된 기획을 보호한다는 차원에서 합동의 문제를 접근하고 있다고 주장하였다. 합동참모의 문서 작성과정에 관여하는 각군 장교들의 경우는 일마 지나시 않아 석설히 타협하는 방안을

54) Reorganization Proposals, p. 443.(statement of General Andrew J. Goodpaster, U.S. Army[ret]).

터득하게 된다고 존스 대장은 의회에서 증언하였다.

다시 말해 특정 군에서 나름의 사안을 요구하는 경우 그것을 지원해주는 대신 그에 상응한 규모의 지원을 요구한다는 것이었다.[55] 합동참모가 작성한 문서가 보다 높은 차원의 부서에 도달되는 과정에서도 각군 본부의 관여는 지속된다. 합동참모회의에서 작성된 문서가 처리되는 과정에서 각군이 끊임없이 관여하는 관계로 인해 이들 문서가 사심 없이 합동의 시각을 반영할 수 없게 된다고 국방재조직을 옹호하는 사람들은 주장하였다.

"요약해 말하면, 현 합동참모 절차는 타협을 조장하는 형태의 것일 뿐 아니라 각군의 지나친 관여에 의존하고 있다. 이들 절차는 각군의 이익에 정통해 있는 반면 합동의 시각에서 문제를 접근할 준비가 되어 있지 않은 다수의 장교들에 의존하고 있다"[56]고 존스 대장은 의회에서 증언하였다.

합동참모가 문서의 초안을 작성하고, 그 내용을 수정하는 과정에서 각군이 주도적인 영향을 끼친다는 점으로 인해 합동참모들이 각군과 무관한 공정한 입장에서 합동참모회의를 지원하지 못하고 있다고 국방재조직을 옹호하는 사람들은 주장하였다.

의회가 합동참모의 규모를 인위적으로 제한하다 보니 각군과 비교해볼 때 합동참모가 취약한 입장에 있다고 국방재조직을 옹호하는 사람들은 주장하였다. 합동참모의 규모는 400명을 초과하지 못한다고 법으로 정해져 있었다.

합동참모회의, 합동참모 그리고 합동참모회의와 관련된 여타 조직을 포함한 '합동참모회의 조직(OJCS: Organization of the Joint Chiefs of Staff)'의 경우는 비 합동참모 장교들의 수가 급증하였는데, 이는 합동참모의 규모에 관한 법에 저촉되지 않으면서 합동참모회의를 지원할 목적에서였다. 400명의

55) Ibid., p. 95.(statement of General David C. Johns, chairman, JCS).

56) Ibid.

합동참모 장교를 포함한 OJCS의 규모는 1983년도의 경우 1,405명으로 늘어났다.[57]

OJCS의 규모 증대를 통해 보완하고 있음에도 불구하고 합동참모의 규모와 관련된 제한 사항으로 인해 합동참모회의가 요구하는 적절한 형태의 분석과 지원을 제공할 수 있을 정도로 합동참모 규모를 늘리지 못하고 있다고 국방재조직을 옹호하는 사람들은 주장하였다. 의회의 증언에서 존스 대장은 군에서 가장 중요한 역할을 담당하는 합동참모들의 규모를 군에서 가장 규제하는 모순에 미군이 빠져 있다고 증언하였다.[58]

합동참모의 규모가 제한적이라는 점 외에 이들이 합동교육뿐만 아니라 합동작전과 관련된 경험이 미흡한 실정이라고 국방재조직을 옹호하는 사람들은 주장하였다. 달리 말하면 특수 시각/일반 시각 간의 갈등에 관한 미군의 접근 방식이 균형을 이루지 못하고 있다고 국방재조직을 옹호하는 사람들은 믿고 있었다.

1981년도 당시의 합참의장 존스는 합동참모회의를 분석해보라고 지시하였다. 그 결과 '합참의장 특별연구보고서(Chairman's Special Study Group Report)'가 나오게 되었는데, 그 내용에 따르면 합동참모회의를 지원하는 조직의 경우는 합동에 관해 거의 개념이 없는 집단이었다.

1982년도 당시 OJCS에 근무하는 장교 중 합동참모로 근무해본 경험이 있는 사람들의 비율은 2%를 넘지 않았으며, 합동참모로 보임되기 이전 각군 본부 참모로 근무해본 장교의 비율 또한 33%가 되지 않았다. 합동참모 직위에 있는 장군들의 경우는 이들 부서에서 평균 2년을 근무한 반면 장군 이하 장교들의 경우는 평균 30달을 근무하였다.

---

57) Locher, p. 144.

58) Reorganization Proposals, p. 74.(statement of General David C. Johns, chairman, JCS).

합참의장 특별연구보고서에 따르면 이들 장교들의 경우는 합동참모가 다루어야 할 복잡한 기능 및 절차를 숙지하는데 대부분의 기간을 소비한다고 한다. 이 점을 고려해보면 이들 장교가 소속 부서에서 유용한 존재로서 임무를 수행하는 기간은 이들 기간에 비해 훨씬 더 짧았다.[59)]

1976년부터 1981년도까지 합동참모로 근무한 장군들 중 그 이전에 합동임무를 수행해본 경험이 있는 사람의 비율이 60% 미만이라고 합참의장 특별연구보고서는 지적하였다.

일반적으로 합동참모로 근무하는 하급장교들의 경우 합동 경험이 미흡한 실정인데, 이는 합동 부서에서의 임무/경험을 경시하고, 특수 시각을 지나칠 정도로 강조함에 따라 합동참모에 각군이 가장 우수한 장교들을 보임시키고자 하지 않기 때문이라고 국방재조직을 옹호하는 사람들은 생각하였다.

OJCS 소속의 장교들 중 합동임무를 염두에 둔 훈련을 받은 사람의 비율이 지극히 미미하다는 점을 국방재조직을 옹호하는 사람들은 밝혀내었다. 1981년도의 경우를 보면 OJCS 소속의 장교들 중 합동임무를 염두에 둔 국방참모대학(Armed Forces Staff College) 과정을 수료한 비율은 13%가 되지 않았다.

한편 OJCS 소속의 대령들 중 국방전쟁학교(National War College) 또는 국방산업대학(Industrial College of the Armed Forces)을 졸업한 비율은 25%가 채 되지 않았다.[60)] 이들 수치에서 보듯이 합동 부서에 근무하는 장교들의 합동경험 및 교육이 미흡한 실정이라고 국방재조직을 옹호하는 사람들은 주장하였다.

각군의 경우는 합동참모로 근무하게 될 자군 장교들의 자질을 높이지 않고 있는데, 이는 이들 합동참모들이 각군 참모에 예속되고, 합동기획 과정

59) Ibid., p. 743.(statement of the Chairman's Special Study Group).

60) Ibid., 370(statement of John M. Colins, Congressional Research Service).

이 지장을 받도록 하며, 각군의 이익이 보존될 수 있도록 하기 위함이라고 국방재조직을 옹호하는 사람들은 또한 주장하였다.

합동조직에 근무하는 장교들의 승진을 각군이 통제한다는 점, 그리고 자군의 시각을 버리고 합동시각에서 문제를 접근하고자 하는 합동참모를 각군이 경멸의 눈초리로 바라본다는 점으로 인해 이들 합동참모들이 자군의 시각에서 합동의 문제를 접근하는 경향이 있다고 국방재조직을 옹호하는 사람들은 주장하였다.

여타 각군 장교들과 비교해볼 때 합동 부서에 근무하는 장교들의 승진 비율이 떨어진다며, 결과적으로 각군 장교들이 합동 부서를 기피하는 경향이 있다고 국방재조직을 옹호하는 사람들은 주장하였다. 따라서 각군의 최우수 장교들의 경우는 합동 부서에서의 근무보다는 각군 본부에서의 근무를 희망하고 있다고 이들은 주장하였다. 해군의 경우 합동 근무를 "죽음으로 가는 길"로 간주하고 있다고 한 분석가는 주장하였다.[61)]

그러나 국방재조직을 옹호하는 사람들은 자신들의 주장을 입증할 상세 수치를 제공하지 못했다. 몇몇 군 장교, 특히 퇴역 해병대사령관의 경우는 "해병대 장교들의 경우 합동참모 부서에 대한 열의가 높다며 합동 부서에 근무한다고 승진 가능성이 떨어지는 것은 아니다"[62)]고 말하였다.

합동참모 부서에서 국장을 역임한 바 있는 해군중장은 공군과 해군의 경우는 합동참모 부서에 근무한 장교들에게 불이익을 주지 않고 있다고 주장한 바 있다. 앞에서 언급한 해군중장뿐만 아니라 대서양 통합사령부의 사령관을 역임한 바 있는 해군대장 트레인(Harry Train)은 해군의 여타 장교들과 비교해볼 때 합동참모로 근무하는 해군장교들이 진급 측면에서 불이익

61) Ibid., pp. 428~429.

62) Ibid., p. 202(statement of General Robert H. Barrow, former Marine commandant).

을 당하고 있다고 주장하였다.[63]

합동 부서에 근무하는 장교들에게 해군이 불이익을 주고 있다면 이는 미 해군이 분권화된 지휘구조를 선호한다는 점, 여타 군에 특별히 의존할 필요가 없는 형태의 군이라는 점 그리고 해군 특유의 작전 경험에 일부 기인하고 있으며, 육군과 공군이 합동근무를 보다 긍정적으로 바라본다면 이는 이들 군이 중앙집권적인 참모구조를 갖고 있다는 점, 그리고 보다 합동 중심의 작전경험을 갖고 있다는 점에 기인하는 것이라고 국방재조직에 반대하는 사람들은 주장할 수 있을 것이다.

예를 들면 공수 · 해수(海輸) 그리고 근접항공지원의 측면에서 육군은 여타 군에 보다 더 의존하는 경향이 있다. 다시 말해 이는 유능한 합동참모를 유지해 합동의 문제를 해결함이 자군에 보다 많은 이익이 돌아온다고 육군이 생각할 가능성이 있음을 의미하였다. 합동참모에 보다 유능한 장교를 보임하고자 하는 육군의 열망은 월남전에서의 경험에 근거하고 있다.

월남전 당시 미 육군은 해군이 사령관인 태평양 통합사령부가 관할하고 있던 월남에서 가장 어려운 일을 수행한 바 있다. 유능한 육군장교를 합동참모로 근무토록 함으로서 합동 지휘구조의 최상위 차원에 영향을 끼칠 수 있을 것으로 육군은 당시의 경험을 통해 생각하게 되었을 것이다.[64]

반면에 전시(戰時)에 버금갈 정도로 지구상 곳곳에 자군의 함대를 배치하고 있다는 점에서 볼 때 미 해군의 경우는 육군 및 공군과 비교해볼 때 비교적 높은 수준의 전비태세를 유지하는 경향이 있었다. 따라서 해군의 경우는 합동참모에 최상의 자원들을 파견하기보다는 함대에 가장 우수한 장교들을 유지시키는 경향이 있다고 국방재조직을 반대하는 사람들은 주장

63) Ibid., p. 681(statement of Vice Admiral Thor Hanson, former director of the Joint Staff)

64) Crowe, p. 148.

하였다.[65)]

해군참모총장 헤이워드(Thomas Hayward)는 다음과 같이 증언한 바 있다.

"재능 있는 군인들을 균등히 배분해야 할 것이다. 합참의장의 경우는 보다 우수한 자질의 장교를 요구하고 있다. 나의 경우 또한 휘하에 우수한 참모를 두고 싶은 심정이다. 지구상 곳곳에 우수한 자원이 균등히 배분될 수 있도록 노력하고 있다"[66)]

합참의장을 역임한 바 있는 무어(Moorer) 제독은 다음과 같이 말한 바 있는데, 이는 헤이워드와 견해를 같이 하는 것이다.

"합동참모에 최상의 자원을 보임시킬 수 있을 정도의 인적 자원을 우리는 갖고 있지 못하다. 그곳에 임무 수행이 가능한 똑똑한 장교 1명을 보임시켜야 할 것이다"[67)]

최상의 장교들을 합동참모로 보임시키는 경우 이들이 자군 특유의 훈련을 받을 기회를 상실하게 되어 자군에서의 임무수행 능력 함양에 지장이 초래될 것이라고 국방재조직에 반대하는 사람들은 주장하였다.

합동참모로 보임된 장교 중 합동 부서에 근무해본 경험이 있는 장교의 비율은 지극히 낮았다. 그러나 이것이 이들 장교가 각군 중심의 편향된 시각에서 임무를 수행하게 될 것이란 의미는 아니라고 국방재조직에 반대하는

65) Reorganization Proposals, p. 686 (statement of Admiral Thor Hanson, former director of the Joint Staff).

66) Ibid., p. 251(statement of Admiral Thomas B. Hayward, chief of naval operations).

67) Ibid., p. 169(statement of Admiral Thomas H. Moorer, former chairman, JCS).

사람들은 주장하였다. 보다 일반적인 시각에서 국방의 문제를 바라볼 필요가 있다는 점을 합동참모 부서의 고위급 장교가 이들 장교에게 교육시킬 수 있을 것이다.

합동참모로 근무하는 장교들의 훈련이 미흡하다는 주장이 있는데, 이는 합동참모에게만 국한되는 현상은 아니었다. 다양한 형태의 관리 및 참모 직분을 갖고 있는 대규모 조직의 경우는 자신들이 경험해보지 못한 사안에 대해 참모들이 기능을 수행해야 하는 경우가 적지 않다. 국방재조직에 반대하는 사람들은 미군이 특수 시각/일반 시각 간에 적절히 균형을 유지하고 있다고 주장하였다.

4. 국방재조직에 관한 심층분석 3부: 통합 및 특수 사령관과 여타 문제

국방재조직을 옹호하는 사람들은 중앙집권화/분권화 그리고 일반 시각/특수 시각 간에 적절히 균형을 유지하지 못하고 있을 뿐 아니라 미군이 지역 사령관의 권한을 약화시킴으로서 세력을 지역으로 분할함에 따른 이점을 향유하지 못하고 있다고 주장하였다.

이미 설명한 바처럼 미군의 경우는 각군이 땅 · 바다 · 하늘에서 싸우게 될 병사들을 훈련시키고, 이들을 무장시킬 뿐 아니라 이들에게 보급물자를 지원하고 있다.

통합사령부기획(Unified Command Plan)에 따라 미군은 전 세계를 몇몇 지역으로 나누고는 이들 지역을 담당하는 통합 및 특수 사령관을 임명해 이들로 하여금 해당 지역의 군사 자원을 작전 통제토록 하고 있다. 통합사령부 내에 있는 각군 소속의 전력은 각군 구성군사령부(Service Component Command)로 조직화되어 있는데, 이들을 각군 구성군사령관이 지휘하고 있다.

따라서 각군 구성군사령관의 경우는 작전명령과 관련해 지역의 통합사령관에게 책임을 지며, 장비 및 훈련의 측면에서는 소속 군에 책임을 지고 있다. 통합사령관의 경우는 모든 군사작전을 지휘해야 한다는 점에서 전투와 관련해 엄청날 정도의 책임을 감당하고 있는 반면, 휘하 구성군사령부에 대해 임무에 상응하는 권한을 행사하지 못하고 있다고 국방재조직을 옹호하는 사람들은 주장하였다.[68]

월남전 당시 미국의 각군이 항공전역(航空戰役: Air Campaign)을 독자적으로 수행했다는 점을 국방재조직을 옹호하는 사람들은 지적하였다. 이처럼 미국의 항공력이 분할 운영되었음을 보여주는 대표적인 사례는 남부 베트남의 북부지역을 담당하고 있던 자군의 항공력을 해병대가 단일의 항공지휘관에게 위임하고자 하지 않았다는 점[69] 그리고 1975년도 당시 사이공에서의 철수를 담당하고 있던 2개 각군 구성군사령부 간에 혼선이 있었다는 점에서[70] 극명히 목격되었다고 이들은 생각하였다. 미군은 합동작전을 효율 및 효과적으로 수행할 능력이 없다고 이들 국방재조직을 옹호하는 사람들은 주장하였다.

각군 구성군사령부의 경우는 승진은 말할 것도 없고 예산 측면에서도 자군에 의존할 수밖에 없는 실정이다. 따라서 이들 구성군사령관의 경우는 통합사령관보다는 자군과 밀접한 관계를 유지하고 있는데, 통합사령관의 입지가 미약하고 미국이 합동작전의 수행에 문제가 있는 것은 이 같은 점 때문이라고 국방재조직을 옹호하는 사람들은 생각하였다.

또한 통합사령관의 경우는 몇몇 예외적인 상황(한국 및 일본에 있는 부대는

68) Ibid., p. 47(statement of General David C. Johns, chairman, JCS).

69) 제2장을 보시오.

70) Locher, p. 316.

태평양통합사령부 예하의 통합사령부를 구성하고 있다.)을 제외하고는 별도 조직된 각군 전력, 소위 말해 각군 구성군사령부를 지휘하고 있는 실정이다.

각군 전력 이하 차원에서 이들을 묶어주는 통합조직이 없다는 점으로 인해 이들이 합동작전의 수행에 일반적으로 거부감을 갖게 된다고 이들 국방재조직을 옹호하는 사람들은 주장하였다. 합동작전의 수행에 치명적인 요소는 합동 훈련이 미흡하다는 점 그리고 이들 각군을 연결해주는 통신망 간에 상호운용성이 부족하다는 점이라고 이들은 지적하였다.

통합사령관의 경우는 예산에 관한 권한을 갖고 있지 못했다. 때문에 해당 지역에서 합동훈련을 시키고자 할 때 필요한 재원을 마련하지 못하고 있다며, 이 점으로 인해 임무 수행에 적지 않은 지장이 초래되고 있다고 국방재조직을 옹호하는 사람들은 주장하였다. 합동참모가 직면하고 있는 것과 비슷한 형태의 문제가 통합사령부에도 존재하고 있다고 이들 국방재조직을 옹호하는 사람들은 주장하였다.

다시 말해, 통합사령부에 소속된 참모들의 자질은 보다 더 떨어졌으며, 이들의 경우는 자군의 이익에 보다 더 편향되어 있다.[71]는 점을 국방재조직을 옹호하는 사람들은 인지하였다. 펜타곤에서 통합사령관을 옹호하는 유일한 집단은 합동참모회의인데, 이들이 각군에 편향되어 있다는 점으로 인해 펜타곤에서의 예산처리 과정에서 통합사령부의 입장이 전혀 반영될 길이 없다고 국방재조직을 옹호하는 사람들은 주장하였다.

이들의 견해에 따르면 국방전략은 예산 과정을 통해 반영되는데, 국방 예산을 배분하는 과정에 통합사령관이 직접 참여할 수 없다는 점으로 인해 전투를 수행하는 이들이 군사전략의 형성에 전혀 영향력을 행사하지 못하는 현상이 발생하고 있다고 한다.

---

71) Hadley, pp. 290~291.

그 결과 지구상 곳곳에서 전투를 담당하고 있는 통합사령관이 해당 지역의 미군을 훈련시키고, 이들의 능력을 함양하며, 이들 군 간의 상호운용성을 보장할 목적의 예산권을 행사하지 못하는 기이한 현상이 벌어지게 되었다.[72)]

각군의 경우는 훈련과 무장을 담당하다보니 장비의 현대화에 관심이 있는 반면 통합사령부의 경우는 야전 부대의 전비태세 증진에 관심이 있었다. 국방 예산처리 과정에서 각군이 주도적인 역할을 담당하다보니 국방예산이 현대화를 향해 편향되는 경향도 없지 않다고 이들 국방재조직을 옹호하는 사람들은 생각하였다.

반면에 국방재조직에 반대하는 사람들은 전투사령부에 예속된 전력에 대해 이들 통합사령관이 충분할 정도의 권한을 행사하고 있다고 주장하였다. 이들은 전투사령부에 예속된 각군 구성군사령부 요원을 훈련시키고 이들에게 장비를 제공한다는 측면에서 각군이 이들 각군 구성군에 대해 주요 영향력을 행사하는 것은 당연한 일이라고 주장하였다.

통합사령부에 우수한 자원이 보임되지 못하고 있다는 주장에 대해서는 합동참모의 경우와 동일한 논리를 전개할 수 있을 것이다. 다시 말해, 이들 부서에 각군의 최우수 자원을 보임시키게 되면 각군의 경우는 우수 장교가 고갈되며, 이들 우수 장교들이 자군에서 전문성을 함양할 수 있는 기회를 갖지 못하게 될 가능성도 없지 않다는 주장을 전개할 수 있을 것이다

더욱이 통합사령관이 국방예산 과정에 개입하는 경우는 통합사령관 본연의 임무, 즉 작전전구에서 부대를 운용하고, 전투 중 부대를 지휘한다는 임무를 등한시할 가능성도 없지 않다고 국방재조직에 반대하는 사람들은 주장하였다.

72) Locher, p. 309.

이외에도 통합사령관의 권한을 강화하게 되면 기능 중심/지역 중심 간의 균형이 깨지면서 통합사령관이 국방 현대화는 멀리한 채 전비태세 증진에 치중하게 될 가능성도 없지 않다고 국방재조직에 반대하는 사람들은 주장하였다. 이 같은 맥락에서 보면, 각군은 부대를 훈련 및 무장시킨다는 점에서 전비태세 증진과 국방 현대화를 동시에 바라볼 수 있을 것이다.

이 점에서 볼 때 각군은 전비태세 증진과 국방현대화 간에 적절한 균형이 유지되도록 해야 할 것이다. 통합사령관의 권한을 강화하게 되면 이들이 나름의 군벌(軍閥)을 형성하게 되면서 합참의장, 여타 통합사령관 그리고 각군과 보다 많은 권력 및 영향력을 행사할 목적에서 경합을 벌이게 될 가능성도 없지 않다고 국방재조직에 반대하는 사람들은 주장하였다.

국방재조직에 회의적(懷疑的)인 사람들은 제2차 세계대전 당시에도 합동작전을 성공적으로 수행한 바 있다는 점을 지적하였다. 합동작전의 수행과정에서 문제가 있다면 이는 국방 조직구조의 문제라기보다는 작전에 참여한 개개 요원의 문제 때문일 수도 있을 것이다.

통합사령관 및 통합사령부기획 외에 국방재조직을 옹호하는 사람들은 국방부 내부의 민간 조직에도 문제가 있다고 주장하였다. 합동참모회의가 권한을 포기함에 따라 국방부의 경우는 합동 프로그램과 관련해 지나칠 정도의 권한을 행사하고 있다고 이들은 주장하였다.

국방장관실의 민간 요원들이 국방 프로그램들 중 특정의 것을 옹호하는 사람들로 전락하다보니 합동 프로그램을 객관적으로 평가한다는 측면에서의 국방장관실의 능력이 떨어지고 있다고 이들은 주장하였다. 따라서 기능구조의 측면에서 볼 때 국방장관실은 전투 및 전략 차원의 억제와 같은 사안에 보다 많은 노력을 집중시킬 수 있는 입장이 아니었는데, 이들 사안은 군의 여타 기능에 타당성을 제공할 정도로 중요한 성질의 것이었다.

더욱이 정치적 차원에서 국방장관실에 보임된 사람들의 경우는 국방 문제에 관한 경험이 일천하였다. 또한 이들의 경우 단기간 근무한다는 점으로 인해 국방장관실의 효용성이 지장 받고 있었다. 국방장관의 경우는 평균 2.3년, 국방부 부장관의 경우는 1.8년 그리고 국방차관의 경우는 1.6년을 근무하고 있었다.

정치적 차원에서 임명되는 이들 자리가 공석(空席)으로 남아있는 경우도 없지 않았는데, 이는 고질적인 문제였다.[73] 1981년 3월, 국방부 부장관인 칼루치(Frank Calucci)는 기획계획예산제도(PPBS) 분야에 다수의 변화를 모색했는데, 여기서는 권한을 각군에 보다 더 분산시키고, 각군 장관의 역할을 증진시키는 내용이 포함되어 있었다. 이 같은 변화에도 불구하고 조잡한 전략기획의 문제, 전략과 제한된 예산 간의 부적절한 관계 그리고 현대화를 지나칠 정도로 강조함에 따른 문제는 해소되지 않았다.[74]

각군 문민 장관의 경우는 대통령의 내각에 포함되어 있을 정도로 한 때 막강했는데, 아이젠하워 대통령이 이들을 작전 지휘계통에서 배제시킴에 따라 그 권한이 급격히 줄어들게 되었다. 그 결과 각군 장관의 경우는 해당 군에서 명목상의 최고위층이라는 애매 모호한 그리고 무기력한 입장에 처해 있었다.[75]

각군 장관의 입지를 개혁하는 문제는 이들을 대통령의 조언자로 만들어서 각군의 의견에 대응하도록 해야 한다는 주장에서부터 자신이 소속되어 있는 특정 군을 옹호하는 민간인으로 남아 있도록 해야 한다는 견해,[76] 국방에 대한 문민통제 보장이란 측면에서 지극히 제한적인 역할밖에 수행하지 못한다며 이들 직분을 없애버리자는 견해에 이르기까지 다양하였다.

---

73) Locher, pp. 92~93.

74) Locher, pp. 92~93.

75) Walter J. Boyne, Beyond the Wild Blue: A History of the U.S. Air Force: 1947-1997(New York: St. Martin's Press, 1997), p. 243.

76) Locher, pp. 416~417.

각군 장관을 존속시키는 경우에도 각군 장관 휘하 참모의 경우는 삭감의 대상이라고 국방재조직을 옹호하는 사람들은 주장하였다. 각군 본부와 각군 장관 본부[77]에 중첩되는 부분이 많으며, 각군 장관 본부의 경우도 군 장교들이 민간 참모들을 주도할 수밖에 없다는 점에서 각군 본부 참모와 각군 장관 참모들을 합병해버리자고 제언하는 국방재조직 옹호자도 없지 않았다.[78]

합동참모 및 국방장관실과 비교해볼 때 각군 본부에 근무하는 장교들은 워싱턴 D.C 지역의 경우만 해도 9,000명이 넘을 정도로 많았다. 따라서 각군은 합동 영역에서의 자군의 이익을 보호할 목적에서 자군의 일부 장교들에게 나름의 임무를 부여할 수 있었다.

이들을 고려해볼 때 각군 본부의 참모는 병력 감축의 일차적 대상이 될 가능성이 농후하였다. 각군 본부에 근무하는 장교들이 압도적으로 많다는 점, 그리고 이들이 절대 다수의 예산을 운영하고 있다는 점으로 인해 군 정책을 합동의 시각에서 일관되게 바라보지 못하도록 각군이 방해하는 현상이 벌어지고 있다고 국방재조직을 옹호하는 사람들은 주장하였다.[79]

요약해 말하면, 국방재조직과 관련된 이론의 저변에는 미 국방이 중앙집권화와 분권화, 일반 시각과 특수 시각 그리고 지역 중심과 기능 중심이란 조직에 관한 3가지 갈등의 측면에서 균형을 이루지 못해 고생하고 있다는 인식이 깔려 있었다.

국방재조직을 옹호하는 사람들은 군 조직에 관한 다원론적인 모델에 근거해 각군을 없애고자 한 것이 아니었다. 왜냐하면 분권화, 기능중심 그리

77) 역자 주: 각군 본부는 각군 참모총장을 지원하는 현역 참모들로 구성되어 있는 반면, 각군 장관 본부는 각군의 장관을 지원하는 곳인데, 현역 및 민간의 참모들로 구성되어 있음.

78) Ibid., p. 393.

79) Ibid., p. 424.

고 특수 시각이란 조직에 관한 기본 갈등을 대변하는 등 각군이 나름의 중요한 임무를 수행하고 있기 때문이다. 이들 국방재조직을 옹호한 사람들이 의도했던 바는 조직의 측면에서 경시되고 있다고 생각되던 중앙집권화, 지역 중심 그리고 일반 시각을 보강하겠다는 것이었다.

국방 조직에 관한 3가지 극단(極端) 중 비교적 경시되었던 극단을 보강하고자 하는 과정에서 정치적으로 극복해야 할 4가지의 문제가 있었다.

첫째, 이는 각군에서 전역한 퇴역 군인들을 포함한 다수 요인에 의한 각군의 정치력과 관련이 있는데,[80] 이들의 경우는 각군의 독자성을 보호하고자 노력할 수밖에 없는 입장이었다. 또한 몇몇 의원의 경우는 현역 당시의 경험에 입각해 자신이 복무했던 군에 충성을 다하고 있었다.[81]

둘째, 의회는 각군의 독자성을 침해하지 못하도록 나름의 방식으로 저항할 것인데, 국방재조직을 옹호하는 사람들은 이 같은 저항을 극복할 수 있어야 할 것이다. 의회의 경우는 각군 참모총장들로 하여금 의회에서 증언하도록 주기적으로 강요하고 있을 뿐 아니라 국방에 나름의 정보를 요구하고 있는데, 국방 내부의 응집력이 미약하다는 점으로 인해 의회는 국방 관련 정보에 쉽게 접근할 수 있는 입장이었다.

각군의 경우는 자군이 반대하는 행정 정책에 대항하는 과정에서 종종 의회의 도움이 요구된다는 점으로 인해 이처럼 정보를 제공할 필요가 있다고 생각하고 있다.[82] 결론적으로 말하면 국방성의 조직구조를 개선하게 되면 권력의 균형이 의회에서 행정부 쪽으로 기울게되는데, 서로 상이한 정치 세력이 의회와 대통령을 통제하는 경우 이는 권력 이동의 일대 분기점

80) Ken Ringle, "Art Criticism Meets a Few Angry Marines: Carter Brown Blasted for 'Kitsch' Comment," in Washington Post(March 11, 1998), p. D1.

81) Kitfield, p. 281.

82) Locher, pp. 586~588.

이 된다.

이 점에서 보면 1980년대 초에는 민주당이 하원을 장악하고 있던 반면 공화당이 상원과 백악관을 장악하고 있었다는 점에서 국방이 재조직될 가능성은 거의 없었다.

셋째, 국방예산과 관련해 국방 차원의 일관된 견해가 없는 경우 특정 국회의원의 출신지역에 이익이 되는 방향으로 국방예산을 적절히 조정하는 과정에서 의회가 보다 큰 역할을 수행할 수 있을 것이다. 이 점에서 의회의 경우는 국방의 분권화를 선호하였다.[83)]

강력한 형태의 중앙집권화된 지휘부에 의해 국방이 지배받는 경우 군의 규모가 줄어들 가능성이 있는데, 이 경우는 의원들의 출신 구역에 보다 적은 규모의 예산이 흘러 들어갈 수밖에 없었다.

넷째, 국방 기능을 비판하면서 국방의 내부 문제에 관여하고자 하는 의원의 경우는 국방에 관해 미온적인 자세를 견지하고 있다는 낙인이 찍힘과 동시에 선거에서 치명적인 불이익을 당할 가능성도 없지 않았다.

국방재조직을 옹호하는 사람들은 법적 및 전략적 이유로 인해 의회의 입법을 필요로 하였다. 미 헌법에 따르면 정부에 필요한 규정(Rule)을 만들고 군에 필요한 규범(Regulation)을 만들 수 있는 권한은 의회에 부여되어 있다.[84)]

영국의 경우는 의회의 관여 없이도 1981년도에 합동참모체계를 일대 재조직한 바 있다.[85)] 미국의 경우는 이처럼 국방을 일대 재조직하고자 하는

83) Barry M. Goldwater with Jack Casserly, Goldwater (New York: St. Martin's Press), p. 430.

84) U.S. Const. art. I. $ 8, cl. 14.

85) Samuel Huntington, "Centralization of Authority in Defense Organization," in Seminar on Command, Control, Communication and Intelligence, Guest Presentations (Cambridge, MA: Program on Information Resource Policy, Harvard University, 1986).

경우에는 의회의 입법이 요구되었다. 전략적으로 보면 미군이 자진해서 국방재조직을 추구할 것으로는 생각되지 않는다고 국방재조직을 옹호하는 사람들은 생각하였다.

국방재조직 과정에서 의회의 관여가 필요한 것은 이 같은 이유 때문이었다.[86] 이 문제가 일부 몇몇 사람의 관심 사항으로 전락되지 않으려면, 의회가 국방재조직에 깊이 관여하도록 하려면 그리고 1980년도 초처럼 양분되어 있던 미 의회에서 쉽게 입법이 통과되도록 하려면 공화당과 민주당 모두로부터 초당(超黨)적인 지지를 얻어야 할 것으로 국방재조직을 옹호하는 사람들은 생각하였다.[87]

1940년대 말 및 1950년대 당시 미 의회가 국방재조직에 관심이 있었던 것은 예산을 대폭 줄일 필요가 있었기 때문이었다. 1980년대 초 레이건 행정부는 국방예산을 대폭 증액시키고 있었다. 이 점에서 볼 때, 예산을 이유로 의회가 군 조직의 문제를 검토할 것으로는 생각되지 않았다.[88]

당시 레이건 행정부는 국방력 재건을 위해 수조 달러를 투입하고 있었다. 이처럼 예산의 측면에서 전혀 압박이 없는 상태에서 의회는 국방재조직의 문제에 관심을 갖게 되었는데, 이는 군사 조언의 적합성뿐만 아니라 군 작전의 효율성이란 측면에서 의회가 얼마나 우려하고 있었는지를 보여주는 것이었다.

---

86) Jason Sherman, "Feel the Pain: Congress Plans to Legislate the Pentagon into Shape," in Armed Forces Journal International(August 1997), p. 6.

87) 퇴역 장교와의 대담 내용.

88) 재정 압박과 국방재조직과의 관계를 보려면 Bryan H. Ward, United States Defense Reorganizations: Contending Explanations, unpublished Ph.D. dissertation(Ohio State University, 1993) 참조.

제3장

국방재조직에 관한 일대 논쟁

Ⅰ 논쟁을 유발한 것은 합참의장이었다 Ⅰ 국방재조직에 관한 제안들의 검토 Ⅰ 군사독재자의 출현 가능성과 군사적 차원의 일반참모 Ⅰ 합동근무에 대한 보상: 의회에 의한 세부관리의 위험성 Ⅰ 법률적인 활동이 지속되다 Ⅰ

제3장 국방재조직에 관한 일대 논쟁

권한과 책임이 분리되어 있습니다. 야전의 경우는 야전군사령관 특히 통합사령관이 막대한 책무를 담당하고 있습니다. 분쟁이 발발하는 경우 이들 통합사령관은 전투를 수행해야만 할 것입니다. 전투 중이 아닌 경우 이들은 별다른 영향력을 행사하지 못하고 있습니다. 미래의 맥아더·아이젠하워 그리고 니미츠와 같은 사람들이 군 상황에 거의 발언권을 행사하지 못하고 있는 실정입니다.

합참의장 David C. Johns 대장[1)]

적절한 사람을 적절한 자리에 보임시키는 것은 조직보다도 훨씬 더 중요한 일입니다. 유능한 그리고 경험을 구비한 사람들이 주요 보직에 앉지 못함에 따른 문제 또는 주요 인물이 특정 임무에 오래 근무하지 못함에 따른 문제를 국방재조직을 통해 해결할 수는 없을 것입니다.

Bruce Palmer. Jr 대장[2)]

---

1) Reorganization Proposal, p. 47(statement of General David C. Johns, chairman, JCS).

2) Palmer, p. 199.

1. 논쟁을 유발시킨 것은 합참의장이었다

1974~1978년의 기간 중 존스(Johns) 대장은 미 공군참모총장에 재직한 바 있다. 그 후 4년간 합참의장으로 근무했다는 점으로 인해 그의 경우는 합동참모회의 구조를 8년에 걸쳐 목격하였다.

이란의 미군 인질을 구출하는 과정에서 일대 참변이 있었던 카터 행정부 말기 존스 대장은 국방재조직에 관심을 표명하기 시작하였다.[3] 그러나 당시는 1980년도의 선거가 얼마 남지 않았다는 점으로 인해 국방의 일대 재조직을 생각할 수 있는 분위기가 아니었다.

1981년 3월, 존스 대장은 합동참모회의의 개혁에 관한 권고 안을 제시할 목적에서 '합참의장 특별연구위원회(Chairman's Special Study Group)'란 6명으로 구성된 팀을 편성하였다. 보고서를 작성하는 과정에서 각군의 입김이 작용하지 못하도록 존스는 이들이 공식 성격의 합동참모 구조의 밖에서 일하도록 하였다.[4]

존스 대장은 또한 자신의 생각을 각군 참모총장들에게 제시하지 않은 상태에서 합동참모회의 조직 재구성의 문제를 민간에 소개하겠다고 결심하였다.[5] 합동참모회의의 부적합성 문제를 민간이 조사하는 경우 국가의 노력이 분산되고, 국방에 대해 국민들이 의구심을 갖게 된다는 점에서 레이건 대통령이 추진하고 있던 국방력 강화가 지장 받을 수 있다며, 와인버거 국방장관은 합동참모회의의 재조직에 반대하였다. 존스는 와인버거 국방장관의 의도에 전혀 개의치 않았다. 그는 자신을 레이건 행정부에서 다수

---

3) Kitfield, p. 227.

4) Ibid., p. 227.

5) Reorganization Proposal, p. 255(statement of Admiral Thomas B. Hayward, chief of naval operations).

의 논란을 야기했던 인물이라고 생각하였다.

따라서 이처럼 합동참모회의의 문제를 언론에 공식 거론한다고 할 지라도 말많은 사람이 또 한 마디 하는구나 하고 사람들이 생각할 것이며, 합참의장으로서의 자신의 입지에는 커다란 변화가 없을 것이라고 그는 생각하였다.

존스는 카터 대통령이 취하한 B-1 폭격기 문제를 재차 상정하기 위한 법적인 투쟁을 선도하고자 하지 않았으며, 레이건 행정부가 싫어하던 SALT 뿐만 아니라 파나마운하 협정(Panama Canal Treaty)과 같은 카터 행정부의 정책을 지지한 바 있었다. 이 점으로 인해 레이건 행정부 내부의 일부 보수파들은 존스를 신뢰하지 않았다.

1980년 12월, 워싱턴스타지(Washington Star)는 레이건 대통령이 존스 합참의장을 해임시킬 것이라고 전면(前面) 기사에서 언급하였다. 그러나 보수파 상원의원인 골드워터(Barry Goldwater)와 국방장관을 역임한 바 있는 슐레진저(James Schlesinger)의 도움 덕분에 존스는 살아남을 수 있었다.

존스를 비판하는 사람들이 그의 해임을 요구하는 것은 전임 대통령인 카터에게 존스가 순종적인 자세를 취했기 때문이라는 내용의 글을 슐레진저는 워싱턴포스트지에 기고하였다. 자신을 제거하고자 하는 음모를 일단 극복한 존스는 카터 행정부가 합참의장으로 임명했다는 점으로 인해 자신은 레이건 행정부를 비교적 의식하지 않으면서 신념을 주장할 수 있는 입장이라고 생각하였다.[6)]

1983년 회계연도의 예산을 다루던 1982년 1월의 미 하원군사위원회(House Armed Services Committee)에서 존스는 국방재조직을 옹호하는 최초의 공식 발언을 하였다.[7)] 당시 와인버거 국방장관은 국방예산에 관해 2시간에 길쳐

6) 퇴역 장교와의 대담 내용.

7) Robert S. Gilmour and Alexis A. Halley, eds, (New York: Chatham House Publishers,

증언하였다.

그 때 Minority member의 주요 인사였던 디킨선(Bill Dickinson) 의원은 하원군사위원회의 업적을 찬양해줄 것을 기대하면서 존스 합참의장에게 한 마디를 부탁하였다. 그 자리에서 존스는 하원군사위원회에 대한 찬양은 하지 않은 채 합동참모회의가 부적합한 상태에 있다며 일대 개혁이 필요하다는 주장을 전개해 하원군사위원회를 크게 놀라게 하였다.[8)]

이처럼 증언한 존스는 1982년 3월의 『Armed Forces Journal International』이란 잡지에 "합동참모회의가 바뀌어야 할 이유는 무엇인가?"란 제목의 글을 기고하였다.

당시의 논문에서 존스는 국방장관과 대통령에게 조언하고, 통합사령관들을 감독하며, 의회에서 증언하는 등 합동참모회의의 임무를 상세히 기술하였다. 합동참모회의 구조는 조직 및 사람이란 두 가지 측면에서 문제가 있다고 존스는 생각하였다.

인적 측면에 관해 말하면 각군 참모총장 및 합동참모 장교들 중 합동에 관해 폭넓게 경험해본 사람들이 지극히 적다는 점으로 인해 이들이 합동의 시각에서 문제를 접근하지 못하고 있다고 존스는 논문에서 언급하였다. 각군 참모총장들이 국방예산뿐만 아니라 여타 국방의 문제를 자군의 이익을 초월해 합동의 시각에서 바라보기가 쉽지 않은 실정이라고 존스 대장은 논문에서 주장하였다.

합동참모로 연속해서 근무할 수 없다는 법 조항으로 인해 합동참모 경험이 있는 장교들이 합동참모로 재차 근무할 수 있는 기회가 박탈되고 있다고 존스 대장은 주장하였다. 각군의 경우는 합동조직에서의 경험을 높이 평가하지 않고 있으며, 합동참모로 근무하는 장교들에게 불이익을 주고 있

1994), p. 226.
8) Kitfield, pp. 247~249.

다며, 그 결과 이들 합동조직에 근무하는 장교들이 자군에서 승진하려면 자군의 이익을 대변할 수밖에 없는 실정이라고 존스는 주장하였다.[9)]

합동참모회의의 구조적 결함을 보완할 목적에서 존스 대장은 합참의장의 권한을 강화할 필요가 있다고 제안하였는데, 이는 군사정책을 구상하는 과정에서 합동 시각(視覺)이 강조될 수 있도록 하기 위함이었다.

합참의장의 권한을 강화하는 방안에는 합참의장을 국방장관 · 대통령 그리고 국가안전보장회의(NSC)에 대한 주요 군사 조언자로 명명하는 내용이 포함되어 있었다. 합동참모들이 합동참모회의 전반이 아니고 합참의장만을 보좌할 수 있도록 하자고 존스는 제안하였다. 이처럼 하게되면 합참의장이 자신을 지원할 목적으로 합동참모들을 활용할 수 있기 때문에 정책수립 과정에서 강력한 인물이 될 수 있을 것이라고 그는 생각하였다.

합참의장 부재시 업무를 대행할 수 있도록 합참차장 직분을 만들 필요가 있다고 그는 제안하였다. 더욱이 합동참모가 정책문서를 만드는 과정에서 각군 참모들이 관여하는 경우 그 내용이 희석될 수 있다며 존스는 합동참모에 의한 정책구상 과정에 각군 참모들이 개입하지 못하도록 할 필요가 있다고 제안하였다.

정책을 수립하고 예산을 편성하는 과정에서 통합사령관이 보다 더 영향력을 행사할 수 있도록 합참의장이 통합사령관들을 감독하도록 하자고 존스는 제언하였다. 존스는 또한 효과적인 전투작전에 필수적인 합동성을 증진시킨다는 차원에서 휘하 각군 구성군사령관에 대한 통합사령관의 영향력을 증진시킬 필요가 있다고 언급하였다.

합동 교육 및 훈련을 증진시키고, 합동근무에 혜택을 부여해 제대로 훈련된 합동장교를 양성하며, 능력 있는 장교들이 합동직위에 지원하도록 할

9) David C. Johns, "Why the Joint Chiefs of Staff Must Change," in Armed Forces Journal International (March 1982), pp. 62~72.

필요가 있다고 존스는 강조하였다. 자기 스스로 개혁을 추구하는 또는 자신의 영역을 포기하고자 하는 군은 없다는 마한(Mahan) 제독의 말을 인용하면서 존스는 기존 질서를 파괴하는 듯한 자신의 논문을 종결지었다.[10)]

그 후 한 달 뒤인 1982년 2월, 합참의장 특별연구위원회는 합동참모회의의 구조에 관한 보고서를 존스에게 제출하였다. 당시의 위원회는 5명의 장교로 구성되었는데, 여기에는 육·해·공군 및 해병대 출신 장군들이 각각 한 명, 그리고 국방부의 고위직위에 10년 이상 근무한 바 있는 민간인 출신의 브레헴(William Brehem)이 포함되어 있었다.[11)]

브레헴의 경우는 일대 참사로 끝난 니프티너겟(Nifty Nugget) 수송연습에 관한 조사에 참여한 바 있는 사람이었다.[12)] 각군 참모총장, 통합사령관들 그리고 여타 장교들과 인터뷰한 결과에 근거해 특별연구위원회는 합동참모회의에 심각할 정도의 보완이 요구된다고 결론을 지었다. 존스 대장이 권고한 다수의 사실을 지원하는 한편, 합참의장 특별연구위원회는 한 걸음 더 나아가 합동 부서에 근무하게 될 장교를 양성한다는 차원에서 각군에 합동특기(Joint Speciality)를 신설하자고 제안하였다.[13)]

합참의장 특별연구위원회의 보고서에는 합동참모회의의 부적합성에 관해 증언한 고위급 장군들의 말이 인용되어 있었다. 따라서 당시의 보고서는 합동참모회의를 심층 분석했다는 점 외에 합동참모회의의 조직을 재구성할 필요가 있다고 생각했던 사람들에게 전술적 차원에서 나름의 승리를 안겨주었다.

당시의 보고서로 인해 국방재조직에 반대하던 사람들은 민간이 주도하는

10) Ibid., p. 72.
11) Reorganization Proposal, p. 707–778(statement of Chairman's Special Study Group).
12) 국방관료와의 대담 내용.
13) Ibid., p. 703(statement of Chairman's Special Study Group).

국방재조직에 군이 일치 단결해 반대하고 있다는 인상을 주는 듯한 주장을 전개할 수 없게 되었다.[14)]

존스 대장의 극적인 행위와 합참의장 특별연구위원회의 보고서의 뒤를 이어 1982년 4월에는 기존 질서를 파괴하는 듯한 또 다른 논문이 『Armed Forces Journal International』에 게재되었는데, 이는 1979년 이후 육군참모총장으로 재직하고 있던 메이어(Edward Meyer) 대장이 기고한 것이었다.

메이어는 또 다른 방식으로 문제에 접근하면서 합동참모회의의 부적합성에 대한 존스의 주장을 옹호하였다. 핵 및 재래식 분쟁이 매우 빠른 속도로 진행되고 있는 오늘날의 군에는 의사를 신속히 결정할 필요가 있다고 메이어는 강조하였다. 각군 참모총장이 두 개의 모자를 쓰고 있다는 점으로 인해 합동참모회의가 의사를 신속히 결정하지 못하고 있다고 메이어는 주장하였다.

존스와는 달리 그의 경우는 합동참모 장교들의 자질을 조사하지 않았으며, 합동교육에 초점을 맞추지도 그리고 합동근무에 나름의 혜택을 주어야 한다는 점을 언급하지도 않았다. 각군 참모총장에 의한 자군 중심의 시각을 타파함이 중요하다는 점에 초점을 맞추었는데, 그 과정에서 그는 존스 이상의 보다 급격한 개혁을 제안하였다.

메이어 대장의 경우는 합동참모회의를 '국가군사자문기구(NMAC: National Military Advisory Council)'로 대체하자고 제안했는데, 이는 합동참모회의에 관한 1960년도의 Symington Study가 최초로 제안한 것이었다. NMAC의 경우는 각군에서 퇴역을 바로 앞둔 고위급 장교들로 구성하도록 되어 있었다.

당시의 이론에 따르면 NMAC의 구성원들은 각군 중심의 단견에서 탈피해 국방 문제를 합동의 시각에서 냉정히 평가할 수 있을 것으로 생각되었

---

14) 퇴역 장교와의 대담 결과.

다. 각군의 이익을 초월하고 있는 듯 보이는 이들 장교들을 군사조언자로 국방장관이 갖게 됨에 따라 군과 국방장관 간의 관계가 보다 더 원만해질 수 있을 것이라고 메이어 대장은 예견하였다.[15)]

존스의 경우는 카터 행정부 당시 임명된 합참의장이란 생각에서 나름의 주장을 전개하고 있었다. 그 결과 당시의 국방장관인 와인버거는 존스에 대해 부정적인 반응을 보였는데, 이 같은 반응을 존스는 감내할 자세가 되어 있었다. 행정부의 비난에도 불구하고 메이어가 그처럼 행동할 수 있었던 것은 카터 대통령 당시의 경험 때문이었다.

당시 메이어는 육군이 전쟁 준비가 되어 있지 않은 빈 껍데기 조직이라고 비방한 바 있는데, 이 같은 발언에 대해 공개적으로 사과하지도 않았으며, 당시의 국방장관인 브라운(Harold Brown)이 해임시키지도 않았다. 따라서 메이어 대장의 경우는 국방장관 및 대통령과 같은 민간의 감독자들로부터 지적(知的) 측면에서 어느 정도 독립을 선언한 상태였다.[16)]

존스 대장의 증언, 존스 및 메이어에 의한 2편의 논문, 그리고 합참의장 특별연구위원회의 보고서로 인해 하원군사위원회의 조사소위원회(Investigation Subcommittee)는 합동참모회의의 개혁 문제를 조사할 목적의 청문회를 개최했는데, 이것을 화이트(Richard White) 의원이 이끌도록 하였다.

소위원회는 해군의 유류(油類) 보유고와 관련해 합동참모회의에 견해를 물었더니 매우 만족스럽지 못한 답변을 해왔다며, 합동참모회의에 의한 군 관련 조언이 부적합하다는 점을 이미 경험해 잘 알고 있다고 말하였다. 소위원회의 고문인 레리(John Lally)는 합동참모회의가 권고하는 내용을 보게

---

15) General Edward C. Meyer, "The JCS—How Much Reform Is Needed?" in Armed Forces Journal International (April 1982), pp. 82~90.

16) Kitfield, pp. 202~203.

되면 이들이 공상의 세계에서 살고 있는 듯 생각된다고 말하였다.[17)]

1982년 4월에서 8월까지 지속된 청문회는 존스 대장과 메이어 대장이 거론한 문제, 즉 합동참모회의에 의한 조언의 질, 각군 참모총장이 두 개의 모자를 쓰고 있는 문제, 그리고 합동참모회의 구조의 적합성에 초점을 맞추었다. 당시의 증인에는 존스 대장, 메이어 대장, 국방부에서 고위급 직위에 근무한 바 있는 민간인, 그리고 다수의 퇴역 및 현역 장군들이 포함되어 있었다.

이들 민간인과 퇴역 장교들의 경우는 국방재조직을 옹호하였는데, 변화를 유발하기 위한 방안에 관해서는 서로 견해를 달리하였다. 반면에 몇몇 해군 및 해병대 장군들의 경우는 개혁에 반대하였다.[18)] 당시의 청문회에서는 소위원회의 참모로 활동하고 있던 퇴역 공군대령 바렛(Archie Barrett) 박사가 나름의 의미 있는 목소리를 내었는데, 그는 국방재조직 과정에서 주요 인물로 부상하였다.[19)]

2. 국방재조직에 관한 제안들의 검토

중앙집권화/분권화, 특수 시각/ 일반 시각, 그리고 기능 중심/지역 중심이란 조직 차원의 갈등을 국방부가 적절히 재조정할 필요가 있다고 존스와 메이어는 생각하였다. 그러나 이들은 이것의 최종적인 형태에 대해서는 견해를 달리 하였다.

17) Reorganization Proposal, p. 205(statement of General Robert H., Barrow, former Marine commandant).

18) Reorganization Proposal 내용의 전반을 보시오.

19) McNaughter, pp. 226~227.

독립된 합참의장으로 인해 분위기가 일신된 합동참모회의가 합동과 각군 시각 간에 적절히 균형을 이룬 형태의 군사 조언을 할 수 있을 것으로 존스는 믿고 있었다. 합참의장의 권한을 강화하게 되면 합동참모회의의 위원들이 제시한 안의 최소 공통분모를 단순히 전달하는 입장이 아닌 독자적인 조언을 합참의장이 할 수 있을 것이라고 존스는 생각하였다

그 결과 민간의 의사결정권자들에게 주관 있는, 그리고 초점이 뚜렷한 군사조언을 하지 못하고 있다는 합동참모회의에 대한 불신이 크게 줄어들 수 있을 것이라고 존스는 주장하였다. 그러나 이미 언급한 바처럼 합참의장을 주요 군사조언자로 지정하게 되면 민간의 의사결정권자들이 각군 참모총장들의 전반적인 시각 내지는 경험을 접하지 못하게될 가능성도 없지 않았다.

메이어가 주목한 바처럼 이 경우 각군 참모총장들이 각군 중심의 시각을 민간의 의사결정권자들에게 전달할 수 있을 것인지에 대해 존스는 분명히 하지 않았다.[20)]

합참차장을 두는 경우 합참의장과 각군 참모총장 간에 또 다른 장벽이 생긴다는 점을 이유로 합참차장에 관한 존스의 제안은 나름의 비판을 받았다. 그러나 정부의 여타 고위급 지도자의 경우 차장을 두고 있다는 점에서 볼 때, 여기서의 비판은 그 논거가 미약하였다. 합참차장이 합참의장 바로 밑 그리고 각군 참모총장의 바로 위, 즉 군의 제2인자가 되는 경우 각군은 2명의 고위급 인사를 상대로 싸워야만 하였다.

각군은 중앙집권화된 강력한 인물에 의해 군이 예속될 지도 모른다고 우려하고 있었는데, 이 경우는 보다 상황이 악화될 가능성도 없지 않은 듯 보였다. 반면에 합참의장과 합참차장 두 사람 중 한 명은 육군 또는 공군에서,

20) Meyer, p. 88.

그리고 나머지 한 명은 해군 또는 해병대에서 나오도록 하여 각군 간 균형이 유지되도록 하는 경우 합참의장-합참차장이란 두 명의 고위급 장교에 예속될 지 모른다는 각군의 우려는 어느 정도 완화될 수 있을 것이다.[21)]

합참의장의 권한 강화에 대한 반대와 합참차장 직분의 신설에 대한 반대 간에는 불가분(不可分)의 관계가 있었다. 각군 참모총장의 경우는 합참의장 부재시 자신들 중 1명이 의장을 대행함으로서 나름의 독자성을 유지할 수 있기를 희망하고 있었다. 반면에 와인버거 국방장관의 경우는 국방 내부에서의 자신의 독주에 방해가 될지 모른다는 생각에서 강력한 군사 인물이 출현하지 못하도록 노력하였다.[22)]

합동참모들이 합참의장만을 위해 일하도록 하자고 존스는 제안하였는데, 합참의장의 권한 강화에 반대하고 있던 사람들은 여기에 강력히 저항하였다. 이외에도 이 같은 제안의 결과로 인해 강화된 합동참모회의와 국방장관실 간의 관계, 즉 국방장관실이 담당하고 있던 일부 기능을 합동참모들이 수행해야 할 것인지를 메이어는 생각하였다.[23)]

합동참모회의의 성격 변화에 관한 존스의 제안을 실행에 옮기는 경우 국방이 일대 재조직될 수밖에 없었다. 그러나 합동참모회의를 NMAC로 대체하자는 메이어의 제언은 거기서 한 걸음 더 나아간 형태의 것이었다.

각군 중심의 편협한 시각이 아닌 군 차원에서 조언 및 제언하는 일군의 장교들로 구성되어 있다는 점에서 NMAC의 경우는 각군 참모총장이 두 개의 모자를 쓰고 있음에 따른 문제점들을 극복할 수 있을 것이라고 메이어는 주장하였다.

---

21) Reorganization Proposal, p. 697-698(statement of the Honorable Elliot L. Richardson, former secretary of defense).

22) Crowe, p. 152.

23) Meyer, p. 88.

NMAC 소속의 장교들은 퇴임이 얼마 남지 않았다는 점으로 인해 이들에게 압력을 가하는 각군 내부의 집단이 없을 것이라며, 때문에 이들이 각군의 이익에 초연할 수 있을 것이라고 메이어는 생각하였다. 또한 그는 각군 참모총장으로서의 임무를 수행하고 있지 않다는 점에서 이들이 합동의 문제에 다수의 시간을 할애할 수 있을 것이라고 생각하였다.[24)]

이외에도 메이어는 NMAC의 존재로 인해 각군 참모총장이 자군 리더로서의 직분에 온갖 열정을 쏟을 수 있을 것이라며, 이 점에서 각군 참모총장이 각군의 관리 수준을 높일 수 있을 것이라고 주장하였다. NMAC를 통해 통합사령관들이 자신들의 견해 및 우려사항을 전달할 수 있으면 좋겠다고 메이어는 생각하였다.[25)]

NMAC를 제안한 결과 다수의 비판이 유발되었다. NMAC란 개념을 실천에 옮기게 되면 통합사령부가 직면하고 있는 문제가 재현된다고 몇몇 반대자들은 주장하였다. 다시 말해 각군 입장에서 보면 책임과 이들 책임을 감당하고자 할 때 필요한 권한을 분할해 놓은 형국이라고 이들은 주장하였다. NMAC가 합동참모회의를 대체하는 경우 각군 참모총장은 각군을 훈련 및 무장시킬 책무는 갖고 있지만 각군 관련 정책의 수립에 관한 합동참모회의의 권한을 행사하지 못하게 되는 결과가 초래된다고 이것을 반대하던 사람들은 주장하였다.

더욱이 NMAC 요원의 경우는 작전과 관련된 책임이 없다는 점에서 민간의 의사결정권자들이 이들을 무시할 가능성도 없지 않았다.[26)] 그러나 이 같은 주장은 민간의 의사결정권자들에게 군사문제에 관해 조언한다는 NMAC의 임무를 왜곡하는 것이었다. 각군의 능력개발에 관한 책임에 부응해 각군

24) Locher, p. 209.

25) Meyer, pp. 89~90.

26) Palmer, p. 198.

참모총장의 경우는 자군에 대해 나름의 권한을 유지하게 될 것이다.

합동참모회의에서 각군 참모총장은 정책수립과 관련된 권한을 갖고 있지 않았다. 단지 정책수립 과정에서 영향을 끼칠 수 있는 입장이었다. 때문에 이 같은 영향력을 상실한다고 이들의 권한 내지는 책임이 지장 받는 것은 아니었다. 이외에도 각군 참모총장의 경우는 이미 작전 관련 문제에 관해 책임이 없었다. 때문에 NMAC를 설립하자는 제안으로 인해 작전 분야에 관한 각군 참모총장의 권한에 변화가 있는 것은 아니었다.

NMAC 소속 장교들의 경우는 야전 부대와 연계됨이 없이 펜타곤에 기반을 둔 '상아탑'에 상주하게 될 것이라는 점에서 군의 실생활에 대한 지식이 부족해질 가능성도 없지 않았다. NMAC에 관한 두 번째 비판은 이 점에 초점을 맞추고 있었다. 따라서 미군의 능력을 제대로 알지 못하는 비현실적인 군사조언을 이들이 하게 된다고 NMAC에 반대하는 사람들은 주장하였다.[27] 그러나 평생동안 군에 대해 심도 있는 그리고 생동감 있는 경험을 한 장교들이 NMAC에 보임된다는 점을 이 같은 비판은 간과하고 있었다.

더욱이 퇴역 직후 NMAC에 몇 년이란 짧은 기간동안 근무하게 될 것이라는 점에서 볼 때 이들이 미군의 현실을 이해하지 못할 것이라는 비판에는 나름의 문제가 없지 않았다. 각군과 분리되어 있지만 전략 및 정책에 관한 정보 측면에서 각군에 의존할 수밖에 없다는 점에서 NMAC가 각군의 최신 상황을 인지할 수 있을 것이라고 존스는 생각하였다.[28] 그러나 메이어는 NMAC가 받을 수 있는 지원 중 각군 참모가 아닌 사람들에 의한 경우는 그 규모에 관계없이 고려하지 않았다.

무능한 참모들의 경우 각군에 대한 의존도를 높여서 군 정책에 관한 각군의 주장을 NMAC가 공정히 분석할 수 없게 될 것이라고 그는 생각하였다.

27) Locher, pp. 211~212.;
28) Meyer, p. 89.

NMAC에 반대하는 세 번째 형태의 비판은 NMAC가 합동차원의 조언을 충분히 제공하지 못하는 반면 각군 간의 경쟁을 가속화시킬 가능성도 없지 않다는 점에 근거하고 있었다. NMAC 소속 장교들의 경우는 각군 참모총장을 대변하고 있지는 않지만 특정 군에서 사십여 년간을 생활해온 사람들이었다.

이 점에서 볼 때 이들의 경우 국방의 문제를 합동이 아니고 각군의 시각에서 바라보게 될 가능성이 농후하다고 NMAC에 반대하는 사람들은 주장하였다. 각군 참모총장으로서의 책임에서 해방된 이들 NMAC 소속의 요원들이 여타 군의 요구사항을 이해하고, 통합사령관들과 합동의 문제를 논의할 목적에서 다수의 시간을 할애할 수 있는 입장이라는 점을 이 같은 우려는 간과하고 있었다.

합동에 대한 경험이 많은 장교들을 NMAC에 최우선적으로 보임시켜 이들이 국방 문제에 관해 합동 시각을 견지토록 할 수 있을 것이다. 합동 경험이 풍부한 장교를 NMAC에 보임시키는 경우 이들이 자군의 야전 능력을 제대로 이해하고 있지 못할 정도로 자군과 접촉이 없었을 가능성도 없지 않다는 우려가 있을 수 있었다. NMAC를 통해 합동시각이 적절히 반영될 수 있다고 하자. NMAC의 존재로 인해 이 경우 각군 참모총장은 자군에 대한 고민 사항을 제외하면 합동시각에 대해 고민할 필요가 없게된다.

그 결과 각군 중심의 분권화 경향이 보다 더 악화될 가능성도 없지 않았다. 합동참모회의 체계에서 각군 참모총장은 자군의 시각 외에 어느 정도 합동시각을 견지할 필요가 있는데, 합동참모회의 체계가 사라진 다원화된 국방정책 환경에서는 각군의 입지가 보다 더 강화될 가능성도 없지 않았다.[29] NMAC 체제가 가동되는 경우 합동에 관한 각군 참모총장의 시각은 좁아질 것이다.

---

29) Locher, p. 212.

그럼에도 불구하고 NMAC가 국방장관에게 합동차원의 조언을 보다 충실히 제공하는 정도에 비례해 국방장관은 개개 군의 이익을 적절히 완화할 필요가 있다는 점에 대해 보다 많이 들을 수 있게 될 것이다.

3. 군사독재자의 출현 가능성과 군국주의 성격의 일반참모

합참의장의 권한 강화를 특히도 반대한 집단은 해군이었다. 제1장에서 이미 검토한 바처럼 역사적으로 해군이 권한의 중앙집권화를 반대해온 이유는 해군 행정이 분권화된 형태의 것이라는 점, 해군 항공에 대한 지휘권을 유지하려면 항공자산을 분권적으로 통제할 필요가 있다는 점, 중앙집중화된 군 의사결정권자에게 자군의 예산과 자신의 존재를 설득시킨다는 것이 쉬운 일이 아니라는 점 때문이었다.[30)]

해군은 존스 및 메이어가 국방재조직에 관해 제안한 사항들에 강력히 반대하였는데, 그 과정에서 해군장관 레만(John Lehman)이 주도적인 역할을 수행하였다. 해군 외에도 여타 군의 일부 요원들 또한 국방재조직에 반대하였다. 이들은 중앙집권화된 군사 조직체가 자군이 요구한 예산을 여과하고, 자군의 정책을 평가하는 경우 예산 및 정책 과정에서의 각군의 영향력이 줄어들 가능성이 있다고 생각하였다.

군사적 전문성을 구비하고 있다고 생각되는 강력한 권한의 합참의장이 특정 군의 예산을 줄여야 한다고 제언한 경우 이들 군이 예산을 그대로 반영해 달라고 의회에서 주장하기는 보다 어려운 일이었다.

이 장의 시두에시 제기된 주장을 거론하면서 국방새조직을 반대하는 사

30) Crowe, p. 150.

람들은 합참의장의 권한 강화와 관련된 제안을 비판하였다. 민간의 의사결정권자에게 군사문제에 관해 조언하는 주요 인물로 합참의장을 지정하게 되면 미군의 가장 고위급 인사이며 경험 있는 장교인 각군 참모총장에 의한 다양한 견해를 이들 민간의 의사결정권자들이 접할 수 없게되는데, 이는 국방재조직을 반대하던 사람들이 반대를 목적으로 내세운 가장 중요한 이유였다.[31)]

이들 논리에 따르면 강력한 권한을 갖는 합참의장의 경우 자신과 견해를 달리하는 각군의 조언을 민간의 의사결정권자들이 접하지 못하게 할 수 있을 것이다.

국방재조직 이전의 경우 각군 참모총장들 간의 이견은 민간의 의사결정권자들에게 제출되어야만 하였다. 그 결과 각군 참모총장들의 경우는 다수의견 또는 소수 의견이 아닌 나름의 합의된 견해를 민간의 의사결정권자들에게 제출했다고 국방재조직을 옹호하는 사람들은 주장하였다.

1982년 이전의 경우를 보면 군이 서로 다른 의견을 국방장관 또는 대통령에게 제출한 경우는 거의 없었다. 다시 말해, 이는 다양한 이견이 민간의 의사결정권자들에게 쉽게 전달될 수 있을 것으로 보이는 체계를 유지할 필요가 없다는 의미였다.

민간의 의사결정권자에게 군사문제에 관해 조언하는 주요 인물로 합참의장을 지정함에 따른 문제는 이견이 있는 참모총장의 경우 자신의 견해를 민간의 의사결정권자에게 제출할 수 있도록 함으로서 어느 정도 완화될 수 있을 것이다. 그러나 합참의장이 각군 참모총장에게 일언반구(一言半句)도 하지 않은 채 민간의 의사결정권자에게 조언해 민간의 의사결정권자가 고민하고 있는 사안이 무엇인지를 각군 참모총장이 알지 못하도록 하는 경우

31) Reorganization Proposal, p. 213(statement of Admiral James L. Holloway III, former chief of naval operations).

이 체계는 그 의미가 크게 퇴색될 수 있었다.[32)]

각군 참모총장들의 이견이 민간의 의사결정권자들에게 전달되지 못하도록 강력한 권한의 합참의장이 방해한다는 주장은 민간의 의사결정권자들이 이견을 받아보기를 원하고 있다는 가정에 근거하고 있다. 사실 대통령의 경우는 이견을 접하지 않겠다고 결심할 수도 있을 것이다.

예를 들면 라오스와 관련된 군사정책에 관해 논의하는 자리에서 참모총장들이 서로 상이한 의견을 제시하는 것에 짜증이 난 케네디 대통령은 그 후 백악관에서의 회합에 합참의장만을 초대하였다.[33)] 비공식 채널의 존재와 합참의장 직분에 관해 논쟁하면서 국방장관을 역임한 바 있는 브라운은 다양한 견해에 접근하기 위한 수단을 장관이 갖고 있다고 말한 바 있는데,[34)] 이는 제1장에서 언급한 나폴레옹의 "방향성 있는 망원경"에 해당하였다. 따라서 국방장관의 경우는 합참의장의 권한이 강화됨에 따라 합동참모회의로부터 결정적인 형태의 조언을 받는 한편 합참의장이 제시하는 정보를 검증하고, 보완할 목적의 비공식 채널로서 각군 참모총장을 이용할 수 있을 것이다.

이들 주장 그리고 이 장의 서두에서 제기된 주장 외에 존스 및 메이어의 주장은 민주 국가에 적합하지 않을 뿐 아니라 위험하기까지 할 정도로 군의 중앙집권화를 강화하는 것이라며 국방재조직에 반대하는 사람들은 비판하였다.

국방재조직을 둘러싸고 진행된 4년에 걸친 논쟁에서 크게 힘을 얻고 있던 이들 비판은 다음과 같은 두 가지 형태를 띠었다. 이들 두 비판은 단일

---

32) Ibid., p. 210(statement of General Robert H. Barrow, former Marine commandant).

33) Ibid., p. 480(statement of the Honorable Rosewell L., Gilpatric, former deputy secretary of defense).

34) Ibid., p. 112(statement of the Honorable Harold Brown, former secretary of defense).

의 전지전능한 군 장교에 대한 우려와 강력한 형태의 합동참모가 군국주의(軍國主義) 성격의 일반참모가 될 가능성이 있다는 점이었다.

이들 두 비판은 해병대사령관 바로우(Robert Barrow)에 의한 다음과 같은 증언과 상호 관계가 있었다. "합참의장이 군 관련 문제에 관한 주요 조언자로 행동하고, 합동참모회의를 통제하는 경우, 이는 군국주의 성격의 프로이센의 일반참모 체계와 다를 바 없을 것이다"[35)]

국방재조직을 반대하는 사람들의 입장에서 보면 합참의장의 권한 강화는 군에 대한 문민통제가 위협받는 망령(妄靈)을 연상케 하였다. 이 같은 위협은 "말을 탄 독재자", 즉 국민들에게 자신이 대단한 인기가 있다는 점뿐만 아니라 군사력이란 강압 수단에 의존해 그리고 불안정할 뿐 아니라 사회경제적인 염세주의를 교묘히 이용해 민주 국가의 지도자를 전복시키고자 하는 독재자로 요약된다.

조지 워싱턴, 남북전쟁 당시의 멕크렌(McClellan), 그리고 맥아더 장군처럼 미국의 역사에는 국민들로부터 대단한 인기를 누리고 있던 장군들이 몇몇 있는데, 이들 중 어느 누구도 휘하 군사력을 교묘히 이용해 공화국 정부를 공격한 사람은 없었다. 조지 워싱턴의 경우는 군주(君主)가 되라는 휘하 부하들의 간곡한 간청을 거절했으며, 멕크렌 장군의 경우는 링컨 대통령이 자신을 해임시킨 것에 대해 전혀 이의를 제기하지 않았다. 그 후 그는 대통령에 출마했지만, 당선되지 못했다.[36)] 한국전쟁을 제한전으로 생각하고 있던 트루먼 대통령과의 불화로 인해 해임된 맥아더 장군의 경우는 국민들의 열렬한 지지 속에 미국으로 귀환하였다. 그의 경우는 '권력의 길'을 가겠다는 생각에서 지속적으로 강연하였는데, 그 결과 대중으로부터의 인기가 점

---

35) Ibid., p. 196(statement of General Robert H. Barrow, former Marine commandant).

36) Locher, pp. 6~40.

차 떨어지게 되었다.[37)]

미국의 경우는 국민들로부터의 인기와 휘하 군사력을 이용해 독재자가 된 것이 아니라 대통령에 당선되어 정치를 수행한 유명한 장군들이 다수 있는데, 헤리슨(William Harrison), 테일러(Zachary Taylor), 그란트(Ulysses S. Gramt) 그리고 아이젠하워(Eisenhower)가 바로 그들이다. 따라서 미국 역사를 놓고 볼 때 강력한 형태의 군사적 인물이 민주국가를 전복해 권력을 찬탈하고자 할 지 모른다는 우려는 전혀 근거가 없다고 국방재조직을 옹호하는 사람들은 주장하였다.

도시 시위가 극에 달했던 1960년대 그리고 워터게이트(Watergate) 당시처럼 국가가 일대 혼란에 빠져 있던 시대에서조차 군대는 민간의 철저한 통제 아래 있었다.[38)]

역사적 사실에 근거해 향후에도 이 같은 위험이 발생하지 않을 것이라고는 생각하지 못할 것이라고 국방재조직에 반대하는 사람들은 주장할 수 있을 것이다. 합동참모회의가 보다 통합(Unified)되는 경우 군에 대한 문민통제가 위협받게 되는 환영(幻影)이 떠오른다며 해군장군들은 국방재조직에 반대하였다. 반면에 민간의 의사결정권자들은 이 같은 해군의 반대를 근거 없는 것이라고 일축하였다.[39)]

합참의장의 권한 강화로 민주주의가 위협받을 가능성이 있다면, 연약한 합참의장의 경우는 공화국에 보다 더 위협이 될 수 있다고 국방재조직을 옹호하는 사람들은 주장하였다. "통제가 가능하려면 책임질만한 사람이 있어야 하며, 책임질만한 사람은 분명한 책임을 부여했을 때만이 존재하고,

37) Boettcher, pp. 384~385.

38) Locher, p. 41.

39) Reorganization Proposal, p. 541(observation by John F. Lally, counsel to the Subcommittee on Investigation)

책임에는 그에 상응한 권한이 요구된다. 오늘날에는 군 관련 문제에 대한 조언의 질에 대해 대통령 및 국방장관에게 책임질만한 사람이 단 한 명도 없는 실정이다"[40]고 존스는 주장하였다. "군사적 책임이 불분명한 경우 문민통제도 불분명해진다"는 아이젠하워 장군의 말을 존스는 인용하였다.

특정 개인이 아니고 집단이 조언하는 경우는 군 관련 문제에 대한 조언의 질이 좋지 않은 경우에도 그 책임을 물을 장교를 찾기가 곤란하다며, 그 결과 군에 대한 문민통제가 보다 더 어려워진다는 주장이었다.

합참의장의 권한을 강화하게 되면 문민통제가 위협받는다는 비판과 함께 국방재조직에 반대하는 사람들은 합참의장만을 위해 일하는 강력한 형태의 합동참모는 군국주의를 조장하고 궁극적으로는 문민통제를 위협하게 될 일반참모나 다름없다고 경고하였다.

제1장에서 언급한 바처럼 프로이센의 일반참모는 기능 라인을 따라 나누어져 있던 엘리트 참모들이었다. 이들의 경우는 단일 지휘관이 지휘권한을 누릴 수 있도록 집행권(Executive Authority)을 행사하고 있었다. 국가안보법(National Security Act)이 제정될 당시인 1947년도와 마찬가지로 1986년도 당시에도 강력한 형태의 중앙집권화를 반대하는 사람들은 독일의 군국주의와 독재에 일반참모가 중추적 역할을 담당했다고 주장하였다.

합동참모가 일반참모와 유사한 기능을 갖게 되면 군국주의가 조장되며, 궁극적으로는 미국이 전체주의 국가로 전락하게 될 것이라고 국방재조직에 반대하는 사람들은 주장하였다. 해군참모총장을 역임한 헤이워드(Thomas Hayward) 같은 사람들은 "합동참모의 권한 강화는 과거에 의회가 지지하지 않았던 일반참모를 향한 위험한 첫 단계다"[41]고 증언하였다.

---

40) Ibid., p. 97(statement of General David C. Johnes, chairman, JCS)

41) Ibid., p. 100(statement of Admiral Thomas B. Hayward, former chief of naval operations)

국방재조직으로 인해 일반참모가 출현하게 될 것이라는 주장에는 반론의 여지가 없지 않다.

첫째, 예전의 의회뿐만 아니라 1980년대 당시 국방재조직에 반대하던 사람들은 체계적으로 정의하지 않은 채 그리고 독일의 일반참모에 대한 심도 있는 분석도 없이 일반참모란 용어를 사용하였다.

그 결과 이들 주장에 대한 엄격한 분석을 피해갔다고 국방재조직을 옹호하는 사람들은 주장할 수 있을 것이다.[42] 합동참모를 일반참모로 비유해 비난함은 공정한 주장이라기보다는 "감정적"[43]인 형태의 것이라고 국방재조직을 옹호하는 사람들은 주장하였다. 사실 제2차 세계대전 당시의 독일군의 일반참모는 군 전체에 대한 일반참모가 아니고 육군의 일반참모였다. 이 점에서 독일군의 일반참모는 엄밀한 의미에서 일반참모가 아니었다.

독일공군의 경우는 괴링(Herman Goering)이 통제했는데, 그는 공군을 자신의 개인 소유물로 생각하고 있었다.[44] 이외에도 독일군의 일반참모는 권력을 휘두르기보다는 나치 지도자의 엄격한 통제 아래 운영되었다. 나치 독일이 내린 전략적 차원의 주요 결정은 일반참모들이 심사숙고한 결과가 아니고 히틀러에 의한 것이었다.[45] 따라서 나치 독일이 팽창주의적 군국주의로 발전하게 된 배경과 독일의 일반참모는 거의 관계가 없다고 국방재조직을 옹호하는 사람들은 주장할 수 있을 것이다.

본질적으로 일반참모가 위험한 형태의 것이라 할 지라도 강화된 합참의장/합동참모는 일반참모와는 전혀 다른 조직이라고 국방재조직을 옹호하는 사람들은 주장할 수 있을 것이다. 국방을 재조직한 이후에도 합참의장

42) Ibid., p. 368.
43) Ibid., p. 434(statement of John M. Collins, Congressional Research Service)
44) Ibid., p. 542(statement of John G. Kester, former special assistant to the secretary of defense)
45) Locher, p. 253.

은 군 전력에 대한 작전지휘권을 갖지 않을 것이며, 국방장관이 내린 명령을 통합사령관에게 전달하는 역할만을 수행하게 될 것이다.

일반참모 체계에서의 최고사령관과는 달리 권한이 강화된 합참의장은 제국주의 당시 목격되던 군 전체에 대한 일반참모의 최고사령관이 아닐 것이다. 합동참모를 옹호하던 사람들은 이들이 군 관련 문제에 관한 조언과 관련해 합참의장을 지원하는 성격의 일을 주로 수행하게 되며 작전적 책임은 감당하지 않을 것이라는 점을 지적하였다.[46) 소위 말해 작전적 책임을 담당하던 독일군의 일반참모와는 그 성격이 다르다는 주장이었다.[47)

프로이센 및 독일의 일반참모는 육군 내부에서 독립된 집단을 구성하고 있었는데, 이들은 평생동안 일반참모로 생활하면서 군의 승진을 통제하였다. 프로이센 및 독일의 경우는 엄격한 절차를 통해 일반참모를 선발했다. 때문에 지원자 중 극히 일부만이 여기에 선발되었다. 반면에 선호하는 중앙집권화의 정도에 상관없이 국방재조직을 옹호하는 사람들은 합동참모가 별도의 독립된 집단을 형성해 군의 진급과 보직을 통제하는 현상을 반기지 않았다.

프로이센 및 독일군 일반참모들의 경우는 지휘관과 야전 참모 생활을 교대로 하고는 일반참모로 복귀하였다. 그러나 국방재조직을 옹호하는 사람들은 각군의 통제를 벗어난 상태에서 합동참모들이 범군 차원에서 지휘관 및 참모 생활을 하는 경우를 원하지 않았다.[48)

46) Reorganization Proposals, p. 434 (statement of John M. Collins, Congressional Research Service)

47) 프로이센의 일반참모에 대해 알고 싶으면 van Creveld, Command in War, pp. 103~147. 또는 "전쟁에서의 지휘", pp 173~240. 참조; Chrisian O. E. Millotat, Understanding the Prussian-German General Staff System(Carlisle, PA: Strategic Studies Institute, U.S, Army War College, 1992).

48) Locher, pp. 250~253; Reorganization Proposals, pp. 362~364(statement of John M. Collins, Congressional Research Service)

합동참모가 합참의장만을 위해 일하게 되면 "단일 리더로부터 통제 받는다는 점에서 합동참모 내부에 이견 또는 대안이 조장될 수 없다. 즉 참모들이 단일 목적에 의해 움직이게 된다"[49]는 퇴역 해병대사령관 바로우(Barrow)의 말을 국방재조직을 비판하는 사람들은 인용하였다.

민간의 의사결정권자에게 군 문제에 관해 조언한다는 임무의 측면에서 보면 다양한 형태의 대안을 놓고 분석 및 토론할 필요가 있는데, 이 같은 조직에 '단일 목적'은 바람직하지 않을 것이라는 논리다.[50]

합동참모들의 경우는 각군 요원으로 구성되어 있다는 점에서 집단 의식이 발전되기는 어려울 것이라며, 그 결과 다양한 형태의 대안과 정책을 제안 및 논의할 수 있을 것이라고 국방재조직을 옹호하는 사람들은 주장할 수 있을 것이다. 군 생활 전체가 아니고 몇 년 동안 합동참모로 근무하게 될 것이라는 점에서 집단의식은 그 출현이 쉽지 않을 것이다.

4. 합동근무에 대한 보상: 의회에 의한 세부관리의 위험성

합동참모 장교들의 자질과 관련해 국방재조직을 옹호하는 사람들은 각군이 합동조직에 우수한 장교들을 보임시키지 않고 있으며, 합동근무 장교들을 승진이란 방식으로 일관성 있게 보상하고 있지 않다고 주장하였다. 그러나 의회가 군의 보직 및 승진에 관여함은 각군 내부의 운영, 즉 각군의 독자성을 크게 침해하는 행위였다. 따라서 국방재조직을 옹호하는 사람들은 나름의 난관에 직면하였다.

---

49) Reorganization Proposals, p. 208(statement of General Robert H. Barrow, former Marine commandant)

50) Ibid., pp. 210~211.

합동분야에 우수 자원을 보임시키라는 의회의 권고를 각군은 쉽게 무시할 수 있을 것이다. 반면에 합동조직에 대한 진급 비율을 설정하는 등의 방식으로 의회가 보다 상세한 차원에서 제도화를 추구하는 경우 의회에 의한 세부 관리란 점을 내세워 각군이 저항하게 될 것이다.

합동조직에 근무하는 장교들의 자질을 비교적 무리가 따르지 않으면서 증진시키기 위한 방안에는 다음과 같은 것이 있다고 국방재조직을 옹호하는 사람들은 생각하였다. 조직에 대한 기억을 잊지 않도록 할 목적에서 합동조직으로 되돌아오기까지의 기간을 단축시킨다. 휘하 참모로 근무하게 될 장교에 대해 합참의장과 통합사령관이 선택권을 행사하도록 한다. 새로 보임된 장관급 장교가 합동의 문제에 친숙해질 수 있도록 할 목적의 과정을 신설한다. 합동 전문군사교육(Professional Military Education)을 받은 사람들이 합동 부서에 근무할 수 있도록 나름의 인사관리제도를 정립한다.

DOD Directive 1320.5에서 언급하고 있는 바처럼 합동 부서에 근무한 경험이 있는 사람에게만 준장으로 진급할 자격을 주는 방안이 있는데, 이는 각군의 권한을 어느 정도 침해하면서 합동성을 강화하는 방안이었다.

각군 본부 참모 근무도 합동 부서에 근무한 것으로 간주할 정도로 각군이 합동 부서를 확대 해석해 이 법칙을 교묘히 피해가고 있다고 국방재조직을 옹호하는 사람들은 주장하였다.[51] 합동 부서의 의미를 의회가 법으로 제한하고, 각군이 이를 준수토록 함은 지나치게 강압적인 것이라고 합참의장 특별연구위원회(Chairman's Special Study Group)는 말하고 있다.

그러나 이처럼 할 수도 있을 것이다.[52] 각군의 권한을 보다 더 침해하는

51) Locher, pp. 197, 225.; Kathleen van Trees Medlock, A Critical Analysis of the Impact of the Defense Reorganization Act on American Officership, unpublished thesis (George Mason University, 1993), p. 61.

52) Reorganization Proposals, pp. 766~777(statement of the Chairman's Special Study Group)

방안이지만 합참의장이 장교들의 승진에 영향력을 행사할 수 있도록 하고, 3성 또는 4성 장군 진급 대상자들의 경우 합참의장이 합동 부서에서의 근무성적을 평가해 진급에 반영토록 할 수도 있을 것이다. 그러나 이 같은 행위는 장교를 선발해 승진시킨다는 각군의 전통인 독자성을 침해하는 것으로 생각될 수도 있을 것이다.

국방재조직을 옹호하는 사람들은 합동참모의 문제뿐만 아니라 미군 전반에 걸쳐 특수 시각/일반 시각 간에 균형을 맞추기 위한 방안 또한 고려하였다. 이 같은 맥락에서 개개 군이 타군에 일정 숫자의 장교를 보임하도록 의회가 명령할 수 있을 것이며, 의회의 경우는 합동문제에 정통한 장교들을 중심으로 합동특기를 만들 수 있을 것이다.[53)]

합참의장 특별연구위원회의 경우는 합동특기의 신설에 찬성하였다. 위원회는 합동직위의 50% 정도는 합동특기 장교들로 그리고 나머지 50%는 각군의 내부 문제에 관해 깊은 그리고 최신의 지식을 갖고 있는 장교들로 보임시키자고 제언하였다.[54)]

합동특기를 신설하게 되면 장교들의 승진을 통제하는 일반참모란 개념에 의존하지 않고도 합동장교들의 자질을 높일 수 있을 것이다. 그러나 합동특기의 신설을 의회가 법으로 명시하고 이들이 차지할 보직의 규모 및 승진의 폭을 정하는 경우 각군의 인사관리체계가 심각한 타격을 받게될 가능성도 없지 않았다.

각군 인사관리체계의 경우는 일부의 변경에도 장기간의 선행 기간이 소요되며, 갑작스런 요구사항은 그 수용이 쉽지 않은 실정이다.

---

53) Locher, pp. 197~203.

54) Reorganization Proposals, p. 767(statement of Chairman's Special Study Group)

5. 법적인 활동이 지속되다

화이트(White) 청문회가 종결될 즈음, 그리고 존스가 퇴임한 1982년도 이후 합동참모회의를 이끌어온 합참의장 육군대장 베시(John Vessey)와 와인버거 국방장관은 의회의 승인이 필요치 않은 군 내부차원의 변화를 통해 의회에 의한 국방개혁에 저항하고자 노력하였다.

합참의장 부재시 합동참모회의 요원 중 선임자가 합참의장을 대행한다는 예전의 체계를 보완해 각군 참모총장이 3개월간 교대로 임무를 수행토록 하여 체계에 안정성이 유지되도록 하자고 합동참모회의는 의견을 모았는데, 화이트(White) 소위원회의 청문회에서 베시는 이 사실을 증언하였다.

보다 우수한 장교들을 합동참모로 보임시켜 달라고 각군에 요구했을 뿐 아니라 합동참모 장교들의 훈련체계를 개선토록 하라고 합동참모의 해당 국장(Director)에게 지시했다고 베시는 증언하였다.[55] 특히 후자로 인해 합동참모 장교를 염두에 둔 훈련체계가 출현하게 되었다.

와인버거 국방장관은 국방예산을 배정하는 과정에서 나름의 영향력을 행사하도록 통합사령부가 획득 문제를 다루는 국방자원위원회(Defense Resource Board)에 접근할 수 있도록 하라고 지시하였다.[56]

청문회 이후 화이트(White) 소위원회는 국방재조직에 관한 법안인 H.R. 6954를 보고하였는데, 이는 1982년도 9월 하원을 통과하였다. 이 법안으로 인해 민간의 의사결정권자에게 나름의 조언을 할 수 있는 권한이 합참의장에게 부여되었으며, 합참차장 직분이 신설되었다. 또한 이 법안으로 인해 합참의장은 합동참모로 근무하게 될 장교들을 선발하고, 통합사령관의 경우는 합동참모가 생산한 문서에 대해 한 마디 할 수 있게 되었다.

---

55) Ibid., p. 957(statement of General John W. Vessey, Jr., chairman, JCS)

56) Role and Functions, p. 172.

이외에도 법안에서는 10명의 퇴역 장교로 구성된 전략자문위원회를 설치해 민간의 의사결정권자들에게 전략에 관해 조언할 수 있도록 하였다.[57] 그러나 당시는 의회의 회기가 17일 밖에 남아 있지 않은 시점이었다.

당시 상원군사위원회는 상원의원인 타워(John Tower)가 이끌고 있었는데, 그의 경우는 합동참모회의의 재조직에 반대하고 있었다. 해군 출신의 타워는 통합(Unification)에 반대하는 해군을 지지하는 입장이었다. 그는 국방장관을 꿈꾸고 있었는데, 자신의 정치적 야심을 희생시킬 의도는 없었다. 한편 하원의 법안은 조속히 작성되어 통과했다는 점으로 인해 상원의 시각에서 보면 믿음이 가지 않았다.

1982년 12월에는 몇몇 청문회가 있었는데, 타워는 하원 법안을 무시하고는 안건을 무기한 연기시켜 버렸다.[58] 신생 워싱턴싱크탱크(Washington Think Tank)인 루즈벨트센터(Franklin D. Roosevelt Center)에 의한 국방재조직 연구가 조직 측면에서 난관에 직면하게 되자 국방재조직을 옹호하는 사람들의 입장이 보다 더 난처해졌다.[59]

그러나 레이건 대통령이 국방재조직에 반대하고 있지 않다는 점, 국가안보고문관(National Security Advisor)인 멕파레인(McFarlane)이 해병대에 근무할 당시의 경험에 근거해 조속한 국방재조직을 추진하고 있다는 점에서 국방재조직을 옹호하는 사람들은 나름의 위안을 얻을 수 있었다.

멕파레인의 경우는 국방재조직의 문제를 놓고 소모전을 벌이는 경우 국방력 증흥을 추진하고 있던 레이건 안의 의회에서의 승인이 지장 받을 수 있다며 국방재조직의 조속한 추진을 열망하였다.[60] 베시 합참의장 휘하 합

57) Ibid., p. 174.
58) McNaughter, pp. 227~228.
59) Ibid., p. 232.
60) Ibid., p. 228.

동참모회의는 획기적인 형태의 조직 개혁에 반대했으며, 메이어 대장의 경우는 급격한 개혁을 요구하던 종전의 자세에서 한 발짝 물러나 있었다.[61)]

1982년 11월, 합동참모회의는 합동참모의 규모에 관한 법적 제한을 해제해달라는 내용의 비망록을 국방장관에게 보냈다. 그러나 합참의장이 주요 군사조언자가 되어야 한다는 점, 합참차장 직분을 신설해야 한다는 점 그리고 합동참모를 합참의장 한 사람에게 예속시켜야 한다는 점을 합동참모회의는 수용하지 않았다.

합동참모와 국방장관실 간의 관계를 재정립하는 방식으로 군사조언의 수준을 향상시킬 수 있도록 하자고 합동참모회의는 제안하였다. 와인버거 국방장관은 이들 합동참모회의의 권고 안에 동의해 그 내용을 레이건 대통령에게 보냈다.

이외에도 1983년 1월 합동참모회의는 OJCS 관리재구조실무모임(Management Restructuring Working Group)을 신설했는데, 이곳의 경우는 와인버거 장관에게 별다른 산물을 제출하지 못했다.[62)]

1982년 97차 의회가 종료될 시점, 조사소위원회(Investigation Subcommittee)의 의장인 화이트(White) 의원이 퇴임하고 니콜스(Bill Nichols) 의원이 그의 후임자가 되었다. 니콜스의 경우는 국방재조직을 지원하는 사람이었다.

1983년 4월[63)], 스켈톤(Ike Skelton) 의원은 H.R. 2560을 제안했는데, 이는 합동참모회의 구조를 NMAC 형태의 구조로 대체하자는 급진적 형태의 법안이었다. 이 법안은 통과될 가능성이 없었다. 그러나 이것으로 인해 국방

---

61) Kitfield, p. 257.

62) Role and Functions, pp. 176~180.

63) 1983년 초, 일군의 학자들은 소련 · 영국 · 이스라엘 그리고 캐나다의 국방 조직뿐 아니라 미국의 합참 및 국방성 조직을 검토한 논문들을 발표하였다. Robert J. Art, Vincent Davis, and Samuel P. Hungtington, eds., Reorganizing America's Defense: Leadership in War and Peace(Washington, DC: Pergamon-Brassey's, 1985)

재조직에 관한 안건이 하원군사위원회에 체류할 수 있게 되었다.

와인버거 국방장관은 H.R. 3145로 지칭된 국방재조직 안을 제안했는데, 이는 하원군사위원회의 압력 때문이었다. 여기서는 그 규모를 늘려 합동참모를 강화하고 합동참모에 재차 근무하고자 하는 장교들에 대한 제약을 완화하고 있지만 각군 참모총장이 두 개의 모자를 쓰고 있는 문제는 언급하고 있지 않았다.

그 결과 국방재조직을 옹호하는 사람들은 와인버거가 제출한 안의 의미를 평가 절하하였다. 니콜스 의원은 합참의장을 NSC의 구성원으로 지정하고, 합참의장이 민간의 의사결정권자에게 조언할 수 있도록 하며, 합동참모를 강화하는 내용의 H.R.3718 법안을 소개하였다.[64)]

니콜스 의원이 제안한 법안은 1983년 10월 하원을 구두 투표란 방식으로 통과하였다. 그러나 상원의원 타워가 이끌던 상원의 위원회는 국방재조직의 문제에 대한 검토를 거부하였다. 타워는 국방재조직 문제가 법적으로 거론되지 못하도록 하였다. 그러나 그는 향후 이 문제를 적절히 이용할 수 있을 것이라고 생각하였다.

따라서 1983년 6월 그는 국방재조직에 관해 연구해 보도록 하라고 로처(James Locher III)에게 지시하였다. 1983년 타워는 국방 정책 및 조직에 관한 모든 주요 문제를 조사할 목적의 청문회를 인가했는데, 당시의 청문회를 통해 별다른 보고서가 발간되지도 그리고 법적 차원의 제안이 나오지도 않았다.[65)]

64) Role and Functions, pp. 181~184.

65) McNaughter, pp. 230~231.; Role and Functions, p. 187.

제4장

Goldwater-Nichols Act의 통과

| 베이루트 및 그레나다에서의 일대 혼란 | 합동참모회의의 기동과 국방재조직을 옹호하는 사람들의 단합: 1984년도 | 985년 10월 | 법적 차원의 투쟁에 합동 대처하다: 1985~1986년 | 최종 법안 |

제4장 Goldwater-Nichols Act의 통과

최근 각군 간 갈등에 대한 비난이 너무나 고조되고 있습니다. 그 결과 이들 비난 중 일부가 군에 대한 자신들의 직무태만을 위장할 목적에서 민간인들이 하는 것이 아닌지 의혹이 제기되고 있는 실정입니다. 외부로 공포되고 있지는 않지만 각군 간 갈등에 못지 않은 강력한 형태의 논쟁이 각군 내부에도 존재하고 있다는 점을 명심해야 할 것입니다.[1)]

나는 자신들의 특수 영역에 초점을 맞추고 있는 각군 장군들과 비교해볼 때 범퍼(Dale Bumpers) 상원의원이 군사력 및 이것의 배치에 관해 보다 잘 알고 있다고 생각합니다.

예비역 해군중장[2)]

일이 제대로 진행되면 상을 받는 사람이 있으며, 잘못 진행되는 경우 비난받는 사람이 있습니다. 이처럼 일에 책임이 있는 사람이 누구인지를 우리들 모두는 잘 알고 있습니다.

콜롬비아 지역 재정위원회 위원장 Alice M. Rivlin[3)]

---

1) Field, p. 386.

2) Bowan Scarborough, "Bumpers Will Be Director of CDI," in Washington Times (December 12, 1998), p. 1.

3) David A. Vise, "D.C. Board Cedes Power to Williams," in Washington Post (December 22, 1998), p. 1

1. 베이루트 및 그레나다에서의 일대 혼란

불씨가 꺼져 가는 듯 보이던 국방재조직 운동은 두 개의 불행한 사건, 즉 레바논의 미 해병대 병영(兵營)이 폭파된 사건과 성공했지만 조잡하게 수행된 그레나다의 침공을 통해 힘을 얻게되었다. 그레나다 침공이 조직적으로 진행되지 못한 것과 레바논에서의 참사는 합동참모회의가 군사정책에 끼치는 영향력이 너무나 미약하고 야전군의 지휘계통이 혼란스럽기 때문이라고 국방재조직을 옹호하는 사람들은 주장하였다.

국방재조직을 옹호하던 사람들의 입장에서 보면 이들 두 사건은 미군이 합동작전을 기획 및 집행할 능력이 없음을 단적으로 보여준 경우였다.

1982년 이스라엘은 자국을 로케트로 공격하지 못하도록 하고 궁극적으로는 팔레스타인해방기구를 격멸시킬 목적에서 북부 국경 지역을 넘어 레바논을 침공하였다. 1982년 8월 미 해병대 1개 분견대가 베이루트에 파견되었는데, 이는 이스라엘에 의한 공격이 있은 이후 팔레스타인해방기구 소속의 군사력이 레바논에서 철수하는 지를 감독할 목적에서였다.

팔레스타인해방기구 소속의 군사력이 그곳 지역에서 철수한 이후 해병대는 해안에 정박해 있던 함정으로 철수하였다. 그러나 레바논의 정치상황이 악화됨에 따라 이들 해병대는 베이루트 국제공항에 상주해 있으라는 명령을 받게되었다.

베시 대장과 합동참모회의 소속 장군들 중 대부분은 이 같은 배치에 반대하였다. 베이루트 국제공항의 경우는 주변의 산으로부터 대포에 의한 공격을 받을 가능성이 농후하였다. 그럼에도 불구하고, 미 해병 요원들은 총에 탄알을 장전하지 못하며, 먼저 공격받은 경우에만 반격한다는 등 매우 제한된 형태의 교전규칙에 따라 작전을 수행하고 있었다.

당시 레이건 대통령은 그리스도교가 주도하던 레바논육군을 무장 및 훈련시키기 위한 다수의 방안을 강구하였다. 레바논에서 중립을 지켜오던 미국의 입장이 변질됨에 따라 레바논 내전에서 표적이 되는 등 미 해병대는 전술적으로 보다 더 노출되었다.[4)]

제대로 무장되어 있지 않았을 뿐 아니라 미국의 무모한 정책으로 인해 레바논 국제공항의 미 해병대는 적 공격의 표적이 되고 있었다. 그럼에도 불구하고 미국의 고위급 군사지도자와 국방의 민간요원들은 미국이 중립을 포기함에 따른 위협에 대처할 수 있도록 공항의 이들 해병 요원들이 적절한 보호 조치를 취하도록 하지 못했다.

이들 해병대가 폭격 당한 이후 국방부 사고조사위원회가 작성한 보고서에 따르면 이들 해병대에 대한 지휘계통이 너무나 길고 얽혀 있었다고 한다. 이들 해병대에 대한 지휘계통은 유럽통합사령관, 유럽주둔 해군구성군사령관, 6함대사령관, 61상륙임무부대(Amphibious Task Force) 지휘관 그리고 해병상륙부대 지휘관으로 연결되어 있었다.

이들 해병대의 안전을 책임지는 고위급 장교가 단 한 명도 없었다. 공항의 해병대를 테러분자들이 공격하는 경우에 대비한 공격적이고도 체계적인 자세를 지휘계통에서 찾아볼 수 없었다고 국방부의 사고조사위원회는 언급하였다.[5)]

---

4) Mark Perry, Four Stars (Boston, MA: Houghton Mifflin Company, 1989), pp. 306~311. 지금부터 Four Stars로 지칭.

5) Department of Defense Commission on the Beriut International Airport Terrorist Act (Long Commission), Report of the DOD Commission on the Beriut International Airport Terrorist Act, October 23, 1983 (Washington D.C: U.S. Government Printing Office, 1983), p. 55. 지금부터 Long Commission Report로 지칭.
지휘계통을 단축시키게 되면 최고 의사결정권자의 업무 부담이 가중된다. 예를 들면, 전구사령관으로부터 특정 임무를 수행하는 합동기동부대 지휘관으로 지휘계통이 곧바로 연결되고 몇몇 합동기동부대가 동시에 작전을 수행하는 경우 전구사령관은 어찌할 바를 모르게 될 것이다.

1983년 10월23일, 시아파 테러분자들은 레바논의 해병대 병영을 공격해 2백 명 이상의 해병 요원과 몇 명의 해군 수병(水兵)을 살상하였다. 당시의 사건 이후 각군 간의 갈등이 전면 부상하였다. 부상당한 해병 요원들을 치료를 목적으로 어느 곳으로 운반해야 할 것인 지의 문제를 놓고 각군은 논쟁하였다.

사고 지역에서 비교적 가까운 이탈리아의 Naples에는 해군병원이 위치해 있었다. 그럼에도 불구하고 이들 부상자 중 16명은 공군의 C-130항공기를 이용해 서독으로 보내졌다.[6)]

해병대 병영이 폭파된 지 이틀 후인 1983년 10월25일, 미군은 공산주의자들이 통치하고 있던 그레나다 섬의 쿠바 군인들과 건설노무자 일당을 기습 공격하였다. 그레나다의 미국인 학생들을 철수시키라는 임무를 NSC로부터 10월14일에 합참이 접수했다는 점에서 볼 때, '긴급한 격노(Urgent Fury)'로 명명된 당시의 작전은 급조된 형태의 것이었다.

실제 침공이 시작되기 4일 전인 10월21일, NSC는 미국인 학생을 철수시킬 뿐만 아니라 그레나다 군을 무력화시키고 민주주의를 회복시키도록 하라고 임무 내용을 수정하였다. 그레나다 지역을 담당하고 있던 미군 통합사령관은 단일의 해병 상륙부대를 이용해 그레나다 섬을 점령할 계획이었다. 그러나 합동참모회의는 그 계획을 수정해 해병대가 섬의 북쪽 절반을 공격하는 반면 육군부대가 남쪽 끝을 점령하도록 하였다.

합동참모회의가 이처럼 침공기획을 변경하게 된 것은 모든 군이 영광을 공유하도록 할 목적에서였다는 주장이 전후(戰後)에 제기되었다.[7)] 육군의 Delta 군과 해군의 Seal 팀이 특수작전을 함께 수행함에 따라 몇몇 군이 침공에 따른 영광을 공유토록 했다는 의문이 재차 부상하게 되었다.

---

6) Perry, Four Stars, pp. 312~319.

7) Locher, p. 364.

'긴급한 격노' 작전을 지휘한 해군제독 멧카프(Joseph Metcalf III)는 당시의 작전에 모든 군이 참여토록 한 것은 "주요 작전목표 중 하나였다"[8]고 전후 언급하였다. 모든 지상작전을 지휘하는 단일 지휘관을 임명했더라면 임무를 몇몇 군에 분할해 수행토록 함에 따른 어려움은 해소될 수 있었을 것이다.

당시의 침공은 작전 전반을 지휘할 목적의 멧카프를 제외하면 모든 지상군을 지휘할 단일 지휘관을 임명하지 않은 상태에서 진행되었다. 육군과 해병대 임무 구역의 경계 부분에서 심각한 저항에 직면했더라면 몇몇 지상군 간 권한을 분할함에 따라 작전의 효율성이 크게 저하되었을 것이다.[9]

공격군이 상륙할 당시 해안에 대한 화력 지원을 올바로 유도하려면 육군 부대와 해군 함정이 상호 교신할 필요가 있는데, 당시는 이 같은 교신이 불가능하였다.[10] 당시의 작전을 조정할 목적에서 육군장교들이 해군의 지휘함을 향해 항공기를 타고 날아가기까지 하였다.

육군장교들 중에는 함정에 있던 해병대 무전기를 이용해 여타 해군함정을 호출하고자 한 사람도 없지 않았다. 그러나 자신이 요구하는 바를 입증하고자 할 때 필요한 해군의 통신코드를 갖고 있지 않았다는 점에서 이들의 경우는 제대로 호출할 수가 없었다.

당시의 침공에서는 육군의 작전기획 과정에 단 1명의 해군 요원도 참여하지 않았다. 해군항공 요원들이 임무를 수신할 당시 육군 대표 또는 공군

---

8) Joseph Metcalf, III, "Decisionmaking and the Grenada Rescue Operations, " in Ambiguity and Command: Organizational Perspective on Military Decisionmaking, James G. Marsh and Roger Weissinger-Baylon, eds (Marshfield, MA: Pitman Publishing, 1986), p. 278.

9) Locher, pp. 367~368.

10) 육군의 한 장교는 AT&T 카드와 민간 전화를 이용해 Ft. Bragg에 있는 자신의 사무실에 전화를 걸어 해군 함정에 메시지가 전달되도록 하였다고 한다. 이는 널리 보도된 반면 확인되지는 않은 사항이다.

의 '전방통제사(Forward Controller)'[11]는 있지 않았다. 당시 미국의 각군은 여타 군의 통신 장비는 고려하지 않은 채, 즉 각군 간 상호운용성을 염두에 두지 않은 상태에서 통신장비를 획득하였다. 이 같은 관행으로 인해 각군 간의 교신이 또한 지장을 받았다.[12]

당시 수송은 또 다른 문제였다. 합동작전 수행 도중의 각군 간 수송의 문제를 조정할 목적에서 설립된 조직인 Joint Deployment Agency(JDA)의 경우는 높은 수준의 비밀 내용을 전송할 목적의 통신장비가 결여되어 있었다는 점으로 인해 당시의 작전에서 전면 배제되었다.[13]

당시의 작전에서 JDA가 적합치 않다는 점을 보면서 국방재조직을 옹호하는 사람들은 각군의 수송자산, 즉 육군의 Military Traffic Management Command, 해군의 Military Sealift Command 그리고 공군의 Military Airlift Command가 관장하는 수송자산을 망라하는 통합사령부(Unified Command)가 절실히 요구된다고 생각하였다.

각군 수송자산을 관장할 목적의 통합사령부의 필요성은 제1장에서 언급한 '니프티 너겟(Nifty Nugget)' 훈련의 실패를 통해 이미 입증된 바 있다고 국방재조직을 옹호하는 사람들은 주장하였다. 그러나 이 같은 형태의 통합사령부는 1982년 9월에 통과된 의회 법으로 인해 그 설치가 불가능한 실정이었다.[14]

당시의 법이 통과되었던 것은 국방성 차원의 중앙집권화된 권위체와 무관한 별도의 독자성을 해군이 누릴 수 있도록 해군장관 레만(Lehman)이 노

---

11) 역자주: 지상군에 대한 근접항공지원 임무를 수행하는 경우 이들 전방항공통제사는 통상 육군부대에 배치된다.

12) Locher, pp. 365~367.

13) Locher, pp. 368~369.

14) Pub. L. No. 97-252, Sec. 1110, 96 Stat. p. 718, 747 (1982).

력했기 때문이었다고 공군대장 존스는 생각하였다.[15] 해군은 육군 헬리콥터의 해군함정 승선을 인가하지 않았다.

그 결과 당시의 작전에서 육군 헬리콥터들은 해군의 항공모함인 인디팬더스(Independence)로 환자를 운송할 수가 없었다.[16] 미군이 합동차원에서 전쟁을 수행할 준비가 제대로 되어 있지 않다는 점을 그레나다의 침공을 통해 확인할 수 있었다고 국방재조직을 옹호하는 사람들은 주장하였다. 이 같은 상태에서 대규모 분쟁에 개입하는 경우 일대 참사가 수반될 것이라고 이들은 주장하였다.[17]

국방재조직을 옹호하는 사람들의 입장에서 보면 베이루트에서의 참사와 그레나다 침공 사례는 좋은 활용거리였다. 이외에도 이들 사건으로 인해 공적 차원의 정부 모임에서의 합동참모회의의 권위가 크게 실추되었다.

1983년 10월 31일, 당시의 해병대사령관 켈리(P. X. Kelley) 대장은 베이루트의 참사와 관련해 상원군사위원회에서 증언하였다. 켈리의 경우는 특이할 정도로 합동 경험이 풍부하다는 점으로 인해 상원군사위원회의 위원들로부터 크게 존중받고 있었다. 그러나 그의 증언은 일대 낭패였다. 해병대를 방어가 불가능한 상황으로 몰아넣었다고 주장하는 등 선거를 통해 임명된 관료들을 켈리 대장이 비난하고 있다고 상원의원들은 생각하였다.

반면에 켈리는 상원의원들이 여론을 의식해 베이루트 배치에 따른 위험을 간과했다고 생각하였다.[18] 켈리의 증언으로 인해 상원군사위원회와 합동참모회의 간의 관계가 악화되었다.[19]

---

15) Kitfield, p. 248.

16) Perry, Four Stars, p. 321.

17) 그레나다 침공 당시의 실패 및 성공 사례를 심층 분석한 자료를 보려면 Mark Adkin, Urgent Fury: The Battle For Grenada (New York: Lexington Books, 1989) 참조.

18) Kitfield, pp. 259~260.

19) Perry, Four Stars, p. 327.

2. 합동참모회의의 기동과 국방재조직을 옹호하는 사람들의 단합: 1984년도

1984년도에는 하원의원 니콜스(Nichols)가 발기한 H.R. 3718이 재차 부상하였다. 국방재조직을 상원이 반대할 것으로 예상하고 있던 하원의 지지자들은 1984년 5월 H.R. 3718을 1985회계연도의 국방성 Authorization Bill에 첨부시켰다.

1984년 9월 하원과 상원의 평의원들은 국방조직을 어느 정도 바꿀 필요가 있다는 점에 동의하였다. 1984년 10월 레이건 대통령은 그 내용을 법으로 성문화시켰다. 이들 개혁안에서는 작전 요구와 관련해 합참의장이 통합사령관의 대변인 역할을 담당토록 하였으며, 합동참모회의의 안건을 정하고, 합동참모로 근무하게 될 장교들을 선발할 수 있도록 하였다.

1984년도의 국방재조직 법으로 인해 합동참모의 근무 기간이 3년에서 4년으로 늘어났으며, 합동참모의 국장으로 근무할 사람의 자격 요건이 완화되었다.

합동참모 근무로 인해 자군에서의 승진에 불이익이 없도록 국방장관이 나름의 조치를 강구해야 할 것이라는 점을 당시의 법은 명시하고 있었다. 하원과 상원의 평의원들은 국방 관료 및 장교들에게 나름의 설문을 보내고는 그 답변을 1985년 3월 1일까지 제출하라고 요구하였다.[20)]

1984년 합동참모회의는 내부적으로 몇몇 변화를 도모하였다. 여기서는 합동특수작전국(JSOA: Joint Special Operations Agency)을 설치해 특수작전에 관해 합동참모회의에 조언할 수 있도록 하였다.[21)] 군의 입장에서 보면 특수작전은 매우 골치 아픈 문제였다.

---

20) Role and Functions, pp. 190~192.

21) Joint Pub-1, p. 352.

특수작전을 담당하는 군의 경우 그 규모에 비해 엄청날 정도의 예산을 할당받고 있었는데, 정규군들은 그 효과에 의문을 제기하고 있었다. 이들 점을 보면서 월남전 이후 군의 고위급 장교들은 특수작전에 대해 좋지 않은 감정을 갖고 있었다. 그러나 강력한 형태의 특수작전 능력 개발을 각군이 반대함에 따라 저강도 분쟁에 대응하고자 할 때 요구되는 융통성이 지장받게 되었다.

따라서 기존의 군 구조에서 특수작전의 입지를 보다 더 강화할 필요가 있다고 생각한 사람들의 욕구를 충족시키지는 못했지만 합동 특수작전국의 설치는 미군이 특수작전의 중요성을 인지하고 있음을 보여준 것이었다.[22)]

합동참모회의는 국방자원 할당과 국가전략 문제에 관해 지원할 목적에서 '전략기획 및 자원분석국(Strategic Plans and Resource Analysis Agency)'과 '합동요구 및 관리위원회(Joint Requirements and Management Board)'를 설립하였다. 국방부 부장관의 경우는 기획계획예산제도(PPBS)를 재구성해 통합사령관의 견해가 반영될 수 있도록 하였다.[23)]

이들 일련의 변화에도 불구하고 국방재조직을 옹호하는 사람들은 1984년도에 제정된 법과 합동참모회의의 활동이 충분치 못하다고 생각하였다. 1984년 보수 성향을 견지하고 있던 저명한 두뇌 집단인 해리티지 재단(Heritage Foundation)은 국방재조직을 촉구하는 내용을 담은 선언문을 작성해내었다.[24)]

22) 특수작전 일반에 대해 알고자 하면 다음을 참조하시오. John M. Collins, Special Operations Forces: An Assessment (Washington, D.C: National Defense University Press, 1996)

23) Role and Functions, pp. 192~194.

24) Theodore J. Crackel, "Defense Assessment," in Mandate for Leadership II: Continuing the Conservative Revolution, Stuart M. Butler, Michael Sandera, and W. Bruce Weinrod, eds (Washington, DC: Heritage Foundation, 1984).

해리티지 재단은 또한 국방재조직 옹호에 관한 한 골수분자인 아스핀(Les Aspin)과 스테드만(Richard Steadman)이 논의한 내용을 담은 복사본을 배포하였다.[25] 주요 보수 두뇌집단인 해리티지 재단이 국방재조직을 옹호하고 있다는 점으로 인해 국방재조직을 놓고 크게 의견이 엇갈리는 현상뿐만 아니라 국방재조직에 관한 레이건 행정부의 반대를 무마시킬 수 있을 것이라고 국방재조직을 옹호하는 사람들은 생각하였다.

해리티지 재단보다 영향력이 있는 비 정부조직인 '전략 및 국제연구 본부(CSIS: Center for Strategic and International Studies)' 또한 국방재조직을 옹호하는 내용의 책자를 발간했는데, 이곳은 만인으로부터 그 권위를 인정받고 있던 워싱턴의 두뇌집단이었다.

CSIS는 합동참모회의의 개혁을 연구할 목적에서 일군의 사람들을 중심으로 국방조직프로젝트(Defense Organization Project)를 편성하였다. 여기에는 아이러니하게도 레이건 대통령과 긴밀한 관계를 유지하고 있을 뿐 아니라 국방재조직에 반대하는 일군의 해군장군들을 이끌고 있던 합참의장 출신의 무어(Moorer) 제독이 포함되어 있었다.

국방성 및 NSC에서 근무한 바 있는 오덴(Philip Odeen)이 주도한 CSIS의 연구에서는 합동작전에서 시작해 예산기획 및 무기획득에 이르는 국방의 전반적인 문제를 분석하였다.

1985년 2월에 발간된 CSIS의 최종 보고서에서는 국방 전반에 걸친 일대 변화를 제언하고 있었다. 보고서를 배포하기 이전 오덴은 국방차원에서의 지지 기반 구축에 초점을 맞추었다.[26] 당시의 보고서에는 국방장관을 역임

25) Theodore J. Crackel, ed, Reshaping the Joint Chiefs of Staff: A Roundtable of the Heritage Foundation Defense Assessment Project (Washington, DC: Heritage Foundation, 1984).

26) McNaughter, p. 232.

한 여섯 사람이 그 내용에 동의하고 있음을 보여주는 서문이 포함되어 있었다.

당시의 보고서 작성에 참여한 사람들 중에는 샘넌(Sam Nun) 상원의원, 카세바움(Landon Kassebaum) 하원의원 뿐 아니라 그후 국방장관에 임명된 코헨(William Cohen) 및 아스핀(Apin) 하원의원이 포함되어 있었다.

당시의 보고서 작성에는 공군대장 존스, 육군대장 메이어뿐만 아니라 루트웍(Edward Luttwak), 사무엘 헌팅톤(Samuel Huntington)과 같은 국방분야의 석학들이 포함되어 있었다.[27] CSIS의 보고서로 인해 국방재조직에 관해 입법 · 군부 그리고 학계가 나름의 연대관계를 구축할 수 있게 되었다.[28]

1984년도에는 육군과 공군 간에 협정이 체결되었는데, 그 내용은 국방재조직에 반대하는 사람들의 입지를 굳건히 해줄 수 있는 성질의 것이었다.

1984년 5월, 육군참모총장 위캄(John Wickham)과 공군참모총장 가브리엘(Charles Gabriel)은 육군과 공군 간의 합동작전에 필수 요소라고 생각되는 31개 항목에 관해 협정을 체결하였다. 이 같은 협정을 보면서 국방재조직에 반대하는 사람들은 법적 간섭이 없는 상태에서도 합동기획 과정이 성공적으로 진행되었다고 주장할 수 있게 되었다.

반면에 당시의 협정이 즉흥적인 발상에 근거하고 있음을 목격한 국방재조직을 옹호하는 사람들은 언제까지 이처럼 즉흥적으로 그리고 장교들 간의 우호관계에 근거해 일을 처리해야 할 것인가를 반문하였다.

이들은 당시의 협정으로 인해 합동기획을 제도화할 필요성이 보다 더 부각되었다고 주장하였다. 사실 당시 육군과 공군 간의 협상이 원만히 진행

---

27) Toward a More Effective Defense: The Final Report of the CSIS Defense Organization Project (Washington, DC: Center for Strategic and International Studies, Georgetown University, 1985), pp. 60~63.

28) 1984년도 Hudson Institute는 the Analysis of Proposed Joint chiefs of Staff Reorganization 이란 제목의 연구에서 국방재조직을 반대하였다. Gruetzner, p. 140 참조.

될 수 있었던 것은 위캄과 가브리엘 간의 끈끈한 인간관계 때문이었다.[29)]

법적 측면에서 보면 1985년 아스핀(Aspin)이 위원장으로 있던 하원군사위원회의 경우는 국방재조직을 지지하고 있었다.

예를 들면 스켈턴(Skelton)의 경우는 H.R. 2165와 2314란 두 개의 법안을, 니콜스(Nichols)의 경우는 H.R. 2265를 그리고 에스핀(Aspin)의 경우는 H.R. 2710을 제안해놓고 있었는데, 이들 4 종류의 법안은 국방조직에 일대 변화를 요구하는 형태의 것이었다.[30)]

논쟁의 축은 상원의원 타워(Tower)가 은퇴한 이후 골드워터(Barry Goldwater)가 자리를 승계(承繼)한 상원으로 모아졌다. 각군은 골드워터를 군의 입장을 이해하는 사람으로 간주하고 있었는데, 그의 경우는 국방재조직을 지원하고 있었다.[31)]

상원의원 골드워터는 국방재조직의 문제가 하원을 장악하고 있던 민주당 그리고 상원과 백악관을 장악하고 있던 공화당 간의 대결이 되지 않도록 한다는 차원에서 상원의원 샘넌과 단합하였다.

당시 와인버거 국방장관뿐만 아니라 합참의장 베시를 중심으로 한 합동참모회의의 경우는 국방개혁에 반대하였다. 그러나 1985년 여름 및 가을의 기간 중 하원과 상원의 참모들은 국방관료뿐만 아니라 다수의 소장 및 중장급 장군들과의 회합을 통해 와인버거 국방장관 그리고 합동참모회의의 저항을 극복하기 시작하였다. 국방재조직을 옹호하던 사람들은 자신들이

---

29) Allard, pp. 182~183. 또는 "미래전 어떻게 싸울 것인가", pp 317~318. 공군참모총장 가브리엘과 육군참모총장 위캄은 미 육군사관학교 생도 당시 같은 방에서 생활하였다. James F. Dunnigan and Raymond M. Macedonia, Getting It Right: American Reforms after Vietnam to the Gulf War and Beyond (New York: William Morrow and Company, 1993), pp. 233~234.

30) Role and Functions, pp. 196~198.

31) 획득 관련 비리뿐만 아니라 지나칠 정도의 획득 비용 등 다수의 문제에도 불구하고 Goldwater는 대부분의 경우 군의 입장에서 군을 지원하였다., Pasztor, p. 31.

만난 군의 소장 및 중장 급 장군들이 국방재조직을 지원했다고 그후 주장하였다.[32)]

상원의 참모들은 국방재조직에 대한 각군 장군들의 지원 정도를 보이고, 국방재조직과 관련해 와인버거 장관을 겨냥한 보다 적극적인 저항을 유도할 목적으로 회합에서 논의된 사항을 국가안보고문관(NSA: National Security Advisor)인 맥파레인(McFarlane)에게 전달하였다. 멕파레인은 와인버거 장관에 정면 도전코자 하지 않았다.

반면에 그는 와인버거 장관의 저항을 무력화하기 위한 나름의 주요 술책을 강구하였다. 멕파레인은 국방관리 문제 전반을 그리고 특히 국방획득 문제를 조사할 목적에서 의회가 지정한 위원회에 대통령이 동의토록 설득하였는데, 당시까지 대통령은 한창 고조되고 있던 국방재조직에 관한 논쟁에서 중도적인 입장을 견지하고 있었다.

당시의 뉴스 및 신문에는 국방에서 진행되고 있던 프로그램의 비용이 크게 늘어나고 있다는 내용의 글이 게재되고 있었다. 이들 내용으로 인해 대통령이 추진하고 있던 국방력 중흥이 지장 받을 수도 있다는 점을 그의 경우 대통령을 설득하는 과정에서 언급했을 가능성도 없지 않다.[33)]

1985년 7월, 레이건은 방위산업에 종사하고 있던 페카드(David Packard)로 하여금 국방관리 문제에 관한 블루리본(Blue Ribbon) 위원회를 이끌도록 하였는데, 그의 경우는 국방장관에 취임하라는 제안을 거절한 바 있었다.

페카드의 경우는 육군대장 메이어(Meyer)가 제안한 강력한 형태의 국방개혁안을 1982년도의 하원군사위원회에서 지원한 바 있었다. 페카드로 하여금 Blue Ribbon 위원회를 이끌도록 한 레이건의 결정으로 인해 국방재조직

32) Goldwater, p. 454.

33) Wirls, Christopher Cerf and Henry Beard, The Pentagon Catalog: Ordinary Products at Extraordinary Prices (New York: Workman Publishing, 1986).

을 옹호하는 사람들은 크게 고무되었다.[34] 페카드가 이끄는 위원회의 존재 자체는 레이건 대통령이 국방의 현 상황에 대해 나름의 불만을 품고 있음을 암시하는 것이었다. 따라서 와인버거 국방장관의 경우는 국방재조직 활동에 제동을 거는 과정에서 레이건 대통령의 지원을 얻을 수 없게 되었다.[35]

3. 1985년 10월

1985년 10월은 국방재조직을 옹호하는 세력의 입장에서 보면 획기적인 한 달이었다. 10월 5일과 6일 골드워터와 샘넌은 국방재조직의 문제를 논의할 목적에서 몇몇 상원군사위원회 요원들과 함께 은둔 생활에 돌입하였다.

상원군사위원회 요원들은 펜타곤에서 버지니아주에 있는 Fort A.P. Hill로 헬리콥터로 날아가서는 토요일 아침에서 시작해 일요일 정오까지 국방재조직의 문제를 논의하였다. 당시의 회합에는 공군대장 존스, 육군대장 메이어, 해군대장 트레인(Harry Train) 등 위원회 소속이 아닌 10명의 장군들이 참석하였다.

중부 및 남부 아프리카를 담당하고 있던 통합사령부의 지휘관에서 얼마 전에 퇴임한 고만(Paul Gorman) 대장은 전투 전력에 대한 통합사령관의 권한에 각군이 간섭하고 있을 뿐 아니라 합동참모회의가 통합사령관의 권한을 지원하지 않고 있다는 등 자신의 신념을 피력하였다.

그는 공산주의 반란을 진압하는 과정에서 엘살바도르 정부를 지원할 목적으로 의회가 자신에게 55명의 군사고문관을 제공하도록 인가해주었는

34) Reorganization Proposals, pp. 146~147 (statement of the Honorable David Packard, former deputy secretary of defense).

35) Perry, Four Stars, pp. 331~332.

데, 육군이 이들 55명 중 2명을 엘살바도르의 육군 병사를 행정 지원할 목적으로 전용을 강요했다는 점, 이들 행정요원을 2명 파견하게 되면 군사고문관 2명이 배치될 수 없다는 자신의 주장을 합동참모회의가 지지하지 않았다는 점을 부언 설명하였다.

그는 또한 휘하의 공군구성군사령관이 치료를 목적으로 미국으로 귀환했음에도 불구하고 공군구성군사령관을 다른 사람으로 대체해 달라는 자신의 주장을 합동참모회의가 지지하지 않았다고 주장하였다. 당시 공군은 해당 공군구성군사령관을 해임시키는 경우 당사자의 사기가 저하될 수 있다고 주장했다.[36]고 고만은 말하였다. 상원군사위원회 요원들이 국방재조직을 지원하는 과정에서는 통합사령관을 역임한 바 있는 고만의 회상이 크게 기여하였다.

1985년 10월, 상원군사위원회는 로처(James Locher)가 인도하고 있던 상원참모들이 작성한 보고서를 배포하였다. 상원군사위원회 위원장에 임명되자 골드워터는 로처의 임무를 조정해 그의 연구가 위원회의 공식 보고서가 아니고 참모 보고서가 되도록 하였다.

이는 보고서가 상원의 견해를 대변하는 것이 아니라는 점에서 로처가 보다 더 자유롭게 제언할 수 있을 것임을 의미하였다.[37] "국방조직: 변화의 필요성(Defense Organization: The Need for Change)"이란 제목의 645페이지에 달하는 로처의 보고서는 국방장관실의 구조에서부터 합동참모회의, 통합사령부, 획득절차, 예산주기, 문민통제 그리고 의회의 감독에 이르는 국방전반의 문제를 조명하고 있었다. 보고서에서 로처는 91가지를 제언했는데, 이들 중에는 급진적인 성격의 것도 없지 않았다.

예를 들면 보고서에서 로처는 메이어 대장이 1982년도에 제언한 바처럼

36) 퇴역장교와의 대담 내용임.

37) McNaughter, p. 235.

합동참모회의를 해체하고 합참의장과 곧 퇴역하게 될 각군의 고위급 장군들로 구성된 합동군사자문위원회(Joint Military Advisory Council)를 설립하자고 제언하였다. 또한 통합사령부 내부의 지휘계통에서 각군 구성군사령관들을 제외시키자고 보고서는 제언하고 있었다.[38)]

로처의 보고서에는 조직 측면에서의 국방의 문제점이라고 생각되는 사항들이 상세 언급되어 있었다. 그러나 보고서를 작성한 사람들은 국방재조직과 관련된 논쟁에서 이들 내용을 전략적으로 활용할 생각을 또한 갖고 있었다.

로처의 보고서에는 보다 중도적 성격의 제안을 반대하지 못하도록 할 목적의 7가지의 과격한 제안이 포함되어 있었다. 예를 들면, 당시의 보고서에는 합동참모회의를 해체하고 합동군사자문위원회를 설립하며, 각군 참모총장이 두 개의 모자를 쓰지 못하도록 하고, 각군 구성군사령관을 통합사령부 내부의 지휘계통에서 배제시키도록 하거나 통합사령관의 직급을 각군 참모총장보다 높게 설정하는 등의 극단적인 내용이 포함되어 있었는데, 이들은 보고서를 작성한 사람들이 진정 의도한 바는 아니었다.

보고서에서는 또한 합동 문제에 관해 각군 본부에서 일하는 장교의 숫자를 25명으로 제한하고 각군의 민간 및 군 참모들을 통합해야 할 것을 제안하고 있었다. 이들 제안을 보고서에 포함시킨 것은 각군이 자군 본부의 방어에 전념토록 함으로서 보다 온건한 형태의 합동참모회의 개혁안에 전력을 다해 반대하지 못하도록 하기 위함이었다.

마지막으로 보고서에는 또한 기능 중심의 국방장관실 구조를 대신해 정치적으로 임명되는 임무 중심의 자리를 3개 만들자는 현실성 없는 제안이 포함되어 있었다. 이것 또한 국방재조직에 반대하는 사람들의 정력을 딴

38) Locher, p. 11.

곳으로 돌리기 위한 목적의 것이었다.[39)]

1985년 10월에는 임기보다 6개월 먼저 합참의장 베시 대장이 퇴임함에 따라 신임 합참의장으로 해군제독 크로우(William Crowe)가 취임하였다.

베시 대장의 경우는 근 40년에 걸친 군 생활동안 사병에서 시작해 대장까지 승진했다는 명성을 갖고 있었는데, 크로우 제독의 경우는 유능한 조정자로서 주로 인식되고 있었다. 크로우 제독의 경우 처음에는 와인버거 국방장관의 견해와 정책을 모두 다 지지하고 있는 듯 보였다. 그러나 나중에 그는 국방재조직을 막후 지원하는 세력이 되었다.

극단적 성격의 개혁안을 담고 있다는 점, 합동참모회의의 몇몇 성공 사례를 평가절하하고 있다는 점, 그리고 최근에 있었던 합동참모회의의 내부 변화를 간과하고 있다는 점 등 크로우 제독은 상원군사위원회에서 로처 보고서의 문제점을 지적하였다.

태평양사령관으로 재직할 당시 보고서와 관련해 크로우 제독은 로처와 면담하였는데, 당시 크로우는 합동체계의 강화를 지지한 바 있었다. 이 점으로 인해 크로우는 로처의 보고서에 대해 격렬히 반대할 수 있는 입장이 아니었다.[40)] 합참의장으로 재직하면서 그는 합동참모회의의 일 처리 과정에 환멸을 느끼게 되었으며, 합참차장의 신설을 지원하는 입장이 되었다.[41)]

크로우는 합참의장의 권한 강화를 지지하는 입장이었다. 그러나 자신이 자신을 강화하고자 한다는 인상을 주어서는 곤란하다는 생각에서 공개적으로 자신의 입장을 피력하지 못하는 등 그는 매우 어려운 상황에 처해 있었다.[42)]

국방재조직과 관련된 법이 통과하지 못하도록 저항하다가 좌절해 그 내

39) Kitfield, p. 291.
40) Crowe, p. 148.
41) Crowe, p. 159.
42) Ibid., p. 152.

용에 속박 받게되는 사태가 발생하기 이전에 국방재조직 법을 주도적으로 다듬어 가는 것이 바람직할 것이라고 크로우는 와인버거 장관에게 제언하였다. 당시 와인버거 장관은 국방재조직에 반대한다는 자신의 입장을 바꾸지 않고 있었다.[43)]

크로우 제독은 또한 자신의 합동참모회의 법률 자문인 데보(Rick DeBobes) 해군대령으로 하여금 로처를 만나서 Goldwater-Nichols Act의 초안에 대해 논의토록 하였다.[44)] 크로우 제독은 군 내부 차원의 변화를 통해 의회에 의한 국방개혁이 필요 없도록 만들고자 노력하였다.

예를 들면 그는 각군 참모총장들을 독촉해 각군의 지휘구조를 묘사하고 있던 Joint Chiefs of Staff Publication One을 개정하도록 하였다. 제1장에서 언급한 바처럼 각군 간 갈등 중 하나는 해병 항공자산의 통제에 관한 것이었다. 크로우 제독은 해병대로 하여금 Joint Pub-One의 변화를 수용토록 함으로서 해병 항공조직을 적어도 이론상으로는 통합사령관이 통제하도록 하였다.[45)]

4. 법적 차원의 투쟁이 합동의 성격이 되다: 1985~1986년

미 하원의 경우는 국방재조직을 옹호하는 사람들이 주도하고 있었다. 1985년도 하원은 국방재조직과 관련된 법안인 H.R. 3622를 통과시켰는데, 이는 에스핀이 제안한 H.R. 2710과 동일한 형태의 것이었다.[46)] 로처의 보고

43) Ibid., p. 157.
44) Ibid., p. 153.
45) Ibid., pp. 154~155.
46) Role and Functions, p. 205.

서가 발간된 이후 상원군사위원회는 국방재조직에 관한 청문회를 개최했는데, 청문회에 출석한 최초의 증인은 로처 자신이었다.

그 후 와인버거 국방장관이 증인으로 출석하였다. 당시 골드워터는 보고서에서 로처가 제기한 사안을 언급하지 않고 있다며, 국방장관을 비난하였다.

1985년 12월초, 와인버거 국방장관은 국방재조직에 관한 법이 불가피하다며 골드워터와 팩카드가 주관하고 있던 위원회에 보낸 편지에서 어느 정도의 개혁을 지지하였다. 각군 참모총장들의 이견을 자신의 견해와 함께 제시한다면 합참의장이 국방장관 및 대통령에게 군사문제에 관해 조언하는 주요 인물이 되는 것을 지원할 것이라고 그는 편지에서 언급하였다. 와인버거는 각군 참모총장보다 직급이 낮다는 조건에서 합참차장 직분의 신설 또한 지지하였다.[47]

와인버거가 애매한 입장을 고수하고 있다는 점으로 인해 각군 참모총장, 각군 그리고 의회의 그의 동료들은 국방재조직을 반대하는 입장을 고수하였다.[48] 상원군사위원회는 국방재조직에 관한 법안을 1986년 2월4일까지 최종 절충키로 하였다.

1986년 2월 3일, 상원의원 골드워터와 샘넌, 로처 그리고 상원군사위원회 소속의 또 다른 참모인 핀(Rick Finn)과 스미스(Jeffrey Smith)는 펜타곤에서 크로우 합참의장과 각군 참모총장을 만났다.

법안의 통과로 인해 민간의 권위체가 국방 문제에 간섭해 군을 쇠진시키는 것은 아닌지를 크로우 합참의장과 공군참모총장 가브리엘(Gabriel)이 질문하였다. 그러나 당시의 법안을 주로 공격한 사람은 해군참모총장 왓킨스

47) McNaughter, p. 241.; Caspar Secretary Weinberger, Fighting for Peace (New York: Warner Books, 1990).

48) Robert E. Venkus, Raid on Quaddafi: The Untold Story of History's Longest Fighter Mission by the Pilot who Directed It (New York: St. Martin's Press, 1992), p. 146.

(James Watkins), 육군참모총장 위캄 그리고 해병대사령관인 켈리였다.

회합이 종료될 당시의 분위기로 보면 상원이 제기한 국방재조직 법에 합동참모회의가 한 목소리로 동의하지 않을 것임은 분명해 보였다.[49)]

합동참모회의의 반대에도 불구하고 상원의원 골드워터와 샘넌은 2월4일로 예정되어 있던 법안 절충을 위한 과정을 그대로 추진하였다. 국방재조직에 반대하던 집단을 주도한 사람은 해군장관 레만과 상원의원 와너(John Warner)였다.

와너의 경우는 해군장관을 역임한 바 있는데, 그가 주지사로 있는 버지니아주에는 대규모의 해군기지들이 위치해 있었다. 해군장관 레만은 상원 군사위원회의 투표 결과에 영향을 끼치고자 노력하였다. 특히 그는 재선을 위해 선거활동하고 있던 5명의 의원들에게 주지사로 있는 주에 항구를 개항해 일 자리와 연방차원에서의 지원이 가능토록 하겠다고 약속하는 등의 방식으로 이들의 환심을 사고자 노력하였다.[50)]

제1장에서 언급한 바 있는 제2차 세계대전 이후의 논쟁에서처럼 해군은 법적 차원의 노력을 조정할 목적에서 펜타곤 사무실을 별도 지정하였다. 상원의원 골드워터는 자신이 이들 노력을 조정할 '사무실'이라며 일련의 해군 및 해병대 장교들을 수용하는 방식으로 중재를 위한 '사무실'의 존재를 확인시켜 주었다.

법안 절충을 위한 회합에서 상원의원 와너는 서명 작성된 87개의 개정안과 구두의 40개 개정안을 제출했는데, 이들 대부분은 해군으로부터 나온 것이었다.[51)] 국방재조직을 옹호하던 일부 사람들은 이들 개정안이 법안 절

49) Goldwater, pp. 422~429.

50) Ibid., p. 447.

51) McNaughter, p. 241.

충 도중 해군에서 전화로 전달되었다고 믿고 있었다.[52] 위원회는 또한 3명의 각군 장관과 4명의 참모총장으로부터 매우 비판적인 내용을 담고 있는 편지를 그리고 크로우 제독과 와인버거 장관으로부터는 비교적 덜 비판적인 편지를 접수하였다.

상원의원 골드워터는 국방예산 및 승진에 관한 휘하 위원회의 활동을 중지시키는 방식으로 대응하였다.[53] 14회 회기 도중 위원회는 가장 온건한 성격의 법안을 제외한 나머지는 고려 대상에서 제외시켰다. 그 해 3월초, 위원회는 S. 2295 법안을 상원에서 전면 고려할 수 있도록 하자고 만장일치로 결정하였다.[54]

1986년 2월 28일 페카드 휘하 위원회가 중간 보고서를 발표함에 따라 국방재조직을 옹호하는 사람들이 크게 고무되었다. 당시의 보고서에 따르면 합참의장이 주요 군사조언자가 되며, 합동참모는 합참의장에게 보고하고, 합참의장 부재시에는 합참차장이 업무를 대행토록 되어 있었다.[55]

자신이 지정한 위원회가 국방재조직을 지원하고 있다는 점으로 인해 레이건 대통령은 국방재조직과 관련된 의회의 법안을 공개적으로 지원하는 방향으로 나아가지 않을 수 없었다.

그 해 4월 2일 레이건 대통령은 의회의 입법이 없이도 페카드가 제언한 사항을 국방부가 구현토록 하라는 내용의 '국가안보결정지시(NSDD: National Security Decision Directive)' 219호를 발행해 세인(世人)을 놀라게 하였다. NSDD

52) Kitfield, p. 293.

53) Goldwater, pp. 447~448; Kitfield, p. 294.

54) McNaughter, p. 242.

55) Blue Ribbon Commission on Defense Management, National Security Planning & Budgeting: A Report to the President by the President's Blue Ribbon Commission on Defense Management (Washington, DC: U.S. Government Printing Office, 1986), pp. 11~12.

219에서 레이건 대통령은 국방자원을 할당하는 과정에서의 합참의장의 역할을 증진시켰으며, 국방예산 기획을 목적으로 국방성에 제시하는 예산 관련 지침의 수준을 높이기 위한 방안을 강구하라고 지시하였다.

휘하 구성군사령관에 대한 통합사령관의 권한을 강화하고, 지역 전구(戰區: Theater)에서의 지휘계통이 짧아지도록 하라고 레이건 대통령은 와인버거 국방장관에게 지시하였다.

마지막으로 레이건 대통령은 특정 통합사령부와 여타 통합사령부 간의 경계 지역에서 발생하는 우발사고에 신축성 있게 대응할 수 있어야 할 것이라는 자신의 바람을 피력하였다. 또한 그는 군의 모든 수송자산을 망라하게 될 통합사령부(Unified Command)의 설치를 지지하였다.

3주 뒤, 레이건 대통령은 국방재조직과 관련된 법의 통과를 지지하는 성격의 편지를 의회에 보냄으로서 국방재조직을 한층 더 지원하였다.[56)]

1986년 5월 7일, 상원은 찬성 95 반대 3으로 국방재조직에 관한 Goldwater 법안을 통과시켰다. 이 법의 이름을 이처럼 명명하게 된 것은 상원에서 퇴임하게 될 골드워터 상원의원을 기념할 목적에서였다. 이 법안을 지지한 사람 중에는 와너(Warner) 상원의원처럼 국방재조직에 반대하던 사람도 포함되어 있었다.

하원 또한 상원의 선례에 따라 국방재조직에 관한 Nichols 법을 찬성 406 반대 4로 통과시켰다. 상원의원 골드워터와 샘넌의 경우는 군과 우호적인 관계를 유지하고 있던 인물이었다. "국방재조직을 지원하는 세력들이 군에 관해 편향된 시각을 갖고 있다"는 일부의 주장을 불식시킬 수 있었던 것은 골드워터와 샘넌이 이들 법과 연계되어 있기 때문이었다.

하원과 상원이 제안한 법안에서는 국방에 일대 개혁을 요구하고 있었는

56) Role and Function, pp. 218~220.

데, 하원에서 제정한 법의 경우는 그 정도가 한층 더 강했다.[57] 대통령과 국방장관의 입장에서 합참의장이 군사문제에 관한 주요 조언자가 되어야 하며, 합참차장 직분을 신설하고, 합동참모로 하여금 합동참모회의가 아니고 합참의장에게 직접 보고토록 한다는 측면에서 이들 두 법안은 견해를 같이 하였다. 그러나 하원의 법에서는 각군 본부의 민간 및 군인 참모들을 각군장관 휘하의 단일 참모로 병합(Merge)해야 한다고 요구하고 있었다.[58]

통합사령관과 관련해 말하면 상원 법안의 경우는 보다 조심스런 그리고 비교적 제한된 형태의 "작전지휘권"[59]을 부여하고 있는 반면 하원의 법안에서는 각군 구성군에 대한 전폭적인 지휘권한을 부여하고 있었다. 통합사령관에게 보다 폭넓은 권한을 부여함에 따라 구성군사령부 요원의 훈련 및 무장에 관한 각군의 영역과 통합사령관의 영역이 상충될 가능성도 없지 않았다.

이 같은 맥락에서 하원은 휘하 구성군사령관을 선택하고 해임할 수 있는 권한뿐만 아니라 특정의 지원기능에 관한 권한을 통합사령관에게 부여하였다. 또한 합동훈련과 관련된 몇몇 예산권을 통합사령관에게 부여하였다. 이처럼 통합사령관에게 새로운 권한이 부여됨에 따라 이것이 구성군의 훈련 및 무장과 관련된 각군의 법적 책임과 상충될 소지도 없지 않았다.

이외에도 하원의 초안에서는 합동차원에서 훈련하고, 임무를 수행하게 될 일군의 장교를 양성할 목적에서 합동특기(Joint Speciality)란 직종을 신설하고 있었다. 하원의 법안에서는 여기서 한 걸음 더 나아가 합동특기에 적용될 규정을 상세 언급하고 있었다.[60]

---

57) McNaughter, p. 243.

58) H.R. Conf. Rep. No. 99-824 (1986), pp. 146~148. 지금부터 House Conference Report로 지칭.

59) House Confrence Report, p. 121.

60) Ibid., pp. 135~136.

자신들이 제정한 법안들 간의 차이를 해소시킬 목적에서 하원과 상원이 회합에 돌입할 당시 국방재조직에 반대하고 있던 각군의 세력들은 각고의 노력을 경주하고 있었다. 근 4년에 걸쳐 진행된 입법 활동의 최저점이라고 생각되는 시점에서 해군참모총장 왓킨스는 합동참모회의와 하원군사위원회 간의 회합에서 너무나 흥분한 나머지 당시의 법안이 미국에 가장 어울리지 않는 형태의 것이라고 언급하였다.

이는 제2차 세계대전에서 다리 하나를 잃은 바 있는 니콜스(Nichols) 의원에게 깊은 상처를 준 모욕적인 발언이었다. 그 결과 니콜스 의원은 합동참모회의 위원들과 함께 넌더리를 치면서 회합 장소를 이탈하였다.[61)]

각군의 경우는 하원이 제기한 보다 극단적인 형태의 법안에 초점을 맞추고 있었다. 중도적인 그리고 보다 온건한 성격의 국방재조직 법안이 상대적으로 돋보이게 할 목적에서 로처는 자신의 보고서에 극단적인 경우를 삽입해 넣은 바 있다.

마찬가지로 하원의 법안에는 각군의 저항을 격감시킬 목적의 극단적 성격의 내용이 포함되어 있었다. 상원의 경우와 비교해볼 때 하원이 '한술 더 뜬 부분'이 Goldwater-Nichols Act 중에서 가장 논란이 되는 부분이라고 각군은 생각하였다. 각군 본부의 민간 및 군인 참모를 통합해 운영하라는 제안은 국방재조직과 관련된 법안 중 "가장 고통스러울 뿐 아니라 참기 어려운 부분이다"며 각군은 여기에 강력히 반대하였다.[62)]

각군의 민간 참모와 군인 참모를 통합해 운용하도록 제안한 이유는 각군 장교들로 하여금 민간인에게 직접 보고토록 하면 각군 중심의 특수 시각과 분권화를 완화시킬 수 있을 것이라는 점 그리고 통합을 통해 예산을 절감할 수 있을 것이라는 견해 때문일 것이라고 각군은 생각하였다.

---

61) Crowe, p. 159.

62) Walter Isaacson, Kissinger: A Biography (New York: Simson & Schuster, 1992), p. 827.

각군 본부의 민간 및 군인 참모를 통합 운용하는 경우는 군사참모의 독자성이 저해될 뿐 아니라 군사참모들이 작전 및 집행보다는 정책 구상을 강조하는 방향으로 선회하게 되어 군에 일대 혼란이 유발될 것이라고 각군은 생각하였다. 상원이 제안한 법안에서는 민간 및 군사 참모의 통합을 명문화하지 않고 있었다.

각군은 민간 참모로부터 뿐만 아니라 정치적으로 임명된 사람들로부터도 제약받지 않으면서 군사참모가 독자적으로 임무를 수행하도록 할 필요가 있다고 생각했는데, 골드워터와 샘넌 상원의원의 경우는 이 같은 각군의 견해에 수용적일 것이라고 생각되었다. 따라서 이들 각군은 이 문제와 관련해 골드워터와 샘넌에게 호소할 필요가 있다고 생각하였다.

합동특기 장교를 만들 필요가 있다며 하원의 경우는 자신들이 제안한 법안에서 이들 특기에 관해 상세 설명하고 있었는데, 각군은 또한 여기에 강력히 반발하였다. 각군이 이 문제에 강력히 반발한 것은 군 인력의 문제에 의회가 지나칠 정도로 간섭하는 경우 군 인사를 관리하고 있다는 점에서 뿐 아니라 이 같은 점이 그 전례가 되어 향후 국방관리 분야에 대해서도 의회가 이처럼 관리하고자 할 지 모른다는 점 때문이었다.

합동조직에 근무하게 될 인력에 관해 상세 언급하고 있던 하원 법규에 대해서는 크로우 제독뿐만 아니라 공군대장 존스 또한 반대하였다.[63] 하원의 경우는 통합사령부가 보다 광범위한 분야를 담당해야 한다고 생각한 반면 상원은 이들 통합사령부가 작전 관련 문제만을 취급해야 할 것이라고 생각하고 있었다.

이 문제와 관련해 각군과 상원은 견해를 같이 하였다. 각군은 통합사령관이 예산권을 갖지 못하노록 각고의 노력을 경주하였다. 그러나 상원과 하

63) Crowe, p. 158.

원이 견해를 달리 하는 사안의 경우 각군이 항상 하원의 견해에 반대했던 것은 아니었다.

예를 들면 펜타곤 참모들의 감축과 관련해 하원은 보다 융통성 있는 언어로 표현했는데, 각군은 이 문제와 관련해 하원의 표현을 좋아하였다. 하원의 법안에서는 각군 본부 참모를 전반적으로 15% 감축하라고 요구한 반면 상원의 법안에서는 민간 및 군인 참모를 포함한 각군 장관 본부의 개개 부서를 15% 감축하라고 요구하고 있었다.

각군은 감축에 따른 고통을 군인들로 구성된 각군 본부 참모들이 전적으로 감당해야 하는 사태를 달가워하지 않았다.

5. 최종 법안

상원과 하원 간의 협의회는 1986년 4월 13일에 시작해 1986년 9월 12일에 종료되었는데, 협의의 결과로 '국방재조직에 관한 골드워터-니콜스 법안(Goldwater-Nichols Department of Defense Reorganization Act of 1986)'이 출현하게 되었다. 새롭게 협의된 법안을 상원의 경우는 9월 16일, 하원의 경우는 9월 17일에 통과시켰으며 대통령은 10일 1일 법안에 서명하였다.

4년에 걸친 법적 차원의 투쟁 과정에서 두드러진 사항이 두 가지가 있다.

첫째, 새싹이 돋아나고 있던 국방재조직 운동을 대통령이 와인버거 국방장관의 편에 가담해 무산시키지 못하도록 국방재조직을 옹호하는 사람들이 할 수 있었다는 점이다.

둘째, 국방재조직의 문제를 놓고 진행된 당시의 투쟁에 관해 언론이 침묵을 지켰다는 점이다. 국방재조직에 관한 당시의 법안이 의회를 쉽게 통과할 수 있었던 것은 이 점 때문이라고 골드워터 상원의원은 생각하였다. 당시의 문제가 언론의 조명을 받았더라면 보다 도전적일 뿐 아니라 인신공격이 난무하는 성격의 논쟁이 있었을 것이다.[64)]

당시의 문제가 언론에 노출되었더라면 각군 출신 예비역 장교들의 경우는 자군의 독자성을 방어할 목적에서 언성을 높였을 것이다.

Goldwater-Nichols Act를 통해 의회는 8가지의 목표를 추구하였는데, 이는 다음과 같다. 국방을 재조직하여 군에 대한 민간인의 권한을 강화한다. 민간의 의사결정권자에게 제공되는 군사조언의 수준을 높인다. 부여된 임무 수행과 관련해 통합사령관의 책임을 분명히 한다. 책임에 상응해 통합사령관이 휘하 군에 대해 나름의 권한을 행사할 수 있도록 한다. 군사전략과 우발기획(Contingency Planning)에 보다 많은 관심이 집중될 수 있도록 한다. 국방자원이 보다 효율적으로 활용될 수 있도록 한다. 합동 부서에 근무하는 장교들에 대한 관리 정책을 개선한다. 군 작전의 효율성뿐만 아니라 국방관리의 효율성을 증진시킨다.[65)]

Title I에서는 국방장관실(OSD)에 초점을 맞추고 있는데, 이는 국방성 내부에서의 예산기획을 개선시킬 목적에서였다. Title I에서는 또한 기획의 질을 체크하고, 기획 내용을 정치적 현실과 일치시킨다는 측면에서 민간인이 우발기획을 검토할 필요가 있다는 점을 명시하고 있다.[66)]

Title I에서는 예산 준비를 지원한다는 차원에서 국방장관이 국방의 개개 부서에 대해 매년 서면을 통해 정책을 지도해야 할 것이라고 명시하고 있다. 또한 여기서는 우발기획의 준비 및 검토와 관련해 국방장관이 매년 합참의장에게 정책 지침을 제시하도록 요구하고 있다.[67)] 국방부 정책차관

64) Goldwater, pp. 453~454.

65) Pub. L. No. 99-433, Sec. 3, 100 Stat, pp. 993~994 (1986).

66) House Conference Report, pp. 102~103.

67) Pub. L. No. 99-433, Title I, Sec. 102, 100 Stat, p. 996(1986)

(Undersecretary of defense for policy)이 장관을 도와 우발기획을 검토해야 할 것이라고 명시하고 있다.[68)]

마지막으로 Title I에는 국방성에 정치적으로 임명된 사람들의 자질에 관해 국방장관이 대통령에게 보고해야 할 것이라고 명시되어 있는데,[69)] 이는 이들 요원들이 국방정책의 수립과 관련해 경험이 부족하다는 의회의 우려를 반영한 것이었다.[70)]

Title II에서는 합동참모회의와 통합사령관에 초점을 맞추고 있다. 여기서는 합참의장을 대통령 · NSC 그리고 국방장관에게 군사문제에 관해 조언하는 주요 인물로 격상시키고 있다.[71)]

상원은 "각군 참모총장이 군사문제에 관해 보조적 차원에서 조언하는 인물이 되어야 한다"[72)]고 요청한 바 있는데, 하원은 상원의 이 같은 요청에 동의하였다.[73)] 그러나 군사문제와 관련해 국방장관을 직접 지원하는 군사참모로 합동참모회의를 지정해서는 아니 된다는 하원의 견해에 상원은 동의하였다.[74)]

Title II에서는 적합하다고 생각되는 경우에는 군사문제에 관해 조언하기 이전 합참의장이 각군 참모총장 및 통합사령관들과 상의해도 좋다고 허용하였다.[75)]

이는 합참의장은 불가피한 경우가 아니라면 각군 참모총장과 협의해야 할 것이라는 상원의 주장과 각군 참모총장과 무관하게 합참의장이 독자적

68) Ibid., Sec. 134, 100 Stat, p. 997.
69) Ibid., Sec. 102(f), 100 Stat, p. 996.
70) House Conference Report, p. 101.
71) Pub. L. No. 99-433, Title II, Sec. 151(b), 100 Stat, p. 1005 (1986).
72) House Conference Report, p. 105.
73) Pub. L. No. 99-433, Title II, Sec. 151(c), 100 Stat, p. 1005 (1986).
74) House Conference Report, p. 105.
75) Pub. L. No. 99-433, Title II, Sec. 151(c)(1), 100 Stat, p. 1005 (1986).

으로 행동해야 한다는 하원의 견해를 적절히 타협한 것이었다.[76] 그러나 Goldwater-Nichols 법안에서는 합참의장이 합동참모회의를 전적으로 무시하지 못하도록 정규 회합을 소집토록 하였다.[77]

법안에서는 자신의 견해 외에 국방 전반의 조언을 국방장관과 같은 민간인 지도자들에게 알려줄 것인 지의 여부는 합참의장이 판단해 결정할 수 있도록 하였다.[78] 합참의장의 권한을 강화할 필요가 있다는 점과 민간의 의사결정권자들이 각군 참모총장들의 이견을 전혀 알지 못하게 되는 사태가 발생하지 않도록 하는 문제 간에 적절히 균형을 유지할 필요가 있었다.

이 점에서 Title II에서는 합참의장과 견해를 달리하는 각군 참모총장의 경우 자신의 견해를 합참의장을 경유해 민간의 의사결정권자에게 제출할 수 있도록 하고 있다.[79] 법안에서는 각군 참모총장의 이견으로 인해 군사문제에 관한 자신의 조언이 민간의 의사결정권자들에게 뒤늦게 전달되는 사태가 발생하지 않도록 합참의장이 나름의 방안을 강구할 수 있도록 하였다.[80] 법안에서는 또한 국방장관에게 사전 통보하는 조건으로 의회에서 증언할 수 있다는 각군 참모총장의 권한을 그대로 존속시켰다.[81]

합참의장의 임기에 관해 말하면, 대통령이 허락하는 한 2년간 근무할 수 있으며, 두 번에 걸쳐 재 임용될 수 있도록 하였다.[82] 상원이 제안한 법규에는 대통령이 새로 취임한 이후 6개월 이내에 합참의장의 임기가 종료되어야 할 것이라고 명시되어 있는데, 하원은 여기에 반대하였다.[83] 그러나 하

---

76) House Conference Report, p. 105-106.
77) Pub. L. No. 99-433, Title II, Sec. 151(f), 100 Stat, p. 1005 (1986).
78) Ibid., Sec. 151(c)(2), 100 Stat, p. 1005.
79) Ibid., Sec. 151(d)(1), 100 Stat, p. 1005.
80) Ibid., Sec. 151(d)(2), 100 Stat, p. 1005.
81) Ibid., Sec. 151(f), 100 Stat, p. 1006.
82) Ibid., Sec. 152(a)(1), 100 Stat, p. 1006.
83) House Conference Report, p. 107.

원은 합참의장의 임기가 홀수 연도의 10월에 시작되어야 할 것이라는 점에는 동의하였다.[84)]

Goldwater-Nichols 법안에서는 합참의장이 군에서 가장 높은 직급의 인물이라는 점, 합동참모회의 또는 각군 어디에 대해서도 합참의장이 군사적으로 지휘할 수 없도록 해야 한다는 점을 그대로 유지하였다.[85)] 따라서 합참의장의 권위는 지휘권한이 아니라 명성, 민간의 의사결정권자들이 그의 의견을 존중한다는 점 그리고 각군을 설득할 권한을 갖고 있다는 점에 근거하였다.

Title II의 Section 153에는 6가지에 달하는 합참의장의 기능이 개략 설명되어 있다. 첫째 합참의장은 "군에 대한 전략지시의 제공"[86)]이란 측면에서 대통령과 국방장관을 보좌할 책임이 있다. 둘째, 국방장관이 제시한 예산 범위 내에서 전략기획을 준비할 책임이 있다.[87)]

셋째, 국방장관의 정책지도 범주 내에서 우발기획을 준비 및 검토하며, 우발기획의 맥락에서 병참기획 및 전투 결함을 평가하고, 통합 및 특수 사령부의 준비태세를 평가할 목적의 표준화된 체계를 만들어낼 책임이 있다.[88)]

넷째, Goldwater-Nichols 법안에서는 예산 과정에 대해 합참의장이 나름의 영향력을 행사할 수 있도록 하고 있다. 합참의장은 통합사령관이 제시한 요구사항들의 우선 순위 설정에 관해 그리고 각군의 예산계획이 전략기획 및 통합사령부의 요구에 어느 정도 부합되고 있는지에 관해 국방장관에게 조언하도록 되어 있다.

이 같은 맥락에서 합참의장은 국방장관이 제시한 예산 규모와 지도에 근

84) Pub. L. No. 99-433, Title II, Sec. 151(a)(1), 100 Stat, p. 1006 (1986).
85) Ibid., Sec. 151(c), 100 Stat, p. 1006.
86) Ibid., Sec. 153(a)(1), 100 Stat, p. 1007.
87) Ibid., Sec. 153(a)(2), 100 Stat, p. 1007.
88) Ibid., Sec. 153(a)(3), 100 Stat, p. 1007.

거해 국방장관에게 별도의 프로그램 권고안과 예산안을 제출할 책임이 있는데, 이는 각군의 예산계획이 전략기획 및 통합사령관의 요구에 부합되도록 할 목적에서다. 더욱이 합참의장은 통합사령부의 활동과 관련된 예산안을 추천할 책임이 있다.

합참의장은 또한 인력정책과 전략기획 간의 관계에 관해 국방장관을 조언해야 하며, 국방의 획득 관련 프로그램을 평가해야 한다.[89] 합참의장과 관련해 획득 관련 임무를 거론한 것은 이 분야에 관해 국방장관이 합참의장을 활용할 수 있도록 하기 위함이며, 이 문제에 관해 합참의장이 많은 시간을 소모토록 할 의도는 아니라고 상원 및 하원 협의회가 작성한 보고서는 명시하고 있다.[90]

합참의장의 다섯 번째 임무는 합동교리를 구상하고, 합동훈련 및 군사교육에 관한 정책을 수립하는 것이다. 합참의장의 여섯 번째 임무는 유엔 군사참모위원회(Military Staff Committee)에 미군을 대표해 참석하는 것이다.[91] 또한 합참의장은 각군의 임무와 역할을 군사적 측면에서 규명한 보고서를 적어도 3년에 한 번 준비해야 하며,[92] 개개 통합사령관이 담당해야 할 지역뿐만 아니라 이들의 임무 및 책임을 2년마다 검토할 의무가 있다[93]고 Goldwater-Nichols Act는 명시하고 있다.

Title II의 Section 154에서는 합참차장 직분의 설치를 거론하고 있다. 합참차장은 합동참모회의의 회합에 참여할 수 있지만 합참의장을 대신하는 경우가 아니라면 여기서 투표권을 행사하지는 못한다.[94] 합참차장의 임무는

---

89) Ibid., Sec. 153(a)(4)(A)-(F), 100 Stat, p. 1007-a.
90) House Conference Report, p. 110.
91) Pub. L. No. 99-433, Title II, Sec. 151(a)(5)-(6), 100 Stat, p. 1007 (1986).
92) Ibid., Sec. 153(b), 100 Stat, p. 1008.
93) Ibid., Sec. 161(b), 100 Stat, p. 1012.
94) Ibid., Sec. 153(f), 100 Stat, p. 1009.

구체적으로 명시하지 않았으며, 합참의장 및 국방장관의 판단에 따라 달라질 수 있도록 하였다.[95)]

합참차장은 군에서 두 번째로 높은 직급의 인물이다. 그러나 합참의장과 마찬가지로 합참차장은 합동참모회의 또는 여타 군에 대한 지휘권한은 갖고 있지 않다.[96)] 의회의 청문회에서는 합참의장 및 합참차장 중 한 명은 공군과 육군에서 그리고 나머지 한 명은 해군과 해병대에서 나와야 할 것으로 제안한 바 있다.[97)] 이 같은 의회의 제안과는 달리 Goldwater-Nichols Act에는 이들의 출신 군이 서로 다르면 된다고 명시되어 있다.[98)]

합참차장 직위의 신설을 옹호하는 몇몇 사람들은 합참차장이 전략보다는 무기획득에 치중하도록 구상하였는데, 이는 합참차장이 국방부 획득차관(Undersecretary of Defense for Acquisition)에 상응하는 군인이라는 의미였다.[99)] 그러나 합참의장뿐만 아니라 합참차장 또한 국방 획득 과정에 깊이 관여해서는 아니 된다고 상원 및 하원의 협의회는 굳게 믿고 있었다.[100)] 합참차장 물망에 오르는 사람의 경우는 이미 몇몇 합동 부서에 근무해본 경험이 있어야 한다고 Goldwater-Nichols Act는 요구하고 있다.[101)]

합동참모와 관련해 말하면, 합동참모는 합참의장의 권한 · 지시 및 통제 아래 있어야 한다고 Title II의 section 155는 명시하고 있다.[102)] Goldwater-Nichols Act에서는 각군 장관이 제안한 사람들 중에서 합참의장이 합동참모를 선발할 수 있도록 하고 있는데, 합동참모로 근무하게 될 장교들은 각군

95) Ibid., Sec. 154(c), 100 Stat, p. 1009.
96) Ibid., Sec. 154(g), 100 Stat, p. 1009.
97) Ibid., Sec. 154(a)(2), 100 Stat, p. 1009.
98) Reorganization Proposals, pp. 697~698(observation of Congressman White).
99) McNaugher, p. 257 n. 61.
100) House Conference Report, p. 111.
101) Pub. L. No. 99-433, Title II, Sec. 151(b), 100 Stat, p. 1008-9 (1986).
102) Ibid., Sec. 155(a), 100 Stat, p. 1009.

에서 가장 우수한 요원이어야만 하였다.[103] 합참의장은 특정 합동참모 장교의 재임용을 금지하거나 요청할 수 있었다.[104] 합동참모는 육 · 해 · 공군 소속의 동일 숫자의 장교로 구성되어야 한다고 Goldwater-Nichols Act는 명시하고 있다.(해병대는 해군에 포함시켜 생각한다)[105] 장교들은 합동참모로 4년간 근무할 수 있으며, 2년 이내에 합동참모로 복귀할 수 있었다.[106] 이는 업무 능률의 증진을 위해 노련한 합동참모 장교들이 합동참모로 복귀할 수 있도록 해야 한다는 점과 합동참모로 만년 근무하는 장교 집단을 만들어 내어서는 곤란하다는 견해 간에 적절한 균형이 유지되도록 하기 위한 조치였다. 1958년도의 국방재조직 법에서는 합동참모가 군 전반에 대해 작전을 수행하거나 일반참모가 되는 또는 집행권(Executive Authority)을 행사하는 등의 현상이 발생해서는 아니 된다고 명시하고 있는데, Goldwater-Nichols Act에서는 당시의 정신을 그대로 유지하였다. 합동참모는 전통적인 참모라인을 따라 조직 및 운영될 수도 있을 것이다.[107] Goldwater-Nichols Act에서는 합동참모로 근무하는 장교의 규모를 그 이전의 400명에서 1,627명으로 상향시켰다.[108]

Title II에서는 또한 통합사령관들에 관해 폭넓게 언급하고 있다. Section 162(a)에는 훈련 및 무장처럼 각군의 고유 임무 수행을 위한 경우를 제외한 모든 군사력은 통합사령관들에게 배정되어야 한다고 명시되어 있다.[109] 이 법규는 통합사령관에게 배정하지 않은 나름의 불필요한 군사력을 각군이

103) Ibid., Sec. 155(g), 100 Stat, p. 1010.
104) Ibid., Sec. 155(f)(2), 100 Stat, p. 1010.
105) Ibid., Sec. 155(a)(2), 100 Stat, p. 1009.
106) Ibid., Sec. 155(f)(3), 100 Stat, p. 1010.
107) Ibid., Sec. 155(e), 100 Stat, p. 1010.
108) Ibid., Sec. 155(g), 100 Stat, p. 1010.
109) Ibid., Sec. 162(a)(1)-(2), 100 Stat, p. 1012.

유지하지 못하도록 하고 있다.

특정 통합사령관에 배정된 부대는 국방장관의 허락이 없이는 여타 통합사령관에게 이관될 수 없으며, 특정 지역의 모든 군사력은 단일의 통합사령관에게 배정되어야 할 것이다.[110] 이 법규로 인해 특정 지역에 있는 각군의 모든 자산에 대한 통합사령관의 권한이 강화되었다.

Section 162에는 또한 대통령에서 국방장관을 거쳐 통합사령관으로 지휘계통이 연결되는 과정이 기술되어 있다. Section 163(a)으로 인해 민간의 지도자는 대통령의 허락이 있는 경우 합참의장을 통해 통합사령관과 교신할 수 있게 되었다. 지휘계통을 규정함은 헌법에 명시되어 있는 최고사령관으로서의 대통령의 특권을 침해하는 것이라는 우려가 제기되었다.

이 같은 우려에 대응해 상원 및 하원 협의회가 작성한 보고서에서는 이들 법규가 "국가안보 요구를 충족시키고, 군에 대한 문민통제를 유지한다는 차원에서 의회의 희망 사항을 단순히 기술하고 있을 뿐이다"[111]고 주장하고 있다. 나름의 방식으로 대통령이 합참의장을 활용할 수 있다고 Section 163(a)(2)은 허용하고 있다. 그러나 그 형태에 무관하게 합참의장이 법적으로 지휘권한을 행사할 수 없다는 점에는 변함이 없다.

국방정책이 각군 주도로 결정된다며 여기에 통합사령부의 시각이 반영되어야 할 것이고 의회는 생각하였다. 이 같은 의회의 열망을 반영해 Goldwater-Nichols Act에서는 합참의장으로 하여금 통합사령관을 감독하도록 할 수 있는 권한을 국방장관에게 부여하였다.

통합사령관을 감독하도록 했다는 것이 통합사령관들에 대해 합참의장이 나름의 권한을 행사할 수 있다는 의미는 아니다. 합참의장을 통합사령부를 감독하는 사람으로 지정함으로서 국방장관이 나름의 융통성을 발휘할 수

110) Ibid., Sec. 162(a)(3)-(4), 100 Stat, p. 1013.

111) House Conference Report, p. 118.

있게 되었다는 점을 상원 및 하원 협의회의 보고서는 주목하였다.

전투사령부의 준비태세를 감독하고, 국방장관이 통합사령관에게 내린 명령의 이행 상태를 점검하며, 둘 이상의 통합사령관이 개입되는 문제들을 조정하는 등의 맥락에서 보고서는 몇몇 합참의장의 임무를 열거하고 있다.[112]

또한 Goldwater-Nichols Act에서는 합참의장이 통합사령관의 대변인 역할을 수행토록 하고 있다. 소위 말해 합참의장의 경우는 통합사령관들과 논의하고, 이들의 요구사항을 국방장관과 국방성 전반에 전달하도록 되어 있다.[113]

통합사령관의 권한을 기술하는 과정에서 상원 및 하원 협의회는 상원이 말하는 '전면 작전지휘(Full Operational Command)'와 하원이 말하는 '지휘'란 용어 중 하나를 선택해 사용하지 않기로 결정하였다. 그 대신 Section 164(c)(2)(a)에서는 부여된 임무를 수행할 수 있도록 통합사령관이 휘하 군사력에 대해 충분할 정도의 권한을 갖도록 해야 한다고 국방장관에게 요구하고 있다.

Goldwater-Nichols Act에서는 통합사령관의 권한과 관련해 크게 7가지를 명시하고 있는데, 이들은 대통령 또는 국방장관에 의해 그 내용이 일부 바뀔 수 있다. 이들 지휘 기능에는 다음의 사항이 포함된다.

1. 예하 사령부와 군사력에 대해 권위 있는 지시를 내리는데, 이들 지시는 임무를 수행하고자 할 때 사령부에 필요한 사항이다. 여기에는 군사작전 · 합동훈련 그리고 병참에 관한 권위 있는 지시가 포함된다

2. 사령부 예하 모든 사령부 및 전력에 대한 지휘계통을 규정한다.

3. 사령부에 부여된 임무를 수행한다는 차원에서 모든 예하 사령부와 전력을 조직한다.

---

112) Ibid., p. 119.

113) Pub. L. No. 99-433, Title II, Sec. 163(b)(2), 100 Stat, p. 1013 (1986).

4. 사령부의 임무 수행에 필요하다고 생각되는 방식으로 사령부 내부의 군사력을 운용한다.

5. 예하 사령관들에게 지휘 기능을 할당한다.

6. 사령부에 배정된 임무를 수행하고자 할 때 필요한 행정·지원(자원 및 장비의 통제, 내부 조직 그리고 훈련이 포함된다) 및 훈련 사항을 조정 및 인가한다.

7. 예하 지휘관뿐만 아니라 사령부에 근무하게 될 참모를 선발하며, 하급자의 권한을 중지시키고, 군법회의를 소집하는 등의 권한을 행사한다.

그러나 여기서는 이들 7가지 사항들이 지휘에 관한 통합사령관의 모든 면을 망라하고 있는 지 아니면 이들이 그 일부에 해당하는 지를 분명히 하고 있지 않다.[114)]

구성군사령부에 대한 각군의 영향력을 통제할 목적에서 Section 164(d)(40)에서는 각군 구성군사령관과 여타 국방 부서 간의 교신 내용을 해당 통합사령관이 알 수 있도록 하고 있다. 통합사령관의 경우는 자신과 근무하게 될 구성군사령관을 임의로 선택할 수는 없지만 각군이 선발한 요원을 거부할 수 있는 권한은 갖고 있다.[115)] 또한 통합사령관은 사령부 예하 장교들을 정직(停職)시킬 수 있는 권한을 갖고 있다.[116)]

Goldwater-Nichols Act로 인해 통합사령관은 합동연습 · 군사훈련 및 우발조치의 수행에 소요되는 예산안을 각군을 경유하지 않고 국방장관에게 제출할 수 있게 되었다.[117)]

Title II에 언급되어 있는 짧은 문장이 결과적으로는 매우 중요한 의미를 갖게 되었다. 각군 수송자산을 망라하는 통합사령부 창설을 금지한다는 조

114) Pub. L. No. 99-433, Title II, Sec. 164(c), 100 Stat, p. 1014 (1986).
115) Ibid., Sec. 164(e)-(f), 100 Stat, pp. 1015~1016.
116) Ibid., Sec. 164(g), 100 Stat, p. 1016.
117) Ibid., Sec. 164(b), 100 Stat, p. 1017.

항이 Section 213으로 인해 폐기되었다.[118] 그 결과 수송사령부(Transportation Command)가 창설될 수 있는 길이 열리게 되었다.[119]

의회는 각군에 공통적으로 적용되는 지원 기능을 국방성 차원의 조직인 국방의 국(Defense Agency) 또는 야전활동(Defense Field Activities)으로 통합하고자 열망하고 있었다.

Title III는 이 같은 의회의 열망에 근거하고 있었다.[120] 1986년에는 국방의료지원센터와 국방정보지원센터를 포함한 여덟 군데의 야전 활동 그리고 국방병참국(Defense Logistics Agency)과 국방지도국(Defense Mapping Agency)을 포함해 15군데의 국방 관련 국(Agency)이 있었다.[121]

국방 관련 국 또는 야전 활동에서 제출한 예산안에 대해 민간인 또는 합참의장이 논평하는 방식으로 이들을 감독하도록 국방장관이 할 수 있게 되었는데, 이는 Goldwater-Nichols Act 덕분이었다.[122]

Title III에서는 또한 개개 국(Agency) 또는 야전 활동의 성과를 합동훈련의 측면에서 합참의장이 평가토록 하고 있다.[123] 국방 관련 국(Agency) 또는 야전 활동에 종사하는 인력의 급증을 방지할 목적에서 Title III에서는 1989년 9월30일[124]을 그 시점으로 이들 부서의 본부에 보임 되는 사람의 숫자를 제한시켰다.[125]

Title IV에서는 합동직위에 근무하는 장교들의 자질을 높이고, 고위급 장

118) Ibid., Sec. 213(a), 100 Stat, p. 1018.

119) 제3장을 보시오.

120) Pub. L. No. 99-433, Title III, Sec. 191(a)-(b), 100 Stat, p. 1019 (1986).

121) Locher, pp. 55~58.

122) Ibid., Sec. 192(a)(1)-(2), 100 Stat, p. 1020.

123) Ibid., Sec. 193(b)(2), 100 Stat, p. 1021.

124) Ibid., Sec. 194, 100 Stat, p. 1021-1022.

125) Defense Agency와 Defense Field Activities의 증가에 대한 자료를 보려면 Locher, pp. 55-5을 참조.

교들에게 합동차원의 시각을 고양시킬 목적에서 합동 근무 장교들의 관리 정책에 초점을 맞추고 있다. 합동특기를 신설하자는 하원의 열망에 상원은 동의하였다. 그러나 합동특기와 관련해 자신이 작성한 법규 내용을 변경해 하원은 "합동 문제에 관해 훈련받았을 뿐 아니라 합동 성향이 있는 장교들을 효율적으로 관리하기 위한 정책 · 절차 및 관행"[126]을 국방장관이 정립해야 한다는 애매한 문구로 바꾸었다.

하원이 작성한 최초 문서에는 합동특기 장교의 소요 인원, 합동직위의 형태 및 숫자 그리고 이들 장교들이 거쳐야 할 경력 등 합동특기에 관한 세부 사항들이 열거되어 있었다. 최종 선택된 법안에서는 보다 우수한 장교를 양성해 합동직위에 보임토록 할 목적의 장교 관리정책을 수립한다는 측면에서 국방장관에게 보다 많은 여지를 부여하였다.[127]

Goldwater-Nichols Act에서는 이들 장교에게 '합동특기(Joint Specialty)'란 구체적인 명칭을 부여했는데, 이처럼 이름을 부여한 것은 특별한 이유가 있어서가 아니고 법안에서 지칭할 필요가 있기 때문이었다.[128]

합동특기를 부여받으려면 합동 관련 전문군사교육 학교를 졸업해야 하며, 적어도 하나 이상의 합동직위에서 근무한 경력이 있어야만 한다고 Goldwater-Nichols Act는 규정하고 있다.[129] 대위 이상이 근무하게 될 합동직위의 절반 이상은 합동특기로 충원해야 한다고 Goldwater-Nichols Act는 명시하고 있다.

또한 합동특기로 보임시켜야 할 적어도 1,000개 이상의 주요 합동직위를 선별해내라고 Goldwater-Nichols Act는 국방장관에게 요구하고 있다.[130] 그

126) Pub. L. No. 99-433, Title IV, Sec. 661(a), 100 Stat, p. 1025 (1986).
127) House Conference Report, p. 135.
128) Pub. L. No. 99-433, Title IV, Sec. 661(a), 100 Stat, p. 1025 (1986).
129) Ibid., Sec. 661(c), 100 Stat, p. 1026.
130) Ibid., Sec. 661(d)(1)-(2), 100 Stat, p. 1026.

러나 상원과 하원 협의회는 장교들의 관리란 복잡한 문제에 깊숙이 개입하게 되면 Title IV를 집행하는 과정에서 예기치 못한 문제가 야기될 수 있다는 점을 주목하였다. 그 결과 여기서는 경우에 따라서 의회가 이 같은 자신들의 입장에 예외적인 상황을 두거나 법규의 내용을 수정할 의사가 있다는 점을 명시하였다.[131)]

합동특기 관련 부분에 대해 Goldwater-Nichols Act는 국방장관에게 2년의 유예기간을 부여하였다.[132)] 그러나 2년 이후에는 그 내용들을 그대로 준수해야 할 것이라고 Goldwater-Nichols Act는 요구하고 있다.[133)]

각군의 경우는 자군 본부의 몇몇 자리를 합동직위로 간주하고 있었는데, Goldwater-Nichols Act에서는 자군 내부의 직위는 합동직위에서 제외시켰다.[134)] 대령에서 장군으로 진급하고자 하는 경우 합동직위에 근무한 경험이 있어야 한다는 요구 조건에 대응해 각군의 경우 각군 본부 근무를 합동경력으로 간주한 바 있다고 국방재조직을 옹호하는 사람들은 주장하였다.[135)] 결과적으로 보면 하원은 합동특기 장교들의 경력에 관해 상세 지침을 제시했던 입장에서 일보 후퇴해 장관이 이들 지침을 설정할 수 있도록 하였다.[136)]

합동직위에 근무하는 장교들에게 각군이 적절히 보상해주지 않고 있다는 점을 개선할 목적에서 Goldwater-Nichols Act에서는 합동직위에 보임되는 장교들의 자질은 다음의 세 가지를 충족시킬 수 있을 정도가 되어야 할 것이라고 요구하고 있다.

---

131) House Conference Report, p. 134.

132) Pub. L. No. 99-433, Title IV, Sec. 406(b), 100 Stat, p. 1033 (1986).

133) Ibid., Sec. 406(a), 100 Stat, p. 1033.

134) Ibid., Sec. 668(b)(1)(B), 100 Stat, p. 1030.

135) Locher, p. 197.

136) Pub. L. No. 99-433, Sec. 661(e), 100 Stat, p. 1026 (1986).

첫째, 합동참모로 근무하는 장교들의 진급 비율은 적어도 자군 본부에 근무하는 장교들의 진급 비율 정도는 되어야 할 것이다.

둘째, 합동특기 장교들의 진급 비율은 자군 본부에서 참모로 근무하는 장교들의 진급 비율 정도는 되어야 할 것이다.

셋째, 합동직위에 근무하는 장교로서 합동특기가 아닌 장교들의 진급 비율은 해당 군 장교들의 진급 비율 정도는 되어야 할 것이다.[137] 상원 및 하원의 협의회에서는 합동 성향이 있는 장교들의 진급 비율을 우회적으로 상향시키고자 노력하고 있다. 이들이 이처럼 우회적으로 표현한 것은 합동직위에 근무하는 장교들의 진급 비율을 일방적으로 지정하는 경우 능력이 부족한 장교들의 경우도 합동직위에 근무한다는 이유만으로 승진될 가능성이 있기 때문이었다.[138]

합동직위에 근무한 바 있는 장교들을 심사하는 진급심사위원회에는 합동직위에 근무하고 있는 사람들이 포함되어야 한다는 점,[139] 그리고 합동경험이 있는 장교들을 적절히 배려하도록 합참의장이 이들 진급심사위원회의 활동을 검토해야 할 것이라는 점[140]을 Title Ⅳ는 또한 요구하고 있다.

Title Ⅳ에는 군 장교단의 합동 성향을 제고할 목적의 몇몇 법규가 포함되어 있다. Section 663은 준장으로 승진한 장교들의 경우 여타 군과 공조해 일할 수 있도록 나름의 특수 교육과정에 입과 해야 한다고 명시하고 있다.[141]

합동군사교육의 강도 및 깊이를 검증한다는 차원에서 국방장관이 합동전문군사학교의 교과과정을 관찰해야 한다고 Section 663은 명시하고 있다. 이외에도 Section 663에는 합동 전문군사학교를 졸업한 즉시 합동특기 장

137) Ibid., Sec. 662(a)(1)-(3), 100 Stat, p. 1026.

138) House Conference Report, p. 136.

139) Pub. L. No. 99-433, Title Ⅳ, Sec. 402(a), 100 Stat, p. 1030 (1986).

140) Ibid., Sec. 402(c), 100 Stat, pp. 1030~1031.

141) Pub. L. No. 99-433, Title Ⅳ, Sec. 663(a), 100 Stat, p. 1027 (1986).

교들은 전원 그리고 여타 장교들의 경우는 50%가 합동직위에 보임되어야 한다고 명시되어 있다.[142)]

국방재조직을 옹호하는 사람들은 합동 전문군사학교를 졸업한 장교들 중 합동직위에 보임되는 비율이 높지 않다는 점을 인지한 바 있는데, 이는 이 점을 시정하기 위한 것이었다. 합동 전문군사학교를 졸업한 사람들이 합동직위에 보임된 비율이 저조함은 각군이 합동직위를 중요시 생각하지 않고 있음을 보여주는 것일 뿐 아니라 합동 전문군사교육에 투자한 자원이 쓸데없는 낭비로 끝나는 것과 다름없다고 국방재조직을 옹호하는 사람들은 주장하였다.

1983년도의 경우를 보면 국방대학 소속의 국방참모대학(Armed Forces Staff College)를 졸업한 장교들 중 합동직위에 곧바로 보임된 장교들의 비율은 40%에 불과했다고 로처는 보고서에서 밝히고 있다. 국방재조직을 옹호하는 사람들은 이들 내용을 인용해 자신들의 주장을 전개하였다.

1984년도에는 이 같은 수치가 60%로 높아졌다.[143)] 그러나 이처럼 갑자기 수치가 높아진 것은 각군이 합동 부서를 상대로 일하는 자군의 직위를 합동직위로 확대 해석했기 때문이라고 국방재조직을 옹호하는 사람들은 생각하였다. 각군 내부의 직위는 합동직위로 간주하지 말라고 와인버거 국방장관이 지시한 바 있는데,[144)] Title IV에서는 그의 지시를 법적으로 지지하고 있다. '합동직위'에 관한 정의에서 Title IV는 각군 내부의 직위를 제외시키고 있다.[145)]

Title IV에서는 합동직위에 보임되는 경우 장군들은 최소한 3년 그리고 여

142) Ibid., Sec. 663(d)(1)-(2), 100 Stat, pp. 1027~1028.

143) Locher, p. 199.

144) Ibid., p. 199.

145) Pub. L. No. 99-433, Title IV, Sec. 668(b)(1)(B), 100 Stat, p. 1030 (1986).

타 장교들의 경우는 최소한 3년 반을 근무해야 한다며 합동직위의 최소 근무기간을 늘렸는데,[146] 이는 조직에 대한 업무 파악 정도와 합동직위 장교들의 능력을 향상시킬 목적의 것이었다. Title IV에는 또한 준장으로 진급하고자 하는 장교들의 경우 합동직위에 근무한 경험이 있어야 한다는 내용의 법규가 포함되어 있다.[147]

합동직위에 관한 정의를 Title IV에서 엄격히 제한했을 뿐 아니라 장군으로 승진할 요원에 대해 합동근무 경력을 요구한 것은 가장 야심적이고도 능력 있는 장교들이 합동직위에 지원토록 함으로서 합동직위에, 특히 합동참모로 근무하는 장교들의 자질을 높이겠다는 의도에서였다.

중장 이상의 고위급 직위로 승진할 대상자들의 경우 합동 분야에 근무할 당시의 업적을 평가토록 Title IV는 합참의장에게 나름의 책임을 부여하고 있다.[148]

Title V는 각군성(Military Department)에 초점을 맞추고 있다. 여기서는 각군 참모총장의 경우 합동직위에 근무한 경험이 많아야 할 뿐 아니라 장군으로 승진한 이후 적어도 한 번은 합동직위에 근무한 경험이 있어야 한다고 명명하고 있다.[149]

이 점에서 볼 때 Title V는 Title IV의 정신을 계승하고 있다. 참모총장 대상자에게 합동 직위 경험을 요구한 부분은 각군 참모총장의 경우 합동 분야에 대한 경험이 일천하다는 견해를 보완할 목적의 것이었다.[150]

---

146) Ibid., Sec. 664(a)(1)–(2), 100 Stat, p. 1028.

147) Ibid., Sec. 404, 100 Stat, p. 1032.

148) Ibid., Sec. 403, 100 Stat, pp. 1031~1932.

149) Pub. Title V, Sec. 3033(e)(2)(A)–(B)[ARMY], 5033(e)(2)(A)–(B)[Navy], and 8033(e)(2)(A)[Air Force]. 100 Stat. pp. 1040, 1049, 1061

150) Reorganization Proposals, pp. 335~343 (statement of John M. Collins, Congressional Research Service)

Title V에는 모병 · 조직 · 보급 · 무장 그리고 훈련을 포함한 각군의 법적 책임을 기술하고 있는데,[151] 이들은 통합 및 특수 사령부의 현존 및 향후 작전 요구사항을 충족시킬 목적의 것이다.[152]

민간인들이 주로 근무하고 있는 각군성과 군인 중심의 각군 본부를 병합(Merge)하라고 하원의 법안은 요구하고 있었는데,[153] 이들 법안의 내용과는 달리 Title V에서는 이들의 병합을 명시하지 않았다.

상원과 하원의 협의회가 각군 본부 참모들을 독립된 기구로 존속시킨 이유는 민간인과는 별도의 제대로 발전된 군인의 시각에서 국방에 관한 의사를 결정하고자 할 때 이것이 도움이 될 것이라는 생각 때문이었다.[154]

이 같은 맥락에서 상원 및 하원의 협의회는 합동참모회의의 활동과 관련해 각군 참모총장이 각군 장관에 무관하게 행동할 수 있다는 내용의 문구를 법안에 포함시켰다.[155] 그러나 Title V에 따라 획득 · 감사 · 회계 · 감찰 · 법률 · 민사와 같은 분야가 각군 장관의 통제 사항이 되었다.[156]

Title V에서는 각군 본부에 근무하는 장군의 숫자를 15% 줄여야 한다고 명시하고 있을 뿐 아니라[157] 각군 본부의 전반적인 규모를 제한하고 있

---

151) Ibid., Sec. 3033(c)(4)[ARMY], 5013(c)(4)[Navy], and 8013(b)[Air Force]. 100 Stat. pp. 1035, 1043~1044, 1055~1056 (1986)

152) Ibid., Sec. 3013(c)(4)[ARMY], 5013(c)(4)[Navy], and 8013(c)(4)[Air Force]. 100 Stat. pp. 1035, 1044, 1056 (1986)

153) House Conference Report, p. 147.

154) Ibid., p. 151.

155) Pub. L. No. 99-433, Title V, Sec. 3033(e)(2)[ARMY], 5033(e)(2)[Navy], and 8033(e)(2)[Air Force]. 100 Stat. pp. 1041, 1050, 1062 (1986)

156) Ibid., Sec. 3014(f)(3)[ARMY], 5014(c)(1)[Navy], and 8014(c)(1)[Air Force]. 100 Stat. pp. 1036, 1045, 1057.

157) Ibid., Sec. 3014(f)(3))[ARMY], 5014(f)(3)[Navy], and 8014(f)(3)[Air Force]. 100 Stat. pp. 1037, 1046, 1058.

다.[158] 각군 장관의 경우는 또한 각군성 참모들의 업무와 각군 본부 참모들의 업무가 중복되지 않도록 할 책임이 있다.[159]

더욱이 해군에 일격을 가한 모습이 되었는데, 상원 및 하원 협의회에서는 "해군정찰, 대잠수함전 그리고 함선 보호"[160]에 대해 일반적으로 책임지는 군은 해군이라는 내용의 법규를 삭제하기로 결정하였다. 이들 활동은 지상에 기반을 둔 항공기들이 요구되는 형태의 것으로서, 지상에 기반을 둔 해군 항공기들을 공군에 병합해야 한다는 주장에 대항해 해군이 근거로 내세우던 주요 내용들이었다.

"해군정찰, 대잠전 그리고 함선 보호"에 대해 일반적으로 책임지는 군은 해군이라는 내용의 문구는 통합사령부기획(Unified Command Plan)에 무관하게 각군, 특히 해군이 독자적으로 임무를 수행할 수 있음을 정당화해준 것이었는데,[161] 이것의 삭제로 인해 통합사령관의 권한이 크게 강화되었다.

반면에 Goldwater-Nichols Act에서는 각군의 임무 및 역할의 재분배를 구체적으로 명시하지는 않았다.

Title VI에서 상원 및 하원의 협의회는 국방의 국(Defense Agency)과 야전활동(Field Activity)에 근무하는 요원들 뿐 아니라 각군 및 통합사령부의 하급사령부에 근무하는 요원들을 추가 삭감하라고 명령하였다.[162]

Title IV에서는 또한 의회에 국방성이 제출하는 보고서의 규모를 1/3 줄이라고 명령하였다.[163] 국가정책과 국방정책을 통합하는 국가안보전략에 관

---

158) Ibid., Sec. 3014(f)(1)-(2)[ARMY], 5014(f)(1)-(2)[Navy], and 8014(f)(1)-(2)[Air Force]. 100 Stat. pp. 1037, 1046, 1058.

159) Ibid., Sec. 3014(e)[ARMY], 5014(e)[Navy], and 8014(e)[Air Force]. 100 Stat. pp. 1037, 1046, 1058.

160) Ibid., Sec. 5061(4)(A) 100 Stat. p. 1043.

161) Role and Functions, p. 236.

162) Pub. L. No. 99-433, Title VI, Sec. 601, 100 Stat, pp. 1064~1066 (1986).

163) Ibid., Sec. 602, 100 Stat, pp. 1066~1074.

해 대통령이 의회에 매년 한 번 보고토록 함으로서 Title VI에서는 국가안보 정책이 보다 포괄적으로 기획될 수 있도록 하고 있다.[164)]

이외에도 군 구조와 임무 간의 관계를 기술하는 보고서를 국방장관이 매년 보고해야 한다고 Title VI는 명명하고 있다.[165)]

요약해 말하면, 1947년도의 국가안보법(National Security Act) 이후 Goldwater-Nichols Act는 국방조직에 관한 가장 획기적인 형태의 법안이다. 상원의원 골드워터(Goldwater)는 "상원의원으로서 수행한 유일한 의미 있는 행위"[166)]라며 이 법안의 통과를 의원으로서의 자신의 가장 중요한 업적으로 간주하였다.

미군 조직의 경우는 중앙집권화/분권화, 지역 중심/기능 중심 그리고 일반 시각/ 특수 시각 간에 나름의 갈등이 상존하고 있다. 합참의장과 통합사령관의 권한을 강화하고, 합동 분야에 근무하는 장교들의 훈련을 개선하면서 Goldwater-Nichols Act가 의도한 바는 이들 국방 조직에서 목격되는 갈등을 바람직한 방향으로 조정하겠다는 것이었다.

국방재조직을 옹호하던 골드워터와 같은 사람들은 그 내용이 획기적이라는 점에서 집행 과정에서 각군이 Goldwater-Nichols Act에 나름의 방식으로 저항할 것으로 예상하였다.[167)]

이 법안으로 인해 조직 측면에서 목격되는 갈등이 적절히 조정되었는지 아니면 미군이 중앙집권화, 지역 중심 그리고 일반 시각이란 조직의 또 다른 극단으로 편향되게 되었는지는 법안이 구현되는 과정에서 보다 더 분명해질 것이다.

---

164) Ibid., Sec. 603(a), 100 Stat, pp. 1074~1075.

165) Ibid., Sec. 603(b), 100 Stat, pp. 1075~1076.

166) Goldwater, p. 453.

167) Ibid., p. 455.

제5장

Goldwater-Nichols Act 이후의 국방

| 합참의장의 역할: 변호사인가 아니면 판사인가? | 군사조언에 관한 규정과 문민통제에 관한 논쟁: 각군 참모총장의 역할 하락인가? | 합참차장의 역할: 국방자원 배분 측면에서의 합동기구 | 전투사령관들, 1부: 이들의 권한과 책임 | 전투사령관들, 2부: 걸프전에서의 전략기획 | 군 수송: 걸프전 및 이후의 전쟁에서 수송사령부의 성공 | 합동작전과 상주의 합동기동부대 | Title IV에서 명시하고 있는 합동장교 정책의 구현 | Goldwater-Nichols Act: 21세기 전망 |

제5장 Goldwater-Nichols 이후의 국방

이 법안이 완벽한 형태의 것이라고 나와 샘넌이 말한 적은 없습니다. 향후 몇몇 문제들뿐만 아니라 실망스러운 부분이 노출될 것입니다. 그럼에도 불구하고 향후 3년 내지 5년에 걸쳐 그 내용을 정교히 다듬어 완벽히 구현할 수 있을 것이라고 샘넌과 나는 생각하고 있습니다. 집행 과정에서 피해를 보는 경우 몇몇 군이 나름의 방식으로 저항하게 될 것입니다. 이는 분명한 사실입니다.

상원의원 Barry Goldwater[1)]

그 출처에 무관하게 최상의 자원을 합동군사령관에게 제공해야 할 것이라고 1986년도의 Goldwater-Nichols Act는 명명하고 있습니다. 각군 중심의 편협한 사고방식을 극복하고 합동차원에서 전쟁을 수행하고자 할 때 이는 초석이 되는 형태의 법안입니다.

미 해병대사령관 Charles Krulak 대장[2)]

합동수요감독위원회(JROC: Joint Requirement Oversight Council)의 업무 중 특이

1) Goldwater, p. 455.

2) Charles, C. Krulak, "Doctrine for Joint Force Integration," in Joint Force Quarterly(Winter 1996-1997), p. 21.

사항은 통합 및 특수 사령관의 전투 요구사항을 고려하는 일입니다. 전투임무 수행에 필요한 사항이 무엇인지를 알려줄 필요가 있다는 점에서 이는 바람직한 일입니다. 반면에 각군의 경우는 예산 측면에서 나름의 제약을 받고 있습니다. JROC가 추구하는 바는 이들 현상을 적절히 조정하겠다는 것입니다. 이는 JROC가 항상 통합 및 특수 사령관 입장에 서겠다는 의미도, 항상 각군의 편을 들겠다는 의미도 아닙니다. JROC의 경우 통합 및 특수사령관의 그리고 각군의 입장이 적절히 균형을 유지하도록 노력할 것입니다.

합참차장 Joseph Ralston 대장[3)]

합참의장의 권한 강화는 바람직한 현상입니다. 통합 및 특수 사령관의 권한 강화도 바람직하다고 생각합니다. 여기서의 부정적인 측면은 합동 인력관리의 문제를 의회가 상세 관리하고 있다는 점입니다. 다시 말해 의회는 합동 부서에 근무하게 될 사람의 숫자 등을 명시하고 있는데 … 이는 의회의 임무가 아닙니다. 이는 우리들 군인의 임무입니다. … 합동직위에 어느 정도 근무해야 할 것인지 등 다수 문제에 관해 설정한 원칙은 전혀 근거 없는 것이라고 생각합니다. 인력관리에 따른 문제를 의회는 이해하지 못하고 있습니다.

초대 미 수송사령관 Duane Gassidy 대장[4)]

Goldwater-Nichols Act에서 언급하고 있는 변화는 그 범위가 광범위할 뿐

---

3) "JCS Vice Chief Seeks to Beef up Joint Weapons Oversight," in Defense Week (July 15, 1996) 지금부터 "Oversight"로 표현.

4) General Duane H. Cassidy, United States Transportation Command's First Commander in Chief: An Oral History (Scott Air Force Base, IL: USTRANSCOM Office of History, 1990), p. 40.

아니라 복잡하다. 이 점에서 볼 때 이들 세부 내용의 집행 속도와 집행에 따른 효과는 사안에 따라 차이가 있을 것이다.

합참의장 직분을 격상시키고, 합참차장 직분을 신설하는 문제는 제도적으로 즉각 실행이 가능한 형태의 것이다. 반면에 합동직위에 근무하는 장교들에 관한 정책을 다루고 있는 Title IV의 여타 요소들 그리고 보다 효율적으로 합동작전을 수행할 수 있도록 하기 위한 문제들은 Goldwater-Nichols Act 법안 통과를 시점으로 수년 내지는 수십 년이 경과된 뒤에나 실현될 수 있을 것이다.

1986년도 이후의 몇몇 군사작전, 예를 들면 파나마침공, 1991년도의 걸프전, 소말리아 및 아이티에 대한 군사력 파견 등을 통해 우리는 군의 합동작전 능력을 평가해볼 수 있었다. 그러나 미소(美蘇) 간의 냉전이 종식되면서 국방 예산 및 인력이 급격히 줄어들게 되었다.

그 결과 각군의 경우는 국방예산을 놓고 보다 치열히 경쟁하고 있다. 또한 점차 감소하고 있는 자군의 장교들을 합동 직분에 보내기보다는 자군 내부에서 움켜쥐고 사용하고자 하는 경향이 보다 더 높아지고 있다. 냉전 이후에는 지구상 곳곳에서 지역 또는 인종 차원의 갈등이 고개를 들고 있다.

이 점에서 볼 때 Goldwater-Nichols Act가 과연 타당성이 있는 형태의 것인지에 대해 이의가 제기되고 있다.

1. 합참의장의 역할: 변호사인가 아니면 판사인가?

국방조직의 관점에서 보면 육 · 해 · 공 각군은 분권화, 기능 중심 그리고 특수 시각을 대변하고 있다.

Goldwater-Nichols Act는 각군의 세력에 대항해 중앙집권화, 지역 중심 그리고 일반 시각이 적절히 반영될 필요가 있다는 점을 전제로 하여 출현하였다.

그러나 Goldwater-Nichols Act에서는 합참의장의 권한을 강화한 후 그로 하여금 대통령 및 국방장관과 같은 민간의 의사결정권자들에게 군사문제에 관해 조언하는 주요 인물이 되도록 하고 있는데, 여기에는 본질적으로 분명치 않은 부분이 있다.

다시 말해 합참의장이 국방조직에서 목격되는 갈등이란 측면에서 각군에 대응하는 나름의 극단(極端)을 형성하고 있는 지 또는 다양한 견해가 난무하는 국방이란 조직에서 이들 이견을 초월할 수 있는 입장인 지의 여부가 바로 그것이다.

달리 말하면, 중앙집권화, 지역 중심 그리고 일반 시각이란 국방조직의 또 다른 극단을 반영하고 있다는 식으로 합참의장의 역할을 생각할 수 있는데, 이는 합참의장의 관점이 각군 참모총장의 경우와 정반대라는 의미다. 합참의장의 관점과 각군 참모총장의 관점이 적절히 조화를 이루도록 하거나, 경우에 따라서는 이들 중 하나의 관점을 채택함이 바람직할 것이다.

이들 모든 경우에 대해 민간의 의사결정권자들은 합참의장이 권고한 사항을 각군의 관점과 비교 평가해야 할 그리고 이들 평가에 근거해 의사를 결정해야 할 책임이 있다.

국방조직 갈등의 측면에서 합참의장의 역할을 각군 참모총장과 정면 배치되는 것으로 정의할 때의 문제는 합동참모회의 구조로는 각군 참모총장의 시각이 국방장관 및 대통령에 전달되기가 곤란하다는 점이다.

각군 참모총장이 자신들의 권고안을 대통령에게 제출하는 것이 아니고 Goldwater-Nichols Act에서는 합참의장이 국방장관 및 대통령과 같은 민간의 의사결정권자에게 군사문제에 관해 조언하는 주요 인물이라고 명시하고 있다. 또한 여기서는 자신의 견해를 민간의 의사결정권자들에게 전달하는 과정에서 방해가 되지 않는 경우 이들 참모총장의 이견을 합참의장이 전달할 수 있다고 명시하고 있다.

각군 참모총장에 의한 이견이 민간의 의사결정권자들에게 전달되는 방식을 합참의장이 통제하고 있으며, 그의 경우는 각군 참모총장에 의한 이견을 묵살시킬 수 있는 입장에 있다.

Goldwater-Nichols Act에서는 각군 참모총장이 국방장관 또는 대통령에게 직접 접근하지 못하도록 하고 있다. 따라서 합참의장이 국방조직에서 목격되는 갈등의 특정 극단만을 대변하고 있다면 Goldwater-Nichols Act에서는 합참의장이 대변하고 있는 극단을 지지하고 있는 셈이다.

Goldwater-Nichols Act에서는 정책수립에 관한 논쟁에서 자신들의 견해가 반영되도록 의회에서 각군 참모총장들이 증언할 수 있도록 하고 있다. 각군 참모총장이 자신들의 견해를 의회를 통해서만이 공론화 할 수 있다는 점에서 볼 때 정책수립 과정에서 의회의 역할이 증대될 수밖에 없는 실정이다.

대통령 및 국방장관과 같은 민간의 의사결정권자들이 각군의 시각을 파악하고자 할 때 의회가 주요 창구가 된다는 점에서 볼 때, 이는 국방정책 수립 과정에서의 의회의 참여 정도를 보다 강화한 조치다. 더욱이 대통령에 대한 합참의장의 영향력에 대응할 목적에서 각군 참모총장으로 하여금 의회에서 증언할 수 있도록 하고 있는데, 이는 각군 참모총장이 군에 관한 민감한 사안들을 의회에서 자유롭게 증언할 수 있을 것이라는 점을 전제로 한 것이다.

예를 들면 1945년 당시의 해군장관 및 해군참모총장은 의회에서 증언하는 과정에시 나름의 어려움에 직변한 바 있다. 제2차 세계대전 이후 소련이 미국의 적이 될 것이라는 점 그리고 소련 잠수함이 심각한 위협이 되고 있다는 점을 공식 언급할 수 없었다는 사실로 인해 해군은 자신들이 직면하

고 있던 가장 중요한 문제를 의회에서 제대로 증언하지 못했다.[5)]

국방조직에서 목격되는 갈등의 특정 극단을 합참의장이 대변하고 있다고 생각할 수 있는 증거를 통합사령관에 대한 합참의장의 역할에서 찾아볼 수 있을 것이다. 국방장관의 지시에 따라 합참의장이 통합사령관의 대변자 특히 작전 요구사항에 대한 대변자가 되어야 할 것이라고 Goldwater-Nichols Act는 요구하고 있다.[6)]

통합 및 특수 사령관들의 요구사항을 파악하려면 이들로부터 수집한 정보를 합참의장이 평가 및 통합해야 할 것이라고 Goldwater-Nichols Act는 요구하고 있다. 그러나 여기서는 이들 요구사항을 각군 시각에 반하여 평가하라고 합참의장에게 요구하고 있지는 않다.

합참의장은 통합 및 특수 사령관들이 요구하는 바에 관해 국방장관에게 조언하고, 나름의 권고 안을 제출해야 할 것이며, 필요하다면 이들 전투사령관의 요구사항을 국방성의 여타 부서에 전달해야 할 것이다.[7)]

이 같은 합참의장의 역할을 보면서 각군 참모총장들은 자신들의 관점을 합참의장이 국방장관 및 대통령에게 전달하지 않고 있다는 의구심을 갖게 된다.

Goldwater-Nichols Act를 놓고 보면 합참의장은 중앙집권화, 지역 중심 그리고 일반 시각을 대변하는 사람이라기보다는 특정의 지엽적인 시각이 아니고 객관적인 시각을 견지하는 사람으로 해석할 수 있을 것이다.

이 같은 각본에서의 합참의장은 국방장관 및 대통령과 일부 시각을 공유하고 있다. 이 경우 합참의장은 특정 정책에 관해 각군의 견해가 보다 더 좋다고 결정하기도 하지만 합동의 시각에서 문제를 바라보기도 하고, 국방

---

5) Baer, p. 280.

6) Pub. L. No. 99-433, Title II, Sec. 163(b)(2), 100 Stat, p. 1013 (1986).

7) Ibid., Sec. 163(b)(2)(A)-(D), 100 Stat, p. 1013.

조직에서 목격되는 각군 시각과 합동 시각이란 양극단 간에 적절히 타협하기도 하는 등의 방식으로 행동하게 될 것이다.

이 경우 합참의장은 다양한 형태의 목소리와 견해를 경청한 이후 국방성의 모든 문제를 결정해야 하는 국방장관 및 대통령처럼 될 것이다. 이들 민간의 지도자와 합참의장 간에 차이가 있다면 이는 합참의장의 경우 정책문제에 관한 자신의 지적(知的) 판단을 지휘 및 지시 형태로 각군 또는 국방성에 강요하는 것이 아니고, 국방장관 및 대통령에게 나름의 권고 안을 제기한다는 점일 것이다.

이 같은 관점에서의 합참의장은 국방조직 갈등의 양극단을 대변하는 다양한 주장들을 놓고 의사를 결정하는 판사에 해당한다. 합참의장이 자군의 입장을 견지하고 있는 각군들을 상대로 판사처럼 행동해야 한다면, 이는 중앙집권화, 지역 중심 및 일반 시각의 장점에 관한 예전의 관행을 Goldwater-Nichols Act가 그대로 유지하고 있음을 보여주는 것이다.

합참의장이 통합 및 특수 사령관을 지원하는 세력이 아니라면 이들 전투사령관들의 경우는 펜타곤에 자신들의 이익을 대변해줄 사람이 전혀 없는 상태일 것이다.

Goldwater-Nichols Act에서는 합참의장을 통합 및 특수 사령관의 대변인으로 지칭하고 있다. 합참의장이 순수 판사로서의 역할만을 수행하고 있다면 이는 대변인으로서의 역할을 갖고 있다는 법안의 내용과 배치되는 것이다.

국방재조직을 옹호하는 사람들은 Goldwater-Nichols Act 이전의 합동참모회의가 두 개의 모자를 쓰고 있다는 점으로 인해 적지 않은 어려움에 직면해 있있다고 주장하고 있다. 그러나 대통령 및 국방장관과 같은 민간의 의사결정권자들에 대한 합참의장의 권고가 판사의 시각에 근거해야 하며, 합참의장의 권한 강화가 전투사령관들을 대변해줄 사람들이 펜타곤에 없다는 점 때문이었다면 Goldwater-Nichols Act로 인해 두 개의 모자를 쓰는 문제가 새로 생겨난 형국이 되었다.

Goldwater-Nichols Act 이전과 차이가 있다면 여기서는 각군 참모총장이 아니고 합참의장이 두 개의 모자를 쓴 형국일 것이다. 합참의장은 한편으로는 통합 및 특수 사령관과 같은 전투사령관의 견해뿐만 아니라 국방조직에 관해 이들이 견지하고 있는 극단을 대변하는 반면 다른 한편으로는 각군의 견해와 전투사령관의 견해를 비교해 민간의 의사결정권자들에게 조언해야 할 것이다.

'합동' 이란 용어의 사용과 관련해 미군의 경우 두 가지 애매 모호한 부분이 있는데, 이들 중 하나는 합참의장의 역할이 불분명하다는 점에 근거하고 있다(두 번째의 애매 모호한 부분은 합동작전과 합동기동부대를 언급하는 과정에서 논의될 것이다).

국방조직에서 목격되는 갈등의 측면에서 보면 합동이란 중앙집권화, 지역 중심, 그리고 일반 시각을 의미하거나 다양한 갈등을 상호 비교하고, 적절히 균형을 유지하면서 이들 중 하나를 선택하는 행위를 의미할 수 있을 것이다.

합동이 중앙집권화, 지역 중심 그리고 일반 시각을 대변하는 정도에 비례해 우리는 국방조직의 다양한 시각들 간의 경쟁을 통해 얻어지는 '종합 작품' 을 설명하기 위한 또 다른 용어가 필요해질 것이다.

Goldwater-Nichols Act에는 합참의장의 역할이 불분명하다는 점에서 유래하는 또 하나의 애매한 부분이 있다. Goldwater-Nichols Act에서는 국방장관 및 대통령에게 이 법규로부터 벗어날 수 있는 나름의 재량권을 부여하고 있는데, 그 정도가 분명치 않다는 점이 애매성을 야기하고 있다.

예를 들면 Goldwater-Nichols Act에는 기획 · 조언 및 정책수립에 관한 합참의장의 모든 책임은 "대통령 및 국방장관의 권위 · 지시 및 통제에 따라"[8] 달라진다 라는 구절이 있는데, 이는 앞에서 언급한 임무 중 일부만을 국방장관 및 대통령과 같은 민간의 의사결정권자들이 합참의장에게 부여할 수도 있다는 의미다.

"대통령 및 국방장관의 권위 · 지시 및 통제에 따라서"란 표현은 고도의 재량권이 이들 민간의 의사결정권자에게 부여되어 있음을 의미한다. 이는 법안에서 이 같은 표현을 쓰지 않는 부분이 있다는 점에서 보다 분명해지고 있다.

예를 들면 합참의장은 "민간의 의사결정권자들에게 각군의 이견을 제출해야 할 것이다"[9]는 구절 그리고 합동참모회의 또는 각군에 대해 합참의장이 지휘권을 행사하지 못한다[10]는 구절에서는 "대통령 및 국방장관의 권위 · 지시 및 통제에 따라"라는 용어가 사용되지 않고 있다.

군의 조직 구조를 명명하는 경우에서부터 국방정책 구상을 위한 적정 조직 구조에 대해 나름의 권고 안을 제시하는 경우(비록 강력하기는 하지만)에 이르기까지 의회는 다수의 모습을 띠고 있다.

이는 정부를 입법 · 사법 및 행정이란 3권으로 분리해 서로 견제토록 하는 반면 이들 3부 간 임무가 상호 중첩되는 경우도 없지 않다는 점에서 그 유례를 찾아볼 수 있을 것이다.[11]

이처럼 정부의 3권을 분리해야 한다는 열망과 이들 3부 간에 업무가 중첩됨에 따른 갈등이 국가안보 영역에서 표출된 경우를 우리는 War Powers Act를 둘러싼 대통령과 의회 간의 갈등에서 찾아볼 수 있을 것이다.[12]

당시 대통령은 헌법에 국가의 최고 통수권자로 지정되어 있다며 군부대

8) Pub. L. No. 99-433, Title II, Sec. 153(a), 100 Stat, p. 1007 (1986).

9) Ibid., Sec. 151(d)(1), 100 Stat, p. 1005.

10) Ibid., Sec. 152(c), 100 Stat, p. 1006.

11) Bowsher v. Synar, p. 555(1973).

12) Pub. L. No. 99-148, 87 Stat, p. 555 (1973).

를 적진에 무한정 파견시킬 권한을 자신이 갖고 있다고 주장하였다. 반면에 의회는 헌법에 따르면 전쟁 선포에 관한 권한은 자신이 갖고 있다며, 그 결과 적진으로부터 군사력을 철수시키라고 대통령에게 명령을 내릴 수 있는 입장이라고 주장하였다.[13)]

Goldwater-Nichols Act에서 의회가 법규 측면에서 언급한 부분이 있는데, 특정 직위를 신설하고는 이들 직위에 근무하게 될 장교의 자격을 기술한 부분이 바로 그것이다. 반면에 이들 직위의 책임에 대한 언급, 예를 들면 합참의장이 민간의 의사결정권자들에게 권고 안을 제출해야 하는 사안이 무엇인지를 묘사한 부분은 법규라기보다는 권고에 해당한다.

직분의 책임에 관해 언급한 부분 중 권고가 아닌 대표적인 경우에 각군 참모총장의 이견을 합참의장이 대통령 및 국방장관에게 통보해야 한다는 점[14)] 그리고 합참의장이 각군 참모총장과 정규적으로 회동하여 견해를 공유해야 할 것이라는 점[15)]이 있는데, 이는 법규의 성격이다.

국방부의 정책차관은 국방장관을 도와 우발기획의 준비 및 검토와 관련된 정책지침을 준비해야 한다[16)]는 내용이 있는데, 이는 임무를 기술한 부분에서 권고가 아닌 또 다른 경우다.

이처럼 지정한 이유는 한편으로 문민통제를 강화하고, 다른 한편으로 우발기획 과정을 민간이 효과적으로 감독하지 못하고 있다는 우려를 반영하기 위함이었다.[17)] 그러나 국방정책에 관한 전반적인 책임을 담당한다는 국

---

13) John F. Lehman, Jr., Making War: The 200-Year Old Battle Between the President and Congress over How America Goes to War(New York: Charles Scribner's Sons, 1992)

14) Pub. L. No. 99-433, Title II, Sec. 151(d)(1), 100 Stat, p. 1005 (1986).

15) Ibid., Sec. 151(g)(1), 100 Stat, p. 1006.

16) Ibid., Sec. 134(b)(2)(A)-(B), 100 Stat, p. 997.

17) House Conference Report, pp. 102~103.

방장관의 주요 임무를 장관이 아닌 국방성의 일개 관리에게 부여하고 있다는 점으로 인해 이처럼 구체적으로 지정한 것에 대해 나름의 비판이 있었다.

하몬드(Paul Hammond) 교수는 이 문제와 관련해 다음과 같이 기술하고 있다.

> 조직에 관한 종전의 기준에서 보면 이는 잘못 구상된 경우다. 국방 정책차관은 국방장관의 대리인이며, 독립된 법적 권한을 갖고 있는 관료가 되어서는 아니 된다. 정책지도란 임무를 법적 책임의 형태로 특정인에게 부여할 필요가 있다면 특정인은 국방장관이 되어야 할 것이다. 사실 과거의 경우를 보면 정책차관은 대통령이 임명했는데, 통상 그 과정에서 국방장관이 진정으로 동의하는 경우는 많지 않았다. 따라서 정책차관의 경우는 국방장관과 긴밀한 관계를 유지하며 일하는 사람이 아니었다.[18)]

체니(Richard Cheney) 국방장관의 경우 월포비츠(Paul Wolfowitz) 국방 정책차관과 긴밀한 관계를 유지하며 업무를 수행했다는 점을 하몬드 교수는 주목하였다.[19)]

국방장관과 대통령에 관해 말하면 Goldwater-Nichols Act에서는 이들이 나름의 재량권을 갖고 합참의장을 활용할 수 있도록 하고 있다.

국방재조직 법에 관한 논쟁이 후반부로 접어들 당시 합동참모회의는 이들 법의 제정을 반대하던 예전의 입장에서 선회하여 반대의 강도를 줄였

---

18) Paul Hammond, "Central Organization in the Transition from Bush to Clinton," in American Defense Annual: 1994, Charles F. Hermann, ed. (New York: Lexington Books, 1994), p. 166.

19) Ibid.

다. 이는 반대의 정도를 약화시키는 경우 합참의장이 NSC의 요원이 되도록 지원하겠다는 국방재조직을 옹호하는 일부 의원들의 언질의 결과다[20]고 페리(Perry)는 말한 바 있다.

국방장관과 대통령이 합참의장을 임의로 활용하도록 한 Goldwater-Nichols Act의 내용을 보면서 페리의 발언에 의문이 제기되지 않을 수 없다. 합참의장이 NSC의 일원이 됨에 따른 이점은 국가안보에 관한 의사를 결정하는 과정에서 군이 주요 역할을 할 수 있으며, 민간 의사결정권자들의 바람에 무관하게 합참의장이 나름의 조언을 할 수 있을 것이라는 점일 것이다.

대통령이 자신이 좋아하는 사람들하고만 논의하고 NSC처럼 공식적으로 조언할 수 있는 기구를 회피하고자 한다면 페리의 주장에 의문이 제기되지 않을 수 없을 것이다.[21]

하원의 최종안과 Goldwater-Nichols Act에서는 대통령의 요청에 따라 합참의장이 NSC 회합에 참여할 수 있다고 명시하고 있는데, 이는 합참의장의 조언을 듣도록 대통령에게 요구해야 할 것이라는 최초 의도와는 너무나 동떨어진 형태의 것이다.[22]

요약해 말하면, Goldwater-Nichols Act는 의회가 군의 조직구조를 명명하는 행위와 합참의장의 활용과 그의 책임을 지정하는 과정에서 국방장관과 대통령이 나름의 재량권을 발휘하도록 한 행위 간에 적절히 균형이 유지되도록 한 조치였다.

합참의장의 역할과 관련해 국방장관과 대통령이 나름의 재량권을 발휘할 수 있도록 함에 따라 합참의장의 역할이 보다 더 불분명해진 측면도 없

---

20) Perry, Four Stars, pp. 337~338, 340.

21) Locher, pp. 214~215.

22) Pub. L. No. 99-433, Title II, Sec. 203, 100 Stat, p. 1011 (1986).

지 않다. 그러나 국방조직 갈등의 불균형을 보완한다는 차원에서 합참의장의 역할을 재조정할 수 있었던 것도 국방장관 및 대통령에게 이 같은 재량권을 부여했기 때문이었다.

2. 군사조언에 관한 법규와 문민통제에 관한 논쟁: 각군 참모총장의 역할 하락을 의미하는가?

국방재조직을 옹호하던 사람들은 군사문제에 관한 조언의 질이 저하되었다고 주장하였다. Goldwater-Nichols Act를 추진하게 된 주요 동기 중 하나는 바로 이것이었다.

이 점에서 볼 때 군 문제에 관해 민간에 제공되는 조언의 질이 어느 정도인지를 파악함은 Goldwater-Nichols Act의 성공 여부를 확인하기 위한 주요 방안일 것이다. 이미 언급한 바처럼 합참의장의 경우 애매한 입장에 있다.

다시 말해 통합 및 특수 사령관과 같은 전투사령관들의 입장을 변호해야 할 것인지 아니면 전투사령관들의 시각과 각군의 시각 중 하나를 선택해 민간의 의사결정권자에게 편향되지 않은 시각에서 공정히 권고해야 할 것인지가 바로 그것이다.

합참의장의 임무가 국방조직에서 목격되는 갈등의 문제에 관해 민간의 의사결정권자들에게 한쪽에 편향되지 않는 형태로 조언하는 것이라면 각군 참모총장의 관점이 국방장관 및 대통령에게 전달되도록 하면 나름의 도움이 될 것이다. 이 경우 민간의 의사결정권자들은 각군 참모총장의 관점을 보조 자료로 활용해 합참의상의 조언을 평가할 수 있을 것이다.

반면에 이 경우 민간의 의사결정권자들에게 합참의장이 편향되지 않는 형태로 조언해야 한다는 취지가 무색해질 가능성도 없지 않다. 다시 말해,

다양한 형태의 정책 대안을 단일의 군 장교가 평가한 후 민간의 의사결정 권자에게 결정적인 형태로 조언하도록 한다는 취지가 퇴색될 가능성도 없지 않다.[23)]

그러나 각군 참모총장의 관점을 대통령 및 국방장관과 같은 민간의 의사결정권자에게 전달하게 되면 이들 의사결정권자가 단 한 명의 장교에 의존하는 폐단을 방지할 수 있을 것이다.

합참의장의 임무가 통합 및 특수 사령관과 같은 전투사령관들의 관점 그리고 중앙집권화, 지역 중심 및 일반 시각을 대변하는 것이라면 각군 참모총장들의 경우는 자신들의 관점을 민간의 의사결정권자들에게 전달하기 위한 기회를 가져야 할 것이다. 이는 국방조직에 관한 극단을 대변하는 합참의장의 견해 그리고 각군 참모총장의 견해를 이들 민간의 의사결정권자들이 인지할 필요가 있다는 점 때문이다.

퇴역 직전인 1994년도 후반, 당시의 해병대사령관 문디(Carl Mundy) 대장은 합동 영역에서 각군의 영향력이 감소되고 있다는 자신의 우려를 담은 한 통의 서신을 합참의장에게 전달하였다.

예를 들면 파월(Colin Powell)의 후임으로 합참의장으로 부임한 샬리카빌리(John Shalikashvili) 육군대장이 국방예산에 관한 자신의 권고 안을 국방장관에게 전달할 당시 각군 참모총장과 사안을 논의하지 않았다며 해병대사령관은 불만을 털어놓았다.[24)]

법적으로 각군 참모총장은 자신들의 이견을 민간의 의사결정권자들에게

---

23) 한 명의 군인으로 하여금 민간의 의사결정권자에게 조언하도록 하는 이유는 한 사람에게 책임을 부과하는 경우 잘못된 조언에 대해 책임을 물을 수 있기 때문이라는 주장을 전개할 수 있을 것이다.

24) Douglas C. Lovelace, Jr., Unification of the United States Armed Forces: Implementing the 1986 Department of Defense Reorganization Act (Charlisle, PA: Strategic Studies Institute, U.S. Army War College, 1996), p. 27.

전달할 수 있는 입장인데, 이들이 이 같은 방식으로 자신들의 견해를 전달했다는 증거는 없다.

그러나 각군 참모총장의 경우는 논란이 되고 있는 사안을 인지하고 있을 때만이 이견을 제시할 수 있을 것이다.

1988년 8월의 경우를 보면 공습(空襲)이 시작되는 당일까지도 각군 참모총장은 크루즈미사일을 이용해 미국이 아프가니스탄과 수단을 공격하게 될 것이라는 점을 알지 못했다고 한다. 당시의 합참의장인 육군대장 쉘턴(Henry Shelton)의 경우는 계획되어 있는 공격작전에 관해 각군 참모총장에게 일체 언급하지 말라고 정치권으로부터 지시를 받은 바 있는데, 이는 공습에 관한 주요 정보의 유출 가능성을 크게 줄이겠다는 의도에서였다.[25)]

당시의 사건을 보면서 우리는 군의 정책구상에 관한 각군 참모총장의 영향력이 크게 감소하고 있음을 알게 된다. 적어도 전투에서의 군사력 운용이란 관점에서 보면 각군 참모총장의 영향력은 크게 감소하고 있다. 따라서 각군 참모총장들의 경우는 군사정책에 관한 자신들의 우려를 언론에 흘리고자 하는 충동을 느끼는 경우도 없지 않을 것이다. 그러나 이처럼 행동하는 경우는 민간의 권위체로부터 혹독한 문책이 뒤따르게 될 가능성도 없지 않다.

예를 들면 1991년도의 걸프전 당시 공군참모총장 듀간(Michael Dugan)은 전략폭격이란 방식으로 공군 혼자서도 전쟁에서 승리할 수 있을 것이라는 의미의 발언을 공개적으로 한 바 있다. 그 결과 그는 체니 국방장관에 의해 보직 해임되었다.[26)]

1999년도의 코소보에 대항한 폭격 전역(戰役)에서처럼 각군 참모총장들이

25) Bradley Graham, "Joint Chiefs Doubled Air Strategy," in Washington Post (April 5, 1999), p. 1.

26) "Chief of Air Staff," p. 1.

익명으로 정보를 유출시킬 수도 있을 것이다. 당시는 각군·참모총장뿐만 아니라 합참의장인 쉘턴 또한 폭격 전역에 반대했다는 사실이 언론에 유출된 바 있다.[27)]

국방장관 및 대통령에게 각군 참모총장이 나름의 이견을 제시할 수 있도록 하고 있을 뿐 아니라 국방장관에게 사전 통보하는 경우 의회에서 증언할 수 있도록 하는 등 Goldwater-Nichols Act에는 나름의 방안이 강구되어 있다. 그러나 Goldwater-Nichols Act에서는 이미 제1장에서 검토한 바 있는 국방의 오랜 문제, 즉 각군 참모총장이 국방장관 및 대통령에게 어느 정도까지 충성해야 할 것인지에 관한 논쟁을 매듭짓지 못하고 있다.

각군 참모총장이 의회에서 대통령의 정책을 대변해야 할 것인지 아니면 대통령이 추진하는 정책과 대립된다고 할지라도 군사전문가로서의 자신의 견해를 진솔(眞率)되게 피력해야 할 것인지에 대해 Goldwater-Nichols Act는 분명히 하고 있지 않다.

Goldwater-Nichols Act는 또한 국방장관 및 대통령과 각군 참모총장 간의 관계를 분명히 하고 있지 않다. 다시 말해 여기서는 이들 군 장교들이 어느 정도까지 행정부의 일원으로서 행동해야 할 것인지 아니면 어느 정도까지 군사 전문가로서의 판단에 근거해 행동해야 할 것인 지의 문제를 분명히 하고 있지 않다.[28)]

충성심과 전문성을 놓고 각군 참모총장이 느끼는 갈등은 합참의장의 경우도 마찬가지다. Goldwater-Nichols Act에서는 합참의장이란 자리가 정치적으로 다루어지지 않도록 노력하였다.

상원의 법안에서는 대통령 선거 이후 6개월이 되는 순간에 합참의장의

---

27) JCS와 크루즈미사일을 이용한 공격에 관해 알고자 하면 Seymour Hersh, "The missiles of August," in New Yorker (October 12, 1998), pp. 35~36.

28) Kitfield, p. 337.

임기가 만료되어야 한다고 명시한 바 있는데, 이 같은 상원의 법안을 하원은 거부하였다.[29] 그후의 법안에서는 합참의장의 임기가 홀수 연도의 10월에 만료되도록 함으로서[30] 결과적으로는 신임 대통령이 합참의장을 선출하도록 하였다.

이 같은 조치로 인해 합참의장은 군사전문가로서의 독자성을 추구하기보다는 대통령에 대해 정치적으로 책임을 느끼게 될 가능성이 보다 커지게 되었다.

Goldwater-Nichols Act에서는 합참의장을 민간의 의사결정권자들에게 군사문제에 관해 조언하는 주요 인물로 묘사하고 있다. 합참의장의 군사조언이란 부분과 관련해 법안 제정 이전에 예견했던 바와 정반대의 논쟁이 있었다. 즉 합참의장이 대통령을 지나칠 정도로 정치적으로 지원하는 것이 아니고 너무나 독자적으로 행동하고 있다는 논란이 있었다.

예를 들면 민간의 의사결정권자들에 대한 합참의장의 조언이 포괄적이지 못하다는, 그리고 민간의 권위체에 일부 대안을 제시함으로서 이들 의사결정권자들이 선택할 수 있는 폭이 크게 제약받고 있다는 비난이 제기되었다. 이 같은 비난을 주장하는 사람들은 민간의 의사결정권자들이 국방문제를 완벽히 분석할 수 없게 되었을 뿐 아니라 그 결과 군에 대한 문민통제가 위협받고 있다고 주장하고 있다.[31]

이 같은 견해를 주장하는 사람들은 자신의 권고 사항 말고는 전혀 말도 되지 않는 몇몇 대안을 국방장관과 대통령에게 제시했다며 파월 대장을 특히 비방하고 있다.[32]

---

29) House Conference Report, p. 107.

30) Pub. L. No. 99-433, Title II, Sec. 152(a)91), 100 Stat, p. 1006 (1986).

31) 1985년도 이전의 문민 통치의 역사를 보려면 Locher, pp. 25~48을 참조.

32) Edward N. Luttwak, 'Washington's Biggest Scandal' in Commentary (May 1994), pp. 29~34.' Russell F. Weigley, 'The American Military and the Principles of Civilian

군사 조언에 관한 법규에 대한 이 같은 비판은 민간의 주요 의사결정권자들의 솔직한 고백이 없는 상태에서는 분석이 쉽지 않은데, 민간 의사결정권자의 경우는 군사조언이 충분치 못하다는 점을 공개적으로 토로하지 않고 있다.[33)]

민간의 의사결정권자에게 조언하는 과정에서 합참의장이 각군 참모총장의 이견을 무시하는 경우 각군 참모총장은 합참의장을 경유해 자신들의 이견을 합법적으로 제출할 수 있을 것이다. 이 경우 각군 참모총장이 이 같은 권한을 행사하고자 하지 않는다면 이는 체계 구도의 측면이 아니고 전략 또는 정치적 측면에서의 계산에 따른 결과일 것이다.[34)]

Goldwater-Nichols Act 출현 이후의 문민통제를 비평하는 사람들은 합참의장의 입지, 특히 새롭게 대중적 입지를 구축한 파월을 비방하고 있다. 그러나 이 같은 비방에서는 Goldwater-Nichols Act의 법적 구조 밖에 있는 요소들을 거론하고 있다.

문민통제에 대한 비평에서는 파월 대장의 개인적 성향이 주요 대상이 되고 있는데, 그 이유는 파월의 경우 워싱턴의 국가안보 분야에 폭넓게 근무해본 경험이 있기 때문이다.

파월의 경우는 국가안보자문위원 등 국가안보와 관련된 몇몇 직분을 수행한 바 있다.[35)] 또한 그의 경우는 평화유지군 형태로 보스니아에 군사력을 파견하겠다는 클린턴 행정부의 정책뿐 아니라 동성연애자들을 군에서 포용하겠다는 정책에 반대한다는 자신의 입장을 전혀 주저함이 없이 공개

Control from McClellan to Powell,' in Journal of Military History (October 1993).

33) Locher, pp. 91~93.

34) Gerald F. Seib, "Working in Sync: U.S. Armed Forces Are Now More Cooperative Than in Previous Wars," in Wall Street Journal-Europe (January 24, 1991).

35) 'Interview with Collin Powell: The Chairman as Principal Military Advisor,' in Joint Force Quarterly (Autumn 1996), p. 32. 지금부터 "Interview with Powell"로 지칭.

적으로 언급한 바 있다.[36] 이외에도 파월 대장의 입지는 1991년도의 걸프전에서 미군이 승리했다는 점에 크게 기인하고 있다. 이 점에서 그의 개인적인 인기는 전쟁에서 승리한 장군들에게 부여되는 정치적인 영향력과 유사하다. 이 같은 영향력을 향유해본 사람에는 그랜트, 루즈벨트 그리고 아이젠하워 대통령이 있다. 따라서 민간의 엘리트들과 군의 고위급 장교 간에 괴리가 있다면 이는 Goldwater-Nichols Act의 결과로 합참의장의 권한이 강화되었기 때문이라기보다는 관련자들의 성품 그리고 보다 큰 의미에서의 정치적 성향과 관계가 있을 것이다.[37]

Goldwater-Nichols Act 이후 부상한 문민통제에 관한 비판 중 상대적으로 부각되지 않고 있는 부분이 있는데, 이는 국방장관실의 민간 관리 또는 정치적으로 고용된 몇몇 인물과 비교해볼 때의 합동참모의 능력에 관한 것이다.

Goldwater-Nichols Act에서는 장군으로 승진할 뜻이 있는 장교들의 경우 합동직위에 필수적으로 근무하도록 함으로서 합동참모에 보임된 장교들의 자질을 크게 개선한 바 있다. 이는 합동 집단, 특히 이들 중 가장 우수한 합동참모의 경우 자질이 대폭 개선되었음을 의미하였다.[38]

---

36) Don M. Snider and Miranda A. Carlton-Crew, eds., U.S. Civil-Military Relationships: In Crisis or Transition? (Washington, DC: The Center for Strategic & International Studies, 1993).

37) Douglas V. Johnson II and Steven Metz, American Civil-Military Relationships: New Issues, Enduring Problems (Carlisle, PA: Strategic Studies Institute, U.S. Army War College, 1995); Daniel J. Pierre, Revised Role of the Chairman (Goldwater-Nichols Act of 1986): A Critique of American Pluralism?, unpublished thesie (Air War College, Air University, Maxwell Air Force Basc, AL, 1994).; John J. Twohig, "The Political General,": Challenges for Strategic Leaders (Carlisle, PA: U.S. Army War College, 1996).

38) John F. Lehman, Jr., "Is the Joint Staff a General Staff?" in Armed Forces Journal International (August 1995), p. 16. 합동참모의 운영에 관해 보다 더 알고싶으면 Perry

이처럼 합동참모로 근무하는 장교들의 자질이 개선됨에 따라 이들이 국방장관실에 근무하는 민간인뿐만 아니라 국방정책에 관한 경험이 없는 하급제대에 근무하는 현역들을 능력의 측면에서 상대적으로 크게 압도할 수 있게 되었다.

국방정책의 수립 과정에서 이들 합동참모가 독보적인 위력을 발휘하는 경우 민간인이 국방을 제대로 통제하고 있는 지의 여부, 즉 문민통제에 관한 의문이 재현될 가능성도 없지 않다.

3. 합참차장의 역할: 국방자원 배분을 위한 합동기구

Goldwater-Nichols Act에서는 국방예산에 관한 권고 안을 합참의장이 제출할 수 있도록 함으로서 각군이 제기한 예산안이 국방장관의 전략 지도 그리고 통합 및 특수 사령관과 같은 전투사령관의 요구에 부응하도록 하고 있는데, 이 같은 합참의장의 권한은 국방장관 및 대통령의 판단에 따라 달라질 수 있다.[39)]

이미 이 장의 앞부분에서 언급한 바처럼 각군 참모총장 및 국방장관과 비교해볼 때 합참의장이 애매한 입장에 있는 것은 사실이다. 그러나 Goldwater-Nichols Act에서는 각군 간의 예산 전용에 따른 효과에 관해 합참의장이 제언하도록 하고 있는데, 합참의장만을 위해 일하는 합동참모들이

M. Smith, Assignment: Pentagon: The Insider's Guide to the Potomac Puzzle Palace, 2d ed. (Washington, DC: Brassey's, 1993), pp. 129~142. 합동참모의 의사결정 과정에 관해 알고싶으면 Leslie Lewis, John Schrader, James Winnefeld, Richard Kugler, and William Fedorochko, Analytic Architecture for Joint Staff Decision Support (Santa Monica, CA: Rand Corporation, 1995) 참조하시오.

39) Pub. L. No. 99-433, Title II, Sec. 151(a)(4)(A)-(E), 100 Stat, p. 1007 (1986).

합참의장이 이 같은 임무를 수행할 수 있도록 분석 능력을 제공하고 있다.

그러나 예산과 관련된 주요 사항 중 하나는 합참차장 그리고 합동수요감독위원회(JROC: Joint Requirement Oversight Council)로 지칭되는 합동 집단이 예산 배분과 관련해 주요 역할을 담당하는 집단으로 부상했다는 점이다. 합참차장의 경우는 통합 및 특수 사령관과 같은 전투사령관의 요구를 대변하는 과정에서 합참의장을 지원할 것으로 예상되었다.

반면에 국방획득 과정에 합참차장이 깊이 관여해서는 곤란하다고 의회는 굳게 믿고 있었다. 이 점에서 볼 때 국방예산을 배분하는 과정에서 합참차장이 주요 인물로 부상하고 있다는 점은 아이러닉한 일이다.[40] 의회의 표면상의 열망에도 불구하고 다수의 합참차장들은 각군 간 예산 전용에 따른 장단점을 분석 및 권고하기 위한 도구로 JROC을 활용하기 시작하였다.

JROC는 '합동요구 및 관리위원회(Joint Requirement and Management Board)'란 명칭으로 1984년도에 결성되었다. 이 위원회는 각군의 무기 관련 정보를 저장해 여타 군의 고위급 요원들에게 제공할 수 있도록 각군 참모차장이 운영하고 있었다. 그러나 이 위원회의 경우는 이들 무기의 장점에 관해 판단을 내릴 수 있는 권한은 갖고 있지 않았다.

1986년도 이 위원회는 JROC으로 명칭이 바뀌었는데, 합동참모회의는 2개 군 이상이 사용하는 무기를 JROC이 검토해도 좋다고 허용하였다. JROC의 의장은 각군 참모차장이 교대로 수행하였다. 자군의 무기를 합동 기구에서 객관적으로 검토하는 행위에 대해 각군은 적지 않게 반발하였다. 당시 JROC은 이 같은 문제로 고심하였다.

의회는 합참차장을 군에서 2인자, 즉 합참의장과 비교하면 서열이 낮지만 각군 참모총장 및 참모차장보다는 서열이 높은 인물로 만들고자 열망했

40) House Conference Report, p. 111.

는데, 각군은 이 같은 의회의 의도에 정면 반대하였다. 각군이 이처럼 반대할 수밖에 없었던 이유가 합참차장을 JROC를 이끄는 인물로 지정하는 과정에서 곧바로 나타나게 되었다.

합참차장은 국방예산의 배정과 관련된 JROC의 역할에 대해 나름의 비전을 가질 수 있을 것이다. JROC의 선임자인 합참차장은 이 같은 자신의 의도를 JROC의 여타 구성원, 특히 각군 참모차장에게 강요해 이들이 자신을 지원하도록 할 수 있는 입장이었다.

합참차장은 국방부 획득차관(Undersecretary of Defense for Acquisition)과 함께 국방획득위원회(Defense Acquisition Board)의 공동 의장으로서 무기획득과 관련해 국방장관에게 최종 권고할 책임이 있었다.

국방예산의 배정 과정에서 JROC이 영향력을 발휘할 수 있도록 한 또 다른 요소는 바로 이 점이었다. 합참차장의 경우는 JROC의 권고안을 국방획득위원회에 주입시킬 수 있는 입장이었다.

Goldwater-Nichols Act로 인해 합참의장은 '합참의장 프로그램 평가(CPA: Chairman Program Assessment)'라고 지칭되는 예산 관련 안을 제출해야 하는데, JROC의 평가는 이 같은 권고 안을 작성하는 과정에서 그 근간이 되었다.[41]

Goldwater-Nichols Act가 의회를 통과하면서 초대 합참차장으로 공군대장 헤리스(Robert T. Herres)가 부임했는데, 그는 JROC의 의장이 되었다. JROC이 국방에서 부상하기 시작한 것은 바로 그 무렵이었다. 헤리스를 의장으로 하는 JROC은 무기체계의 기술적 측면에 초점을 맞추는 경향도 없지 않았다. 그러나 당시 JROC은 국방자원의 할당 과정에서 주도적 역할을 담당하기 위한 첫 단계를 밟고 있었다.

---

41) Tom Philpott, "The Revolution in Weapons Planning," in Retired Officer Magazine (January 1997), pp. 29~30.

헤리스의 후임으로 해군제독 예르미아(David E. Jeremiah)가 1990~1994년의 기간 동안 합참차장으로 재임하였다. 그의 지도 아래 JROC은 1991년도의 걸프전에서 문제가 노출된 바 있는 공수(空輸), 해상수송 그리고 화학/생물 무기와 같은 합동의 문제를 검토하기 시작하였다.

국방예산의 배정이란 측면에서 JROC의 입지를 보다 더 격상시킨 사람은 예르미아의 후임자인 해군대장 오엔(William A. Owens)이었다. 오웬은 각군의 통신장비들 간에 호환성이 부족하다는 문제를 놓고 고심했는데, 이들 문제는 Goldwater-Nichols Act가 통과되기 이전의 1983년도의 그레나다 침공 당시에도 노출된 바 있었다.

합참차장으로 부임하기 이전에도 오웬은 각군 장교 몇 명을 해군에 파견해 각군 간 상호 이해가 증진될 수 있도록 하자고 각군을 설득했는데, 결과적으로는 그렇게 하지 못했다.

오웬은 합동성을 증진시키고, 무기획득 과정에서 통합 및 특수 사령관과 같은 전투사령관의 관점을 대변하며, 군 차원에서 국방자원이 보다 효율적으로 사용되도록 할 목적으로 JROC을 활용하고자 하였다.[42)]

오웬은 미래 무기체계에 대한 분석에서 시야를 넓혀 현존 체계를 평가토록 하였는데, 이는 합동전쟁 수행능력이란 측면에서의 문제점을 보완하고 각군 간 무기의 중복 획득을 방지할 목적에서였다.

이것의 수행을 위해 그의 경우는 '합동전쟁능력평가(JWCA: Joint Warfare Capability Assessment)'란 조직을 제도화했는데, 이곳은 일군의 합동참모들로 구성되어 있었다. 이들 합동참모는 기동전 및 정밀공격과 같은 임무 중심의 9개 영역에 배정되었다.[43)]

42) Ibid., pp. 31~32.

43) John Boatman, "JWACS Find Their Footing in Pentagon Programming," in Jane's Defense Weekly (August 9, 1995), p. 18.

'합동전쟁능력평가'은 각군 간의 행정 영역을 넘나들면서 업무를 수행하라고 지시 받고 있었는데, 이 같은 방식으로 기존 질서를 타파하고 개혁을 촉진시킬 수 있을 것이라고 오웬은 기대하였다.[44)]

Goldwater-Nichols 법으로 인해 합참차장의 입지가 크게 강화되었다는 점을 이용해 그는 각군 참모차장들에게 보다 많은 것을 요구하였다. 오웬은 1주에 한 번 각군 참모차장들과 하루종일 회합하였으며, 방위산업 분야의 주요 인사를 만나고, 반년에 한 번 있는 통합 및 특수 사령부에 대한 방문에 이들 참모차장을 대동하였다.

오웬이 이처럼 행동한 것은 국방자원의 문제를 국방 차원의 시각에서 접근함이 중요하다는 점을 각군 참모차장들에게 깊이 인식시킬 필요가 있다고 생각했기 때문이었다.[45)]

JROC은 '합참의장 프로그램 평가(CPA: Chairman Program Assessment)'에서 사용할 수 있도록 합참의장에게 나름의 권고안을 제공하였다. 1994년 12월 기술 및 작전적 차원에서 문제가 없다면 각군이 표준화된 무기를 획득해 예산의 중복을 피할 수 있도록 하자고 JROC은 권고했는데, 이는 JROC에 의한 대표적인 권고 사례다.[46)]

그 역할이 보다 확고해지자[47)] JROC에 대한 각군의 저항은 높아만 갔다.

---

44) Owens, "Understanding the JWCA Process," in Armed Forces Journal International (May 1996), p. 14 지금부터 "Understanding"으로 지칭.

45) Philpott, p. 32.

46) Bradley Graham, "Military Services to Propose More Standardization Munitions; Approach Would Mark Basic Changes in Pentagon Procurement," in Washington Post (March 22, 1995), p. 13.

47) ROC은 다음과 같은 법적 임무를 갖는다. (a) 국가의 군사전략을 충족시킬 목적의 합동 군사요구(현존 장비 및 체계 포함)를 규명하고 그 우선 순위를 설정하는 과정에서 합참의장을 보좌한다. (b) 군사목표를 달성할 목적에서 규명된 획득 대상 항목들을 비용 · 획득일정 · 성능 등의 측면에서 합참의장이 대안을 선택할 수 있도록 지원한다. (c) 합동의 관점에서 획득대상의 우선 순위가 국방장관이 제시한 예산의 규모

오웬은 '삶의 질', 급여 문제 등 각군의 영역으로 생각되던 분야로 JROC의 역할을 확대해 나아갔다. 이 점으로 인해 JROC에 대한 각군의 반발은 보다 더 격렬해졌다.

각군이 JROC에 반발하는 것은 참모총장과 같은 각군의 고위급 장교들 때문이 아니고 참모총장으로부터 몇 단계 아래에 있는 "골수 대령 및 중령"들 때문이라고 오웬은 생각하였다. 이들이 합동의 시각은 간과한 채 자군의 이념에 심취해 있기 때문에 문제가 발생하고 있다고 오웬은 생각했는데, 이는 재미있는 현상이다.[48]

더욱이 각군 참모차장들의 대부분의 시간을 할애해 합동의 문제를 함께 논의하겠다는 합참차장의 의도는 합동참모회의 체계에 역행하는 처사였다. 합동참모회의 체계에서는 각군 참모총장이 합동의 문제에 대부분의 시간과 열정을 투여하는 한편, 각군에 대한 참모총장의 책임은 참모차장에게 위임하도록 되어 있었다.

각군 참모총장 및 차장에게 대부분의 정열을 합동의 문제에 할애토록 요구함에 따라 각군은 나름의 방식으로 반발하였다. 이처럼 각군 참모총장과 참모차장이 합동의 문제에 대부분의 시간을 빼앗기게 됨에 따라 Goldwater-Nichols Act 이전의 국방 조직에서 목격된 갈등의 반대 방향으로 갈등이 편향될 가능성도 없지 않았다. 다시 말해 국방이 지나칠 정도로 중앙집권화, 지역 중심 그리고 일반 시각으로 편향될 가능성도 없지 않았다.

그후 일년 뒤 합참의장 샬리카빌리(John Shalikashvili)는 JROC을 관장하기 시작하였다. 그는 여기에 각군 참모총장들을 포함시켰는데, 이는 JROC에

에 부응할 수 있도록 합참의장을 지원한다. 참조: Pub. L. No. 105-106, Title IX, Sec. 905(a)(1), 110 Stat, p. 403 (1996).

48) "Interview with Admiral William A. Owens," in San Die해 Union-Tribune (December 17, 1995), p. G5.

대한 합참차장의 독주에 어느 정도 제동을 걸겠다는 의도였다.

JROC이 갖는 또 다른 한계는 합참의장인 자신을 만나 의회가 긴밀히 협의하고자 하지 않을 뿐 아니라 국방예산의 문제에 관해 의회에서 증언하도록 자신을 초청하지 않기 때문이라고 오웬은 주장하였다.[49]

2년의 임기가 거의 만료될 시점인 1997년 3월 오웬은 합참차장에서 물러났다.[50] 그의 경우는 JROC이 각군의 능력 및 무기를 검토하는 것에 대한 각군의 저항이 뿌리 깊다는 점을 보면서 심한 좌절감을 느꼈을 것이다.[51]

오웬의 후임으로 공군대장 랄스톤(Joseph Ralston)이 부임했는데, 그의 경우는 JROC의 역할이란 문제를 보다 조심스럽게 접근하였다. 그는 JROC이 통합 및 특수 사령부와 같은 전투사령부의 요구를 각군에 전달하기보다는 전투사령부와 각군이 염원하는 바를 적절히 중재하는 성격의 기구가 되어야 할 것으로 생각하였다.[52]

그는 JROC의 활동에 대해 전투사령부가 알고 있도록 함으로서 반년에 한 번 있는 전투사령부에 대한 방문이 보다 생산적이 될 수 있도록 하였다. 이 같은 방식으로 그는 통합 및 특수 사령부와 같은 전투사령부와의 상의 절차를 정교히 하였다.

JWCA의 경우는 오웬이 만든 조직으로서 합동참모 장교들로 구성되어 있던 반면 JROC의 경우는 각군 참모차장과 합참차장으로 구성되어 있었다.

---

49) "JCS Vice Chair Should Testify As Part of Budget Process," in Defense Daily (March 1, 1996).

50) 합참의장으로서 JROC의 권한을 강화시킨 것 외에 오웬은 첨단기술을 이용해 지휘관이 받아볼 수 있는 정보의 규모를 대폭 늘리도록 했다는 점에서 국방정책에 적지 않은 기여를 하였다. Jim Blaker, "The Owens Legacy: The Former Vice Chairman of the Joint Chiefs Laid the Groundwork for a Revolution," in Armed Forces Journal International (july 1996), pp. 20~22.

51) Philpott, p. 33.

52) "Oversight" 참조.

랄스톤은 JWCA와 JROC의 중간 단계로 합동검토위원회(Joint Review Board)란 명칭의 조직을 두어 JWCA에서 올라온 문제들 중 해결 가능한 사안을 사전 발굴해 해결토록 하였는데, 이 조직은 각군의 소장급 장군들로 구성되어 있었다.

이 위원회의 출현으로 인해 가장 어려운 문제들만이 JROC으로 올라가도록 함으로서 각군 참모차장의 부담을 경감시킬 수 있었는데, 각군 참모차장들의 경우는 군 내부의 문제 때문만으로도 크게 탈진해 있는 상태였다.[53]

JROC의 업무처리 방식을 랄스톤은 합동시각에 보다 치중하기보다는 전투사령부와 각군의 시각을 비교해보는 방식으로 생각하고 있었다. 이는 국방조직에서 목격되는 갈등의 문제에 편향되는 경향, 특히 전투사령관으로 대변되는 중앙집권화, 일반 시각 및 지역 중심으로 편향되는 경향을 배제한 채 합참차장과 합참의장이 초연해 있을 것이란 의미였다. 그러나 아직도 JROC의 경우는 무기획득과 관련해 각군에 도전할 수 있을 정도의 입지를 확보하지 못하고 있었다.[54]

JROC은 Stand-off Jammer에 관한 공군과 해군의 사업을 단일화했으며, 공군 · 해군 및 해병대가 함께 사용할 목적의 Joint Strike Fighter를 개발하자고 주장한 바 있다. 그러나 JROC은 각군의 정체성에 중요한 요소인 공군의 F-22 전투기, 해군의 이지스함 그리고 육군의 Comanche 헬리콥터 개발사업에는 영향력을 행사하지 못했다.[55]

냉전의 종식으로 인해 국방예산이 감소됨에 따라 고가의 무기체계를 군차원에서 신중히 획득해야 할 필요성이 고조되었다. 따라서 국방획득을 관

---

53) Robert Holzer, "U.S. Military Brass Forms New Panel to Review Priorities," in Defense News (May 27–June 2, 1996), p. 6.

54) Lehman 참조.

55) "Join Staff Should Increase Budget, Requirements Role," in Aerospace Daily (December 5, 1996), p. 344.

리하는 JROC과 같은 조직이 미군의 상설 기구가 되었다.

4. 전투사령관들, 1부: 이들의 권한과 책임

Goldwater-Nichols Act에서는 전투와 관련된 책임에 상응한 권한이 전투사령관에 부여될 수 있도록 이들의 권한 강화를 위해 크게 노력하였다. Goldwater-Nichols Act에서는 각군 구성군과 관련해 전투사령관과 각군 간의 세력 균형을 바꾸어놓고 있다. 다시 말해, 휘하 작전전구(Theater of Operation)의 군사력에 대한 전투사령관의 권한이 Goldwater-Nichols 법으로 인해 크게 강화되었다.[56)]

한편 몇몇 관측자들은 Goldwater-Nichols 법으로 인해 각군 참모총장의 입지는 약화된 반면 전투사령관의 권한이 강화되었음을 주목한 바 있는데, 크루즈미사일을 이용한 1998년도 8월의 공습을 기획하는 과정에서 각군 참모총장이 자신들의 뜻을 전혀 반영하지 못했다는 점을 이들은 그 사례로 들고 있다.

각군 참모총장들의 경우는 1991년도의 걸프전에서도 별다른 영향력을 행사하지 못했다. 예를 들면 당시의 해병대사령관 그레이(Al Gray) 대장은 걸프전을 책임지고 있던 중부사령부의 업무에 간섭하고 있다는 인상을 주었다.

그 결과 중부사령관인 슈워르츠코프(Norman Schwarzkopf)는 그가 중동지

---

56) Staff of the House Committee on Armed Services, 102d Cong., 2d Sess., Defense for a New Era: Lessons of the Persian Gulf War(Comm. Print 1992), pp. 41~42. 지금부터 Defense for a New Era로 지칭.

역을 방문하지 못하도록 하였다.[57] 국방성 일각에서 전투사령관들은 봉건 영주로 불려지게 되었다.

전투사령관의 입지가 이처럼 강화됨에 따라 나름의 단점도 없지 않았다. Goldwater-Nichols Act에서는 국방예산 과정에서의 전투사령관들의 영향력 신장을 추구하였다. 또한 합참의장과 JROC을 경유한 전투사령관의 역할이 증대됨에 따라 국방예산 과정에서 전투사령관의 의도가 보다 많이 반영될 수 있었다.

그러나 이처럼 전투사령관의 입지가 강화되면서 전투사령관들이 본연의 주요 임무인 전투가 아닌 예산 문제에 관심을 돌리기 시작하였으며, 휘하 참모들 또한 이들 문제에 노력을 낭비하는 현상이 발생하였다.

전투를 제대로 수행하려면 전투사령관들은 작전전구 내에서 벌어지는 사건 및 작전 모두에 관심을 집중시켜야 할 것인데, 국방예산 과정에서의 전투사령관의 입지 강화에 따라 이 같은 부정적인 문제가 야기되었다.

전투사령관의 입지가 강화되어 이들이 사령부 내부에서 나름의 영주처럼 행사할 수 있게 되었다는 주장이 부상하였다. 그러나 휘하 작전전구 내의 모든 전력에 대해 전투사령관이 보다 완벽히 권한을 행사할 수 있어야 할 것이라는 증거가 아직도 나타나고 있었다.

예를 들면 1996년 6월 25일 사우디아라비아에 있던 미군의 Khobar Tower 병영에 대한 폭격으로 인해 19명의 미군이 살상되는 사건이 발생하였다. 당시의 사건은 Goldwater-Nichols Act 이전의 베이루트의 해병대 병영이 폭격당한 경우와 유사하였다. 이들 두 사건은 지휘계통이 복잡하다는 점으로 인해 전구(戰區: Theater) 전력의 안전을 전구사령관이 제대로 보장하지 못했기 때문에 발생한 사건이란 공통점이 있었다.

---

57) Kitfield, p. 373.

미 국방성은 당시의 사건을 다운잉(Wayne Downing)과 크렙퍼(James Clapper)란 두 명의 퇴역 장군들로 하여금 조사토록 하였다. 이들의 보고서를 보게되면 사우디아라비아에 상주하고 있던 미군의 지휘계통이 터무니없는 형태의 것이었음을 알게 된다.

그곳에 있는 미군의 안전을 미 본토의 장교들이 감독하고 있었는데, 이는 전구 전력은 통합 및 특수 사령관과 같은 전구사령관이 담당해야 한다는 Goldwater-Nichols Act의 정신에 위배되는 것이라고 보고서는 주장하였다.[58] 더욱이 전구사령관은 각군이 제공한 군사력을 수용할 수밖에 없는 입장이라는 점이 Khobar Tower에 대한 폭격을 통해 입증되었는데, 이들 군사력의 경우 응집력 있는 부대라기보다는 오합지졸(烏合之卒)에 불과한 경우도 없지 않았다.[59]

일관성이 결여된 군사력을 각군이 제공함에 따라 전구사령관 예하의 지휘계통이 혼미해지면서 전구사령관의 권한이 약화되는 현상이 발생하였다. 전구사령부에 배치되어 있는 군사력의 교체와 관련된 계획은 각군이 작성하고 있었다.

Khobar Tower에 대한 폭격은 각군이 전구 전력의 교체 계획을 관장하고 있음에 따라 발생한 문제였다. 전구에 배치되어 있는 병사들의 근무기간을 각군이 통제하고 있었다는 점으로 인해 전구 상황에 적응 된지 얼마 되지 않아 이들 병사들이 교체되어 전투효율이 격감하는 현상이 발생할 수 있게 되었다.

"Goldwater-Nichols Act에 잘못된 부분은 없다. 모든 문제는 집행 과정에

58) Otto Kreisher, "Did the Pentagon Fail to Learn from Mistakes? Report Raises Concerns Cited After '83 Bombing," in The San Diego Union-Tribune (September 17, 1996), p. 14.

59) Robert Holzer, "Reforms Leave Overseas U.S. Command Murky," in Defense News (December 9-15, 1996), p. 40. 지금부터 "Reforms"로 지칭.

서 발생하고 있다. 각군은 어느 누구도 전구의 병사들에 대한 교체기획과 관련해 이래라 저래라 할 수 없다"[60]고 해병대장 쉬한(John Sheehan)은 말하고 있다.

통합 및 특수 사령관과 같은 전구사령관의 권한을 강화함에 따른 파장은 국방조직의 갈등이란 영역에만 국한되고 있지 않다. 전구사령관의 경우는 특정 지역에 초점을 맞추고 있다. 이 점에서 볼 때 전구사령관은 특정 지역을 담당하고 있으며, 국무성 내의 특정 지역 담당 요원들을 관장하고 있는 차관보와 유사하다.

냉전이 종식되면서 평화유지활동과 정치-군사 작전에 보다 많은 관심이 집중되고 있다. 이 점에서 전구사령관은 군사 임무의 일환으로 외교적인 문제에도 관심을 집중시켜야 하는 입장이다.

전구사령관의 영향력이 신장되고 외교적 성향이 높아졌다는 점으로 인해 국무성의 지역 군주인 국무성 차관보와 전구사령관이 경쟁 관계에 놓이게 되었다. 더욱이 유럽사령부 등 몇몇 전구사령부의 경우는 워싱턴 D.C가 아니고 해당 지역에 전진 배치되어 있다.

오늘날의 첨단 통신 수단으로 인해 국무성의 차관보가 해당 지역에 상주할 필요성은 점차 줄어들고 있다. 반면에 해당 지역에 전구사령관이 상주함에 따라 그곳에서의 이들의 입지와 영향력이 높아지고 있다. 미국은 통합사령부기획(UCP: Unified Command Plan)에 근거해 지구를 몇몇 전구(戰區: Theater)로 나눈 후 이들 전구를 전구사령관이 담당하도록 하고 있다.

국방 차원에서 지구를 나눈 방식과 국무성의 지역 담당 부서에서 나눈 지역이 일치하지 않는 정도에 따라 전구사령관의 권한이 강화되면서 혼란이 가중될 가능성도 없지 않다. 그러나 전구사령관의 권한 강화가 국방성

---

60) "Holzer, Reforms," p. 40.

및 국무성 간의 관계에 끼치는 효과가 어떠할 것인지는 두고 보아야 할 것이다.

5. 전투사령관들, 2부: 걸프전에서의 전략기획[61)]

1991년도 걸프전에서의 지상 전역 및 전략 항공전역(航空戰役: Air Campaign) 기획을 보게되면 주요 분쟁에서의 전구사령관에 대한 전구 참모들의 지원이 적합치 않을 가능성도 없지 않다는 점을 알게된다. 여타 국가가 쿠웨이트를 침공하는 경우에 대비한 중부사령부의 걸프전 이전의 기획은 공세적 성격의 작전보다는 억제 및 방어에 초점을 맞추고 있었다.[62)]

다시 말해 이는 중부사령부의 경우 쿠웨이트를 해방시킬 목적의 전략 항공전역을 전쟁기간 도중 기본부터 다시 작성해야 함을 의미하였다.

당시 중부사령부 소속 공군구성군의 경우는 걸프 지역으로 오는 미군들의 훈련 · 무장 및 배치에 초점을 맞추다보니 전략적 차원에서 사고할 여유가 없었다.[63)] 이 점에서 중부사령부는 전략 항공전역의 기획이 어려운 상황이었다.

중부사령부의 사령관인 육군대장 슈워르츠코프는 이라크가 자국의 서쪽에 위치해 있는 국가를 공격해오고 미국의 부시 대통령이 보복을 명령하는 경우 항공력을 이용한 몇몇 방안을 활용할 필요가 있다고 생각하였다. 이들 방안을 개발하는 과정에서 도움을 달라고 그는 공군 참모차장 로(Michael

---

61) USCENTCOM의 지휘분야 역사학자인 Jay E. Hines이 1998년 6월에 검토한 내용임.

62) Michael R. Gorden and Bernard Trainer, The General's War: The Inside Story of the Conflict in the Gulf (Boston, MA: Little, Brown, 1995), p. 125.

63) Gordon, p. 76, Edward C. Mann III, Thunder and Lightning: Desert Storm and the Airpower Debates(Maxwell Air Force Base, AL: Air University Press, 1993), p. 28.

Loh)에게 요청하였다.[64)]

걸프전 당시 전략 항공전역이 빠르게 발전될 수 있었던 것은 이처럼 슈워르츠코프 대장의 요청이 있었기 때문이었다. 항공전역의 기획은 공군의 두뇌집단인 첵메이트(Checkmate)가 담당하였는데, 이는 펜타곤 공군본부 참모부 소속의 집단이었다.

그곳의 책임자는 공군대령 와든(John Warden III)이었는데, Checkmate를 구성할 당시 의도했던 바는 유럽에서의 전쟁 발발에 대비한 공군의 대응방안을 강구하는 것이었다.[65)] 슈워르츠코프의 요청에 대응해 Checkmate는 '즉각적인 천둥(Instant Thunder)'이란 개념을 제시하였다.

와든은 오늘날의 국가는 다수의 중심(重心: Center of Gravity)들로 구성되어 있는데, 이들 중 가장 중요한 것은 국가 지휘부이고, 그 다음이 주요 생산 및 기반구조이며, 군사력의 경우는 국가 지탱이란 측면에서 가장 우선 순위가 떨어진다고 확신하고 있었다.

'즉각적인 천둥'이란 개념의 당시의 항공전역은 이 같은 와든의 이론에 근거하고 있었다. 오늘날의 항공무기가 매우 정교해졌을 뿐 아니라 생존성이 증대되면서 적의 주요 지휘부, 기반시설 그리고 생산시설 등의 표적을 동시에 격렬히 공격해 이들 국가의 지휘부가 몰락하거나 신속히 화평을 요청하도록 만들 수 있게 되었다고 와든은 자신의 이론에서 주장하였다.[66)]

'즉각적인 천둥'이란 개념을 실행 기획으로 발전시키려면 항공력에 관한 와든의 철학을 걸프만의 상황에 적응시킬 필요가 있었다. 이 경우는 미국이 추구하는 목표의 개관을 알 필요가 있었다.

---

64) Richard T. Reynolds, Heart of the Storm: The Genesis of the Air Campaign Against Iraq (Maxwell Air Force Base, AL: Air University Press, 11995), p. 224. 지금부터 Heart of the Storm으로 지칭.

65) Gordon, p. 79.

66) Reynolds, Heart of the Storm, p. 17.

Checkmate의 경우 몇몇 목표들을 갖고 있었는데, 이들은 민간의 권위체가 내린 공식적인 지도에 근거한 것이 아니고 대통령의 연설과 백악관이 배포한 자료를 정리한 것이었다. 그러나 '즉각적인 천둥'이란 개념을 슈워르츠코프에게 브리핑할 당시 와든은 이 점을 밝히지 않았다.

Chekmate의 요원들은 자신들의 시각을 넓힐 의도에서 루트웍(Edward Luttwak) 및 코헨(Eliot Cohen)과 같은 군사전문가들을 초청해 자문을 구하였다.[67]

그럼에도 불구하고 정치-군사 기획에 관한 한 Checkmate는 그 경험이 일천하였다. 와든은 구성원을 넓힐 목적에서 Checkmate에 여타 군의 요원들을 포함시켰다.

공군 내부에서도 '즉각적인 천둥'이란 개념에 대한 반대의 목소리가 없지 않았는데, 이들 반대의 목소리는 주로 전술공군사령부(TAC: Tactical Air Command)로부터 나왔다.

전술공군사령부는 항공력을 전략적 차원의 자산이라기보다는 지상작전을 보조해주는 수단으로 바라보고 있었다. 따라서 전술공군사령부는 중부사령부의 공구구성군사령관인 호너(Chuck Horner) 대장에게 비공식 채널을 통해 메시지를 보냈는데, 그 내용은 Checkmate가 작성한 전략 항공전역 기획에 문제가 있다는 것이었다.[68]

워싱턴의 기획실에서 개발되었다는 점을 보면서 호너는 '즉각적인 천둥'이란 개념에 대해 좋지 않은 선입견을 갖고 있었다. Checkmate의 요원들은 전장으로부터 멀리 떨어진 워싱턴에서 걸프만의 상황을 보다 냉철히 바라볼 수 있게 되었다고 주장하고 있었다.

그러나 항공력을 이용해 대규모 차원의 전역을 감행하는 경우 사우디아

67) Reynolds, Heart of the Storm, p. 36.
68) Ibid., pp. 39~43.

라비아를 방어하고 있던 미약한 전력의 미 지상군을 전개가 완료되기도 이전에 이라크 군이 공격해올 것이라며, 호너는 Checkmate를 비방하였다.

F-117 항공기의 경우는 방공(防空) 능력이 거의 부재한 파나마를 침공하는 과정에서도 표적을 제대로 공격하지 못한 바 있었다.[69] 이 같은 F-117A의 역할에 크게 의존하고 있는 '즉각적인 천둥'이란 개념을 호너는 비방하였다.

마지막으로 전장으로부터 멀리 떨어져 있는 워싱턴에서 항공전역을 기획하는 것을 보면서 호너는 월남전에서의 항공전을 연상하였다. 월남전 당시의 항공전역은 월남에서 멀리 떨어져 있는 워싱턴 D.C의 의사결정권자들이 상세 관리한 바 있었다.[70] 따라서 호너 대장은 항공전역을 백지 상태에서 재차 구상해보라고 휘하 참모들에게 지시하였다.[71]

이 같은 호너의 반대에도 불구하고 Checkmate는 '즉각적인 천둥'이란 개념이 적용될 수 있도록 도와달라며 워싱턴의 군사지도자들을 상대로 로비하였다. 이들은 합동참모회의에 지원을 호소하였으며 행정 관료들을 하나하나 자신들의 편으로 만들어 나아갔다.[72]

걸프전이 종료될 당시 Checkmate의 영향력은 걸프만의 작전전구에서조차 확고하였다. Checkmate의 기획을 지원할 목적에서 와든은 비공식 채널을 구성했는데, 여기에는 수백 명의 사람들이 포함되어 있었다. 그 과정에서 그는 개인적인 우정 뿐 아니라 과거의 사제(師弟) 지간을 십분 활용하

---

69) Gordon, pp. 92~93.

70) Kitfield, p. 362.

71) Gordon, p. 95.

72) Richard T. Reynolds, "Formal and Informal C3I Structures in the Desert Storm Air Campaign," in Seminar on Command, Control, Communications and Intelligence: Guest Presentations (Cambridge, MA: Program on Information Resources Policy, Harvard University, 1994), p. 248.

였다.[73)]

항공전역 기획의 문제를 슈워르츠코프는 Checkmate에 임기응변 방식으로 의존해 해결하였다. 이 점에서 볼 때 전구사령부의 참모들은 전략기획의 작성에는 적합치 않은 듯 보였다. 미군의 전개와 관련된 문제에 너무나 많은 정력을 쏟고 있었다는 점으로 인해 슈워르츠코프 휘하의 참모들은 전역을 기획할 수 있는 입장이 아니었다.

전구사령관의 주요 임무가 전투라는 점에서 이는 매우 가슴아픈 일이었다. 전구사령부 참모들이 배제된 상태에서의 임기응변 방식으로 편성된 조직에 의해 펜타곤의 이름 모를 사무실에서 전역이 기획되고 있었다. 이 점에서 작성된 전역기획이 미국의 전반적인 전략목표와 괴리를 보일 가능성도 없지 않았다.

Checkmate의 경우처럼 전략을 인도하는 목표들을 대통령의 발언과 백악관에서 유포한 자료에 근거하는 경우는 항공전역에서 추구하는 바와 대통령이 진정 의도한 목표 간에 크게 차이가 날 가능성도 없지 않았다. 와든이 추구한 목표들에는 이라크군 공세전력의 능력을 저하시킨다는 항목이 포함되어 있었다.[74)]

와든은 이라크의 지휘부 및 기반구조를 와해시킴으로서 쿠웨이트로부터 이라크 군을 몰아내겠다는 기획을 갖고 있었는데, 이처럼 하게되면 이라크군의 탱크와 공화국수비대가 전혀 손상 받지 않을 가능성도 없지 않았다.

합참의장 파월은 공화국수비대와 이라크군의 탱크를 격파할 수 있도록 '즉각적인 천둥' 개념을 보완하라고 지시하였다.[75)] Checkmate의 기획가들이 올바른 전략목표 아래 처음부터 운영했더라면 이처럼 전역기획을 수정

73) Ibid., p. 255.
74) Reynolds, Heart of the Storm, p. 29.
75) Ibid., p. 72.

할 필요는 없었을 것이며, 그 과정에서의 시간 손실도 방지할 수 있었을 것이다.

걸프만의 작전전구로부터 멀리 떨어진 곳에 위치해 있었다는 점으로 인해 Checkmate는 이라크 정권의 현실과 괴리되어 있는 듯 보이는 기획을 개발해 내었다.

중심(重心: Center of Gravity)에 기반을 두고 있는 와든의 항공력 이론은 대규모의 비밀 경찰망에 의해 권력을 유지하고 있던 후세인 정권보다는 기술에 기반을 두고 있는 민주 정부에 보다 더 적합한 형태의 것이었다.

8년에 걸쳐 진행된 이란-이라크 전쟁 당시 이들 양국은 상대방 국가의 인구 중심지를 항공력을 이용해 공격한 바 있는데, 이 같은 공격에도 이라크는 굴복하지 않았다.[76] 항공력을 이용한 정밀공격으로 후세인 정권을 약화시킬 수 있을 것이라고 와든은 생각하였다.

이라크의 권위주의적 정치 문화에 친숙해 있던 중부사령부의 참모들이 전역을 기획했더라면 이 같은 오판은 없었을 것이다.[77] 한편 전구사령부 참모들이 아닌 또 다른 집단에서 전역을 기획하는 경우는 전역기획이 실제의 정치-군사 상황과 불일치할 뿐 아니라 전구사령부의 참모들이 그 내용에 대해 나름의 방식으로 저항하게 될 가능성도 없지 않다.

후세인 정권이 본질적으로 불안정한 상태라는 점, 정밀무기의 정확도가

---

76) 당시 전쟁에서의 항공력에 대한 분석은 Ronald E. Bergquist, The Role of Airpower in the Iran-Iraq War (Maxwell Air Force Base, AL: Air University Press, 1988) 참조.

77) Instant Thunder 작전은 자기 모순에 빠져있었다. 다시 말해 작전의 성공으로 인해 나름의 문제가 발생하였다. 당시의 작전에서 의도한 바가 이라크의 중심을 무력화시켜 후세인으로 하여금 쿠웨이트에서 철수하도록 하는 것이었다면 통신시설과 같은 중심을 격파함으로 인해 후세인의 경우는 야전군에게 철수 명령을 하달할 수가 없는 상황이었다. 출처: Richard Martin, Stopping the Unthinkable: C3I Dimensions of Terminating a "Limited" Nuclear War (Cambridge, MA: Program on Information Resources Policy, Harvard University, 1982), p. 34.

매우 높을 것이라는 점을 와든은 굳게 믿고 있었는데, 여기에는 나름의 문제가 없지 않았다. 그럼에도 불구하고 당시의 항공전역으로 인해 이라크의 주요 통신소가 무력화되고, 이라크의 군사력이 와해되었다. 또한 이라크 본토로부터 고립됨에 따라 항공력과 지상전력을 이용해 쿠웨이트 전구의 이라크군 야전군에 일격을 구사할 수 있게 되었다. 이 점에서 볼 때 당시의 항공기획에는 나름의 타당성이 있었다.

한편 지상전 수행을 위한 최초 기획은 항공전역의 경우처럼 임기응변 방식으로 구성된 조직에 의해 작성되었다. 그럼에도 불구하고 항공전역의 경우와 비교해볼 때 지상전역에 의한 결과는 좋지 못했다고 몇몇 분석가들은 비판하였다.

슈워르츠코프 휘하 중부사령부의 전략기획 참모인 해군제독 샤프(Sharp)와 작전참모인 공군소장 무어(Moore)는 해군 및 공군을 배경으로 하고 있다는 점에서 지상군 공세의 기획에 관한 한 전문성이 결여되어 있었다.

슈워르츠코프의 지시에 따라 지상전역 기획 임무는 4명의 장교로 구성된 "Jedi Knight"들에게 부여되었는데, 이들은 육군의 여러 특기 부서에서 차출된 3명의 소령과 1명의 중령으로 구성되어 있었다.

지상전 기획을 위해 사우디아라비아에 오기 이전까지 이들은 전혀 모르는 사이였다. 지상전의 경우는 다수의 해병 전력이 참여토록 되어 있었다. 그럼에도 불구하고 당시의 기획팀에는 해병대 대표가 포함되어 있지 않았다. 그 이유는 각군의 이해와 무관하게 기획하라고 슈워르츠코프가 이들 팀에게 지시했기 때문이었다.[78)]

"Jedi Knight"들이 최초 구상한 기획에는 쿠웨이트에 있던 이라크군 방어전력의 심장부를 1개 군단을 이용해 직접 공격한다는 내용이 포함되어 있

---

78) Gordon, pp. 124~125.

었다. 부시 대통령과 파월 합참의장은 내용의 부적합성을 근거로 이를 거부하였다.[79)]

1개 군단을 이용해 공격하겠다는 중부사령부의 기획이 불신 받게 되자 지상군 공세에 관한 기획의 축이 펜타곤으로 이전되었다. 체니 국방장관의 경우는 이라크의 사막을 통한 좌측 일격을 희망하고 있었다. 이 같은 기획을 발전시키도록 하라고 체니가 명령함에 따라 월포비츠(Paul Wolfowitz) 국방차관은 퇴역 및 현역 장교 몇 명을 중심으로 팀을 편성하였다.

이 팀이 만들어낸 산물의 이름은 Operation Scorpion이었다. 여기에는 미군 전력으로 하여금 서부 이라크 지역의 사막을 점령토록 함으로서 스커드 미사일이 발사되지 못하도록 하고, 바그다드를 위협함으로서 후세인 정권을 불안정한 상태로 몰고 가며, 이라크 군부대를 광활한 사막 지역으로 유인하고는 항공력을 이용해 공격한다는 내용이 포함되어 있었다.

"Jedi Knight"들이 구상한 기획이 좋은 평가를 얻지 못하게 되자 파월 대장은 나름의 기획팀을 편성하고는 이들에게 좌측 일격을 날린다는 개념을 발전시키도록 하라고 지시하였다.[80)] 체니 국방장관의 강압으로 인해 "Jedi Knight"들은 서쪽으로부터 좌측 일격을 날린다는 기획을 구상하게 되었다. 전후 슈워르츠코프는 다음과 같이 말한 바 있다.

"워싱턴의 강압으로 인해 보다 더 서쪽 지역을 바라볼 수 있게 되었다는 것이 올바른 표현일 것이다". "Jedi Knight"들은 대규모 차원의 좌측 일격을 담고 있는 기획을 구상해 내었다. 이들 기획에는 해병대로 하여금 부대 전면의 이라크 군 주의를 집중시키도록 하는 한편 육군이 이라크군의 우측 측방을 우회해 좌측 일격을 날려서 이라크 군 전선 뒤에 위치해 있던 공화

79) Ibid., pp. 135~141.
80) Ibid., pp. 144~147.

국수비대를 무력화시킨다는 내용이 포함되어 있었다.[81)]

두 달에 걸친 작업이 종료되자 "Jedi Knight"들은 중부사령부의 해병대사령관인 부머(Walter Boomer) 중장 앞에 모습을 나타내었다. 부머는 이들 지상전 기획요원에 해병대 대표가 포함되어 있지 않다는 점, 그리고 자신들이 보다 중요하지 않은 역할에 배정되어 있는 것처럼 보인다는 점으로 인해 불쾌해하였다.

해병대가 부정적인 반응을 보이자 슈워르츠코프 대장은 육군이 이라크의 우측 측방을 중심으로 좌측 일격을 날리는 동안 해병대가 전선 전면을 견제한다는 계획을 철회하고는 나름의 공격 기획을 작성해보라고 부머에게 말했다. 해병대는 전선 전면의 이라크 군을 견제한 것이 아니고 이들을 공격하였다.

그 결과 좌측 일격을 날릴 육군 전력이 이라크 군의 우측 측방을 우회해 공화국수비대를 격멸하기도 전에 이라크 육군이 무너지면서 이라크로 밀려나게 되었다. 따라서 후세인의 엘리트 전력인 공화국수비대를 격파함으로서 이라크 정권을 약화시키겠다던 미국의 전략목표를 지상군 공세를 통해 달성할 수 없게 되었다.[82)]

슈워르츠코프 대장은 전역 기획의 문제를 임기응변 방식의 급조된 조직을 통해 해결할 필요가 있었는데, 이는 휘하 참모들의 기획 능력에 문제가 있었기 때문이었다. 소위 말해 중부사령부 내의 기획 능력은 각군 수준의 전문성을 넘지 못했다.

지상전역의 기획은 항공전역의 경우와는 달리 적어도 중부사령부의 참모를 중심으로 시작되었다. 그러나 "Jedi Knight"들이 작성한 기획이 불신 받게되자 펜타곤에 기반을 둔 의사결정권자들은 자신들이 직접 지상전역 기

81) Ibid., pp. 150~159.

82) Ibid., pp. 472~473.

획에 참여하였다. 좌측 일격을 날린다는 기획에 대해 해병대가 부정적으로 반응했는데, 이는 이들이 기획 과정에서 배제되어 있었기 때문이기도 하다.

기획가들을 외부로부터 격리시켜 각군의 입김이 작용하지 못하도록 한다는 취지에서 임기응변 방식으로 조직을 편성했는데, 결과적으로는 기획에 참여하지 못한 군으로부터 부정적인 반응이 있었다.[83] 좌측 일격을 날린다는 기획에 대해 부정적인 반응을 보이자 슈워르츠코프 대장은 해병대에게 나름의 양보를 하였다.

당시 그의 행동은 각군의 이해 앞에서는 약해질 수밖에 없다는 점을 보여준 사건이었다. 지상전역 내용을 변경함에 따라 미군은 후세인의 엘리트 집단인 공화국수비대를 격파한다는 목표를 달성할 수 없게 되었다.

6. 군 수송: 걸프전 및 이후 전쟁에서 수송사령부의 성공

미군을 해외로 신속히 그리고 지속적으로 배치할 수 있도록 할 목적의 나름의 효율적인 조직으로 항공 · 지상 및 해상 수송 수단을 통합(Unify)하는 문제를 놓고 Goldwater-Nichols Act 이전부터 적지 않은 논란이 있었다.

제1장 및 제2장에서 설명한 바처럼 '니프티 너겟(Nifty Nugget)' 배치 연습은 일대 재앙으로 끝났다. 당시의 연습은 유럽에서 지상전이 발발해 미군을 신속히 배치하고자 하는 경우 나름의 문제가 있음을 보여준 사건이었다.

그레나다를 침공할 당시인 1983년, 미국의 합동배치국(Joint Deployment

83) 합동성이란 용어에 난해한 부분이 있음을 여기서 알게된다. 합동이란 기획 및 작전에 개개 군이 나름의 역할을 해야 하는 것인가 아니면 기획 또는 집행 측면에서 작전을 주도하는 군을 지정하고 여타 군은 주도하는 군이 이끄는 방향으로 따라감을 의미하는가? Infra에서 "Join Operations and Standing Joint Task Forces,"라고 지칭된 절을 보시오.

Agency)은 역할을 제대로 수행하지 못했다. 당시는 미 국방수송이 올바로 조직되어 있지 못함을 보여준 사건이었다. 제2장에서 검토한 바처럼 미군의 수송자산을 통합사령부로 단일화하는 행위는 법으로 금지되어 있었다.

1986년도 패카드 위원회(Packard Commission)는 이 같은 통합사령부의 설치를 주장하였는데, 레이건 대통령은 패카드의 주장을 담은 NSDD 219에 서명하였다.

수송을 전담하는 통합사령부의 설치를 금지하고 있던 법령이 폐지됨에 따라 1987년도에는 수송사령부를 설립할 수 있었다. 그러나 이 같은 사령부의 설립에도 불구하고 각군 수송자산에 대한 수송사령부의 권한[84]은 전시(戰時)로 국한되어 있었다.[85]

걸프전이 시작될 당시에는 다수의 요인들이 결합해 수송사령부의 성공에 장애 요소로 작용하였다. 사우디아라비아 방어를 위한 중부사령부의 기획은 집행과정에서 요구되는 수송의 정도를 놓고 볼 때 타당성이 없었다.

당시의 기획은 예상 공격 시점 이전에 미군이 30일간의 준비기간을 가질 수 있을 것이라는 가정에 근거하고 있었다. 미군이 침공 조짐을 전혀 감지하지 못한 상태에서 위기가 구체화되었다.

그 결과 대규모 군사력을 사우디아라비아로 긴급히 공수해야 하는 상황이 발생하였다. 주요 분쟁에 대비해 대규모 차원의 배치를 기획 및 구현할 목적에서 1990년대 초에 구상한 '합동작전 기획 및 수행체계(JOPES: Joint Operation Planning and Execution System)'는 현실성이 없었다.[86]

---

84) 미 수송사령부의 각군 구성군은 공군의 공수사령부(MAC: Military Airlift Command), 해군의 해수사령부(MSC: Military Sealift Command) 그리고 육군의 교통관리사령부(MTMC: Military Traffic Management Command)다.

85) Matthew, pp. 1~4.

86) Ibid., p. 22-24. JOPES는 합동작전기획 체계(JOPS: Joint Operations Planning System)과 합동배치체계(JDS: Joint Deployment System)를 결합한 것이다.

더욱이 걸프전은 전쟁을 지시하는 전구사령관이 단일의 수송사령관인 공군대장 존슨(Hansford T. Johnson)과 접촉해 인력 및 물자의 수송을 협의해야 했던 최초의 주요 분쟁이었다. 미군을 걸프만에 최초 배치한 이후 작전전구로 이들 자원을 완전 재배치하기까지는 근 7개월의 기간이 소요되었다.

당시의 기간 동안 수송사령부는 504,000명의 인력, 360만 톤의 물자, 610만 톤에 달하는 유류, 2개 육군 군단, 2개 해병 원정전력 그리고 28개의 공군 전술전투 대대를 운송하였다.[87)]

수송자산을 효율적으로 활용하려면 수송사령부가 평시에도 전시 권한을 행사하도록 할 필요가 있다고 전후 미군의 고위급 지도자들은 결론지었다.

1993년 1월8일, DOD Directive 5158.3에 따라 그 임무가 확대되면서 수송사령부는 전 · 평시에 관계없이 미군의 수송자산을 지시할 수 있게 되었다.[88)] 이처럼 수송자산을 수송사령부가 조정할 수 있게 되었는데, 이는 Goldwater-Nichols Act의 유산이 가장 구체적으로 나타난 경우다.

냉전 이후의 미군은 해외에 전진 배치되어 있는 군사력의 규모는 줄어든 반면[89)] 개입해야 할 지역 분쟁의 숫자는 증가하는 그러한 전략 상황에 직면해 있었다. 수송사령부의 창설은 이 같은 상황에 즉각 영향을 끼치는 형태의 것이었다.

---

87) Ibid., p. 12.

88) Matthews, pp. 228~229. 제도 변경 이후의 미 수송사령부에 대한 평가는 GAO, Defense Transformation: Streamlining of the U.S Transformation Command Is Needed (GAO/NSIAD-96-60, February 1996)를 그리고 수송사령부 개관에 대해 알고자하면 수송사령관을 역임한 공군대장 포글만(Ronald R. Fogleman)의 글인 "Reengineering Defense Transportation," in Joint Force Quarterly (Winter 1993~1994), pp. 75~79를 참조하시오.

89) 전진 배치된 군사력이란 미 본토가 아닌 분쟁 지역 근처에 배치되어 있는 군사력을 의미한다.

페리(William J. Perry) 국방장관은 다음과 같이 기술하고 있다.

"미군 군사력 구조의 중심에 공수와 해상수송 능력이 있다. 부대 및 이들의 장비를 미 본토로부터 멀리 떨어져 있는 전구(戰區)로 신속히 운송하는 과정에서 이들은 없어서는 아니 될 필수 요소다"[90)]

7. 합동작전과 상주의 합동기동부대

이라크에 대항한 1991년도의 걸프전에서 미국은 극적으로 승리하였다. 걸프전은 미국이 합동작전을 매우 효과적으로 수행할 수 있음을 보여준 사건이었다.

당시 합동군 공군구성군사령관인 호너 대장은 공군 항공뿐 아니라 해군 항공의 전투 임무를 지시하였는데,[91)] 이는 각군이 독자적으로 항공작전을 수행한 바 있는 월남전의 경우와 크게 대조되는 것이었다. 또한 걸프전에서는 대규모의 병참 활동을 합동 차원에서 매우 원활히 수행한 바 있다. Goldwater-Nichols Act가 제정된 이후의 여타 군사작전에서 또한 합동작전이 원활히 수행되었다.

1994년 9월에는 미군이 아이티 사태에 개입하였다. 당시 51대의 육군 헬리콥터들이 항공모함 아이젠하워에 탑재된 상태에서 임무 지역으로 운반되었으며, 육군 병력 또한 항공모함을 이용해 아이티로 운반되었다.[92)] 특

90) William J. Perry "Preventive Defense," in Foreign Affairs (November/ December 1996), p. 75. 지금부터 "Preventive Defense,"로 지칭.

91) 걸프전 당시 미 항공전역에 대한 분석은 Thomas A. Keaney and Eliot A. Cohen, Gulf War Air Power Survey: Summary Report (Washington, DC: U.S. Government Printing Office, 1993).을 보시오.

92) Lawrence E. Casper, "Flexibility, Reach, and Muscle: How Army Helicopters on a Navy

수작전 목적의 헬리콥터들이 항공모함 아메리카(America)에 탑재되어 있었으며, 항공모함에 대한 전술 통제권을 육군소장에게 이관해주기조차 하였다.[93)]

1983년도의 그레나다 침공 당시에는 육군 헬리콥터들이 해군 함정에 착륙할 수 없었다. 이 점에서 볼 때 이는 크게 대조되는 현상이었다.

작전 측면에서의 성공 외에 합참의장이 합동교리 발전을 위해 발벗고 나섰다는 점을 주목해야 할 것이다. 합동작전에 관한 논의를 활성화할 목적에서 파월 합참의장은 'Joint Force Quarterly'란 계간지를 발간하였다.

1995년 샬리카빌리(John Shalikashvili) 합참의장은 합동전쟁 수행에 관한 청사진을 담고 있는 합동비전(Joint Vision) 2010을 발행하였다.[94)] 합동비전 2010에는 군 작전에 관한 몇몇 기조가 담겨져 있었는데, 주도적 기동(Dominant Maneuver), 정밀교전(Precision Engagement), 초점군수(Focused Logistics) 그리고 전차원 방어(Full Dimensional Protection)가 바로 그것이었다.

주도적 기동이란 정보 및 감시 능력뿐 아니라 육 · 해 · 공군의 다양한 부대를 상호 연결해주는 '복합체계로 구성된 체계(System of Systems)'를 활용함을 의미하였다.

정밀교전이란 표적(標的: Target)을 적시에 선택할 수 있는 능력을 의미하였다. 초점군수란 물자를 효율적인 방식으로 제공함을 의미하였다.

전차원 방어란 미사일 및 생화학 무기와 같은 다양한 형태의 적 무기에

Carrier Succeeded in Haiti," in Armed Forces Journal International (January 1995), pp. 40~41.

93) Joseph D. Becker, "Special Operations Afloat: Haiti Operation Yielded Valuable :Lessons for Marrying SOF and Navy Force Projection" in Armed Forces Journal International (February 1996), pp. 18~20.

94) Joint Chiefs of Staff, Joint Vision 2010 (Washington, DC: U.S. Government Printing Office, 1995). 이것에 대한 비판을 보려면 Jon A. Kimminau, "Joint Vision 2010: Hale or Hollow?" in Proceedings (September 1997), pp. 78~81을 참조하시오.

대항해 아측의 방어체계를 상호 연계시킴을 의미하였다.[95] 물리적 매체 또는 특정 군 중심이 아니고 임무 중심으로 조직화되어 있는 이들 기조에서는 각군에 의한 독자적인 작전 수행이 아니고 각군 능력의 상호 결합을 요구하였다.

그러나 합동작전의 영역에서 몇몇 개선이 요구되었다. 걸프전 당시 합동군 공군구성군사령관(이는 작전전구에서의 항공작전을 책임지는 장교다)이 공군과 해군의 항공작전을 지시했는데, 해병대의 경우는 자군 항공자산에 대한 통제권을 양도하고자 하지 않았다.

결국 해병대는 자군이 보유하고 있던 FA-18 항공기들의 50%에 대한 통제권을 양도하였다.[96] 당시 해군의 항공임무를 지시한 사람은 합동군 공군구성군사령관 공군대장 호너였다. 사우디아라비아의 공군비행장과 해안에 정박해 있던 해군 항공모함은 통신장비 측면에서 상호운용성이 결여되어 있었다.

그 결과 해군 조종사들에게 임무를 부여할 목적에서 항공임무명령서(ATO: Air Tasking Order)를 항공모함으로 공수(空輸)해야만 하였다.[97] 당시의 통신 문제는 그 후 해결되었다. 각군 간 제대로 교신하지 못해 발생한 또 다른 사건이 있는데, 북부 이라크에서의 Provide Comfort II 작전 도중 공군의 F-15 항공기가 육군의 블랙호크(Blackhawk) 헬리콥터를 격추시킨 1994

---

95) "Pentagon Seeking to Put Flesh on Bones of Joint Vision 2010," in National Defense (July/August 1997), pp. 46~47.

96) Gordon, p. 311.

97) Richard A. Keaney and Eliot A. Cohen, Gulf War Air Power Survey: Vol. I: Planning and Command and Control (Washington, DC: U.S. Government Printing Office, 1993), p. 54. 합동 항공작전에 대해 보다 자세히 알고자 하는 경우는 James A. Winnefeld and Dana J. Johnson, Joint Air Operations: Pursuit of Unity in Command and Control, 1942-1991(Annapolis, MD: National Institute Press, 1993)을 참조.

년도 4월의 사건이 바로 그것이었다.[98)]

1994년 미군은 합동 훈련 및 통합의 문제를 북아메리카에 기반을 두고 있던 대서양사령부(이는 그 후 합동군사령부로 명칭이 바뀌었다.)가 감독하도록 하였다. 그 결과 합동작전과 관련된 미군의 훈련이 진일보하게 되었다. 그러나 당시는 훈련 예산이 부족했을 뿐 아니라 군사력을 각군 훈련에서 합동훈련으로 전용함에 따라 각군이 크게 반발하는 등 나름의 문제가 없지 않았다.[99)]

1997년도에는 전략 및 예산을 폭넓게 검토했는데, 당시의 행위는 QDR (Quadrennial Defense Review)이라고 지칭되고 있다. 합동작전의 중요성을 경시했다며 몇몇 분석가들은 당시의 검토에 대해 비판의 목소리를 높였다.

예를 들면 QDR에서는 합동정찰표적공격레이더체계(JSTARS: Joint Surveillance Target Attack Radar System)를 기획된 13대에서 7대로 삭감했는데, 이는 공군이 운용하는 항공기로서 육군 · 해병대 및 해군 부대에게 전장 활동에 관한 영상을 제공하는 성격의 것이었다.[100)] 당시 미군의 군사력 구조가 줄어들고 있었다는 점을 고려해보면 이 같은 삭감에는 나름의 타당성이 없지 않았다.

최근의 미군의 합동작전을 분석해보면 합동이란 용어에 대한 2가지의 애매함이 있음을 알게된다.

첫 번째 애매함은 합참의장의 상반되는 역할을 논의하는 과정에서 부상

---

98) 당시의 교전규칙에 관해 알고자 하는 경우는 Dawin Eflein, "A Case Study of Rules of Engagement in Joint Operations: The Air Force Shootdown of Army Helicopters in Operation Provide Comfort," in 44 Air Force Law Review (1998), pp. 33~74를 참조하시오.

99) ohn G. Roos, "A Plate Too Full: U.S. Atlantic Command Has One Entree Too Many," in Armed Forces Journal International (March 1995), p. 3.

100) Robert Holzer, "Experts Say Review Neglects Joint Fighting," in Defense News (May 26–June 1, 1997), p. 4.

하였다. 다시 말해 합동이란 국방조직에서 목격되는 중앙집권화, 지역 중심 그리고 일반 시각이란 극단을 의미하는가 아니면 정책을 결정하고자 할 때 이들 극단 그리고 이것과 상반되는 극단 중 하나를 선택하는 과정을 의미하는가 가 바로 그것이다.

합동이란 용어가 중앙집권화, 지역 중심 그리고 일반 시각이란 극단을 지칭한다고 가정할 때 이것을 두 가지 의미로 해석할 수 있는데, 합동에 관한 두 번째의 애매함은 바로 이것이다.

첫째, 합동에 대한 최소한의 시각이 있는데, 이는 상호 유한책임을 지는 동반자 관계 또는 각군 간 불가침 조약과 유사한 형태의 개념이다. 파월 대장의 경우는 합동을 "팀워크에 불과하다"고 기술한 바 있는데, 이는 합동이란 강력한 형태의 중앙집권화된 의사결정권자를 내포하고 있다는 견해에서 이탈하고자 하는 개념이다.

그의 경우는 합동이란 "누가 공을 넣는지에 관계없이 팀이 임무를 수행할 수 있도록"[101] 각군이 충분할 정도로 상호 공조한다는 비교적 느슨한 개념을 옹호하고 있었다. 반면에 합동성에 관한 최대 개념에서는 보다 많은 승수 효과를 얻어낼 수 있도록 각군의 전력 및 능력의 결합을 추구하고 있다.[102]

합동성에 관한 두 번째의 애매성은 군 작전에서 적나라하게 나타나고 있다.

1996년 9월, 미국은 공군 및 해군 자산을 이용해 이라크에 대한 항공공격을 감행하였다. 4척의 함정과 1척의 잠수함에서 31발의 크루즈미사일을, 그

---

101) "Interview with Colin L. Powell," p. 33.

102) Allard, p. 254. 또는 "미래전 어떻게 싸울 것인가", pp 455-456 .합동전쟁에 관해 권위 있는 논문을 작성한 그는 "합동 작전술에 관한 선지자"가 없음을 통탄하였다. 자신의 책 2판에서 그는 이 같은 선지자가 출현했다는 점을 적지 않고 있는데, 이는 불행한 일이다. 합동성의 의미에 관한 논의를 보려면 Owens의 "Organizing for Failure,"를 참조하시오.

리고 2대의 B-52 폭격기들이 괌으로부터의 34시간에 걸친 비행을 통해 13발의 미사일을 이라크에 발사하였다.

당시의 임무는 1개 군으로도 달성될 수 있었는데, 공군과 해군이 자군의 무기체계를 자랑할 수 있도록 합동군 구조를 편성해 임무를 수행토록 했다고 몇몇 분석가들은 주장하였다.[103] 이들은 각군 간 갈등으로 인해 이처럼 임무를 합동으로 수행할 수밖에 없었다고 주장하였다.

이 같은 주장에 대해 공군참모총장 포글만(Ronald Fogleman)은 즉각 강력히 반응하였다. 포글만은 당시 각군 전력을 혼합해 임무를 수행했던 것은 전술 상황을 고려했기 때문이며, 당시의 임무는 "합동으로 훌륭히 수행할 수 있는 형태의 것이었다"[104]고 주장하였다.

합동이 다수 군의 중첩되는 능력을 승수효과를 유발하는 방향으로 활용함을 의미하는 경우도 없지 않다. 그러나 합동이 특정 무기체계에 대한 책임을 특정 군에 부여하거나 작전에서 오직 1개 군의 자산을 이용하도록 함을 의미하는 경우도 없지 않다.

앞의 논쟁을 통해 우리는 이 같은 사실을 확인할 수 있었다. 여기서의 문제는 진정 각군 간 중첩되는 체계와 상호 보완적인 체계들을 구분해내는 일이다. 이 같은 형태의 애매함은 일군(一群)의 합동교리가 성숙해지면 해소될 가능성도 없지 않다.

Goldwater-Nichols Act에서는 합동교리의 발전에 관한 책임을 합참의장에게 부여하고 있다. 그러나 이들 합동교리의 발전은 Title IV에서 언급되어 있는 바처럼 합동 부서에 근무하는 장교들에 대한 요구사항(다음의 절에

---

103) Kirk Spitzer, "Military Arms Battling for Bigger Shares of Defense Budget," published by the Gannett News Service (September 12, 1996).

104) Tony Capaccio, "Air Force Chief Hits Interservice Sniping over Missile Hits," in Defense Week (september 16, 1996).

서 분석될 것임)들과 유사하다. 왜냐하면 이 조항은 어느 정도 시간이 경과한 이후에나 최대한 그 효력이 나타날 것이기 때문이다.[105)]

합동에 관한 두 번째 애매함은 작전을 기획 및 집행하는 과정에서의 각군 요원의 역할과 관련해 나타나고 있다.

예를 들면 "Jedi Knight" 기획팀에 해병대가 배제되어 있다는 점을 거론하면서 해병대는 육군 중심의 업무 처리로 인해 지상전역에 합동성이 결여되었다고 생각하였다. 이 같은 관점에서 보면 합동이란 "Jedi Knight" 기획팀에 해병 요원의 참여가 요구되는 개념이다.

이란에 억류되어 있던 미군 인질을 구출하기 위한 1980년도의 작전에 그리고 1983년도의 그레나다 침공작전에 미군은 영광을 공유할 목적에서 다수의 군이 참여토록 한 바 있다.

"Jedi Knight" 기획팀에 관한 해병대의 논리를 보다 더 발전시키게 되면 이란 인질 구축작전 또는 그레나다 침공작전과 유사하게 된다. 반면에 "Jedi Knight" 기획팀들이 각군 중심의 편향된 시각을 갖고 있지 않았다면 기획 요원의 출신 군이 어디인가는 전혀 문제가 되지 않을 것이다.

각군 장교들이 자군의 실체를 접어두고 진정 합동 성향을 견지할 수 있을 것인지에 대해 각군은 의아해 하였다. 기획의 결과로 인해 자군이 여타 군에 종속되어 있는 듯 보이는 경우에는 특히도 그러할 것이라고 이들은 생각하였다.

대규모 전투에서의 미군의 합동작전 수행 능력이 매우 중요한 것은 사실이다. 그러나 냉전 이후의 시대인 오늘날 걸프전은 예외적인 경우일 수도

---

105) 합동교리의 발전에 관해 보려면 Douglas C. Lovelace, Jr, and Thomas-Durrell Young, Strategic Plans, Joint Doctrine and Antipodean Insights (Carlisle, PA: U.S. Army War College, 1995). 합동교리에 대해 심층 분석한 것을 보려면 "Symposium: An Assessment of Joint Doctrine," in Joint Forces Quarterly(Winter 1997)을 참조하시오.

있을 것이다. 전장에서 대규모의 적 지상군과 대적하기보다 지역 또는 인종 갈등에 참여해 미군은 소규모의 평화유지활동, 공세적 성격의 평화강요 활동, 또는 인질 구출작전 등을 수행하게 될 가능성이 보다 더 높다.[106)]

이 경우 단기간에 걸친 부대 배치가 관례가 될 것이며,[107)] '전쟁 이외의 군사작전(MOOTWs: Military Operations other than War)'에서는 극도의 적대 및 유동적 상황에서 부대를 전개해야 할 가능성도 없지 않다.[108)]

페리 국방장관은 신속한 부대 배치의 중요성과 관련해 다음과 같이 기술하고 있다. "분쟁 지역에 군사력을 신속히 배치하는 정도에 비례해 배치된 군사력이 실제 사용될 가능성은 줄어드는 반면, 군사력 사용이 필요한 경우 그 성공 가능성은 높아지게 된다"[109)] 미군의 경우 해병 원정전력을 보유하고 있다는 점에서 이 같은 신속배치 군이 해군과 해병대만으로 구성될 수도 있을 것이다.[110)]

특정 지역에 상주하고 있는 해병 전력 이상의 군사력을 전개해야 하는 경우는 합동기동부대(Joint Task Force)의 골격 아래 작전을 수행하는 다수의 군을 활용해야 할 것이다. 그러나 미국의 경우는 합동기동부대에 요구되는 지휘통제체계를 완비하고 있지 못한 실정이라고 몇몇 비평가들은 주장하고 있다.[111)]

---

106) James R. Graham, ed., Non-Combat Roles for the U.S Military in the Post-Cold War Era (Washington, DC: National Defense University, 1993); Joint Chiefs of Staff, National Military Strategy for the United States, 1995(Washington, DC: U.S. Government Printing Office, 1995)

107) "U.S. Forces Lands in Congo," in New York Times (March 24, 1997), p. 9.

108) Steven L. Myers, "Marines Seize Weapons of Kosovo Insurgents," in New York Times (June 17, 1999), p. 1.

109) Perry, "Preventive Defense," p. 75.

110) 급조된 합동작전에서 Coast Guard의 역할에 관해 알고 싶으면 Ivan T. Luke, Jr., "Shooting from the Hip," in Proceedings (July 1997), pp. 52~54를 참조하시오.

111) 평화유지 및 평화강요 작전에 군과 관련되지 않은 정부기관이 대수 관여하게 됨에 이

예를 들면 1993년 평화유지활동을 목적으로 소말리아에 파견된 미군들은 급조된 지휘통제체계 아래 작전을 수행하였다. 그 결과 권한이 소말리아 및 여타 지역에 위치해 있던 몇몇 지휘관들로 분할되었다.[112] 몇몇 국가들의 부대와 함께 연합으로 미군을 배치하는 경우는 그 복잡성이 기하급수적으로 증대될 것이다.[113]

1991년도의 걸프전 당시 사우디아라비아에 있던 미군과 다국적군은 몇 달에 걸친 훈련기간을 가질 수 있었다. 그러나 향후의 부대 배치 과정에서는 이 같은 여유 기간이 주어지지 않을 것이다. 향후에는 합동작전을 훈련해본 경험이 있을 뿐 아니라 일관성 있는 합동기동부대 지휘통제체계로 통합된 부대가 요구될 것이다.

합동군사령부의 역할에는 합동군을 통합하는 부분이 포함되어 있는데, 이것이 향후 미군의 합동작전 능력 증진에 도움이 될 것이다. 그러나 신속배치를 준비할 목적의 합동기동부대 본부참모란 개념의 발전에 초점을 맞출 필요가 있다고 몇몇 분석가들은 주장하고 있다.

오늘날 합동기동부대 지휘통제체계의 경우는 임시 방편 식으로 급조해 편성되고 있다. 이 같은 만성적인 문제를 해결하려면 몇몇 장교들로 구성되는 상주의 합동기동부대 본부를 평시 편성해 이들로 하여금 합동기동부대를 인솔해 일관성 있게 전개될 수 있도록 하는 방안을 생각할 수 있을 것이다.[114]

같은 형태의 작전이 조직의 측면에서 복잡성을 더해가고 있다.

112) C. Kenneth Allard, Somalia Operations: Lessons Learned (Washington, DC: National Defense University Press, 1995), pp. 56~61.

113) Martha Maurer, Coalition Command and Control(Washington, DC: National Defense University Press, 1994).

114) John C. Coleman, Tumbling "Component Walls" in Contingency Operations: A Trumpet's Blare for Standing Joint Task Force Headquarters, unpublished manuscript(School of Advanced Military Studies, U.S. Army Command and General

그러나 다수의 합동기동부대를 망라하는 대규모 훈련을 수행하는 경우는 각군 훈련에 참여해야 할 장교들을 전용함으로서 국방조직에서 목격되는 갈등의 문제를 보다 더 편향시킬 가능성도 없지 않을 것이다.[115)]

보다 극단적인 경우를 생각할 수 있는데, 이는 본부참모와 작전부대를 포함하는 완벽한 형태의 상주 합동기동부대를 편성해 유지하는 것이다. 합동기동부대 본부를 상주 편성하는 방안의 경우는 부대를 전개하는 경우 몇몇 작전부대를 흡수해야 한다.

반면에 상주 합동기동부대를 편성하는 경우는 이들이 단일의 개체로서 항상 합동작전을 훈련할 수 있을 것이다.

1997년 5월 육군참모총장 라이머(Dennis Reimer) 대장은 육 · 해 · 공군 부대들로 구성된 5만 규모의 실험성격의 합동기동부대를 편성해 이들로 하여금 합동작전을 염두에 둔 신형의 기술 · 무장 및 전법을 실험할 수 있도록 하자고 제안한 바 있다.[116)]

그가 이처럼 제안한 것은 첨단 기술을 실험해볼 목적의 별도의 시설을 각군이 개발함으로서 이들 기술이 각군 특유의 방식으로 적용되는 현상을 방지하겠다는 것이었다. 그러나 라이머 대장의 구상은 즉각 작전 배치를 염두에 둔 것이라기보다는 획득 중심, 그리고 자신이 제안한 합동기동부대의 실험을 고려한 것이었다.

Staff College, Fort Leavenworth, KS, 1994); Thomas H. Barth, Overcoming the "Ad hoc" Nature of Joint or Combined Task Force Headquarters, unpublished manuscript(School of Advanced Military Studies, U.S. Army Command and General Staff College, Fort Leavenworth, KS, 1995)

115) Rober J. Reese, Joint Task Force Support Hope: Lessons for Power Projection, unpublished (School of Advanced Military Studies, U.S. Army Command and General Staff College, Fort Leavenworth, KS, 1994), p. 36.

116) Robert Holzer, "U.S. General Pushes Elite Experimental Joint Force," in Defense News (June 2-8, 1997), p. 1

라이머 대장의 제언 그리고 작전 중심의 합동기동부대를 상주 편성하자는 주장은 부대들이 각군 중심으로 훈련할 기회를 박탈하고,[117] 냉전 이후의 군축으로 인해 그 규모가 이미 감소되어 있는 각군의 장교들을 고갈시킴으로서 국방조직에서 목격되는 갈등에 관한 균형의 축을 각군으로부터 보다 멀어지게 할 가능성이 있다.

8. 합동장교에 관한 정책을 다루고 있는 Title IV의 시행

Title IV에서는 합참의장과 합참차장의 역할과 관련해 국방장관 및 대통령에게 나름의 재량권을 부여하고 있다. 반면에 합동직위에 근무하는 장교들의 자질을 높이고, 고위급 장교들의 성향을 합동의 시각으로 바꾼다는 취지에서 Title IV에서는 합동 부서에 근무하는 장교들의 인사정책에 관해 구체적인 요구조건을 제시하고 있다.

Goldwater-Nichols Act에서는 장교들이 합동에 보다 친숙해질 수 있도록 국방성 차원에서 합동 관련 직위를 발굴해 설정하라고 국방장관에게 요구하고 있다. 또한 여기서는 이들 합동직위(적어도 1,000자리는 될 것임)의 절반 정도는 일반 장교들로 보임시키고, 나머지 절반은 합동특기 장교들로 충원해야 할 것이라고 명시하고 있다.[118]

Goldwater-Nichols Act에서는 합동직위에 근무하는 장교들의 승진 비율을 언급하고 있는데, 일반장교 또는 합동특기 장교에 상관없이 합동참모로 근무하는 장교들의 경우는 각군 본부 참모로 근무하는 장교들의 비율 정도

117) "Interview with Gen. Dennis Reimer, U.S. Army Chief of Staff," in Defense News (August 4-10, 1997), p. 22.

118) Pub. L. No. 99-433, Title IV, Sec. 661(d)(1)-(2), 100 Stat, p. 1026 (1986).

는 진급되어야 한다고 명시하고 있다.

합동참모가 아닌 여타 합동직위에 근무하는 일반 장교들의 경우는 소속군 장교들의 비율 정도는 진급되어야 할 것이라고 법에 명시되어 있다. 합동특기 장교가 되려면 합동 전문군사학교를 졸업한 이후 하나 이상의 합동직위에 근무한 경험이 있어야 한다.

Goldwater-Nichols Act에는 또한 합동 전문군사학교를 졸업한 일반 장교들 중 절반 이상은 졸업과 동시에 합동직위에 보임되어야 할 것으로 명시되어 있다. 법규에서는 또한 합동직위에 근무하는 장교들의 최저 근무기간을 명시하고 있는데, 장군들의 경우는 3년 그리고 여타 장교들의 경우는 3년 반이다.

장군 급 장교들에게 합동 성향을 조성하고, 우수한 장교들이 합동직위에 지원하도록 할 목적에서 Goldwater-Nichols Act에서는 장군으로 승진하고자 하는 장교들의 경우 합동직위에 근무한 경험이 있어야 한다고 명시하고 있다.[119)]

Title IV에서 합동장교에 대한 구체적인 목표를 설정하자 각군은 3가지 이유를 들어 여기에 즉각 반발하였다.

첫째, 각군 모두에게 법규에 관해 그리고 합동훈련의 필요성에 대해 교육시킬 목적의 폭넓은 노력도 없이 법규를 제정했다는 점이다. 그 결과 Goldwater-Nichols Act가 자신들의 진로 및 승진에 끼칠 영향에 대해 다수 군인들이 우려하게 되었다.[120)]

Goldwater-Nichols Act가 의회를 통과한 지 10년이 지난 뒤 조사한 연구에서 공군은 합동특기를 고려하고 있는 장교들에게 나름의 진로를 설명해 줄 필요성 뿐 아니라 "합동 훈련 · 교육 및 보임에 대한 관심을 조장할 목

119) Ibid., Sec. 601 et seq., 100 Stat, pp. 1025~1034(1986).
120) 퇴역 해군장교와의 대담 자료.

적의 광범위한 차원의 여론 조성 활동"이 필요하다는 점을 확인할 수 있었다.[121)]

Goldwater-Nichols Act에는 "합동특기를 고려하는 장교들에게 지침이 될 안내서"를 합참의장의 조언을 받아 국방장관이 만들어야 한다고 명시되어 있다.[122)] 따라서 이들 장교의 진로에 관한 지침이 부족했다면 이는 Goldwater-Nichols Act의 정신에 위배되는 것이다.

각군이 합동장교와 관련된 정책에 반대한 두 번째 이유는 Goldwater-Nichols Act에 포함되어 있는 이들 내용이 각군의 인력관리 정책에 일대 변화를 요구하는 개념이라는 점 때문이었다.

최초 작성된 합동직위 목록에 따르면 8,452개의 합동직위가 있는데, 이들 중 1,000개는 너무나 중요하다 보니 합동특기만이 보임될 수 있었다. 1995년도 당시 합동직위의 규모는 9,075로 늘어났다.[123)] 각군은 합동직위의 규모가 너무나 방대하다고 생각하였다. 또한 이들 직위에 근무하게 될 장교들의 승진에 관한 법규뿐만 아니라 장군으로 승진하고자 하는 장교들의 경우 합동직위에 근무한 경험이 있어야 한다는 점을 보면서 각군의 최우수 장교 중 다수가 이들 합동직위를 열망하게 될 것이라고 각군은 생각하였다.

각군은 또한 장교들의 근무 기간을 고려해볼 때 합동특기 장교를 만들어내는데 소요되는 기간이 너무나 길다는 점에 적지 않은 좌절감을 느끼고

121) Kevin G. Boggs, Dale A. Bourque, Kathleen M. Grabwski, Harold K. James, and Julie K. Stanley, The Goldwater-Nichols Department Reorganization Act of 1986: An Analysis of Air Force Implementation of Title IV and Its Impact on the Air Force Corps, unpublished thesis(Air Command and Staff College, Maxwell Air Force Base, AL, 1995), p. 113.

122) Pub. L. No. 99-433, Title IV, Sec. 661(e), 100 Stat, p. 1026 (1986).

123) Loveplace, p. 53.

있었다.

예를 들면 법규에 따르면 합동특기 장교가 되려면 근 1년에 걸친 합동 전문군사학교 과정을 졸업하고, 3년 반의 기간을 합동직위에서 보내야만 하였다. 육군장교의 경우는 합동특기 장교가 되기 위한 과정을 시작한 순간부터 장군으로 승진하거나 퇴역할 시점까지의 기간이 대략 12년이 되었다. 그런데 장군으로 승진하려면 이들 장교는 12년이란 기간 동안 사령부, 각군 본부참모 또는 각군 학교에서 몇 번 근무할 필요가 있었다. 따라서 일반장교들의 경우 합동직위를 거치는 경우 12년 기간 중 1/4에 해당하는 기간을 각군과 멀리해야 하며, 합동특기 장교들의 경우는 이 같은 기간이 1/3에 해당하였다.[124)]

합동 전문군사학교를 졸업한 일반장교의 50%가 졸업과 동시에 합동직위에 근무해야 한다는 점과 합동특기 장교에 대한 요구사항들을 고려하는 경우 각군은 장교 보임 측면에서 다수의 융통성을 상실할 수밖에 없었다. 이외에도 냉전 종식과 함께 미군이 대폭 감축되고 있다는 점을 고려해볼 때 Title IV에서 요구하는 바를 충족시킬 수 있을 정도의 여유를 각군의 장교 인사관리체계는 갖고 있지 못했다.

Title IV 법규에 각군이 저항하게 된 세 번째 이유는 두 번째 이유와 그 맥을 같이 하고 있었다. 다시 말해 근무 기간의 많은 부분을 합동직위에 투입해야 한다는 점으로 인해 장군을 열망하는 장교들의 경우 각군 내부에서 지휘 및 참모 직위에 투입할 수 있는 기간이 줄어들 수밖에 없었다.

이는 합동특기 장교의 경우 특히도 그러한데, 이들의 진급 비율을 Title IV는 각군 본부참모들의 경우는 되어야 할 것으로 명시하고 있었다. 그런데 이들의 경우는 합동직위에 근무하는 기간, 즉 근 4년 동안 각군에서 경

124) van Trees Medlock, p. 67.

험을 쌓을 수 없는 실정이었다.

이 같은 논리를 옹호하는 사람들은 Title IV는 합동직위를 마다하고 각군에 체류한 일부 장교들 대신 합동특기 장교들을 승진시키겠다는 제도라며, 합동특기 장교들은 지휘 · 전투 및 리더십보다는 관리 및 참모 분야에 숙달된 사람들이라고 주장하였다.[125)]

이들 주장에서는 합동특기 장교들이 전쟁 수행 관련 기술을 개발하지 못하고 있으며, 장군급 장교들의 경우 합동 관련 기교보다는 전쟁 수행 관련 기술이 보다 더 중요하다는 점을 가정하고 있다.

이들 논리에 대응해 Goldwater-Nichols Act를 옹호하는 사람들은 법규가 제정되기 이전의 미군의 상황을 거론하면서 합동 경험이 부족한 장군들의 경우 고위급 국방 정책가들에게 군사 조언을 제대로 하지 못한다고 주장할 수 있을 것이다.

1991년도의 걸프전의 경우를 보면 당시의 전쟁에 관한 작전 및 전략 기획을 책임지고 있던 중부사령부의 고위급 장교들은 자군 중심의 영역을 벗어난 전역(戰役)을 기획할 수 있을 정도의 합동 경험이 없었다, 이 점으로 인해 당시의 전역은 즉흥적으로 편성된 몇 명의 장교들이 기획할 수밖에 없었다. 국방재조직을 옹호하는 사람들은 이 같은 사실을 또한 거론할 수 있을 것이다.

각군은 Title IV에서 의도한 목표의 달성이 쉽지 않다며, 내용의 일부 수정을 요구하였다. 그 결과 의회는 Goldwater-Nichols Act의 내용을 수정하였다.

1987년 12월, 의회는 합동직위를 먼저 근무하고 나중에 합동 전문군사학교를 졸업한 장교들의 경우도 합동특기가 될 수 있도록 법규를 수정하였

125) van Trees Medlock, p. 69. 148-154.

다. 또한 합동 전문군사학교는 졸업하지 않았지만 두 개의 합동직위를 완료한 장교들의 경우도 합동특기가 될 수 있도록 하였다. 이 같은 방식으로 합동특기가 된 장교들은 매년 선발되는 합동특기 장교의 5%가 채 되지 않았다.[126)]

합동특기 장교들로 채워져야 할 핵심 합동직위의 숫자를 국방장관이 최소 규모로 설정하도록 할 목적에서 의회는 핵심 합동직위에서 말하는 '핵심'의 성격을 분명히 하였다. 이들 직위의 경우는 너무나 중요하기 때문에 합동에 관해 훈련받은 사람들로 채워져야 한다고 의회는 명시하였다.

의회는 Title IV의 요건 중 하나를 강화했는데, 장군급 장교들이 보임되는 합동직위의 대부분을 핵심 합동직위로 설정하라고 요구한 것이 바로 그것이었다.[127)]

1988년 9월, 의회는 합동 인사관리에 관한 법규를 개정했다. 적어도 1,000개에 달하는 핵심 합동직위의 경우는 합동특기 장교로 보임되어야 한다는 요구사항이 당시의 개정으로 완화되었다.

의회는 1994년 1월까지는 이 요구조건을 유예해 80% 이상의 핵심 합동직위를 합동특기 장교들로 채우도록 허용하였다.[128)] 매년 선발되는 합동특기 장교 중 자격을 엄격히 충족하지 못한 상태에서 선발된 경우가 5%에 달했는데, 그 수치를 10%까지 늘려도 좋다고 의회는 국방장관에게 허락하였다.[129)]

의회는 또한 합동직위의 최저 근무기간을 단축해 장군의 경우는 2년 그리고 여타 장교들의 경우는 3년으로 하였다.[130)] 마지막으로 의회는 1986년

---

126) Pub. L. No. 100-180, Title XIII, Sec. 1301, 100 Stat, p. 1019 (1987).
127) Ibid., Title XIII, Sec. 1032, 101 Stat, p. 1169.
128) National Defense Authorization Act FY 1989, Pub. L. No. 100-456, Title V, Sec. 512, 102, 107 Stat. pp., 1918, 1968(1988).
129) Ibid., Sec. 511, 102 Stat, p. 1968.
130) Ibid., Sec. 514, 102 Stat, p. 1969.

도 이전 근무한 직위의 경우도 몇몇 조건을 충족하는 경우 합동직위로 계산할 수 있도록 하였다.[131)]

1993년 11월, 의회는 합동 전문군사학교를 졸업한 일반장교 중 50%는 졸업과 동시에 합동직위에 보임되어야 한다는 내용의 Title IV를 완화하였다.

의회는 이 법규를 수정해 합동 전문군사학교를 졸업한 장교들 중 50%가 졸업과 동시에 또는 차후 보직으로 이들 합동직위를 지망할 수 있도록 하였다. 그 결과 합동 전문군사학교를 졸업하는 일반장교 중 졸업과 동시에 합동직위에 보임해야 할 장교의 비율이 25%를 넘지 않게 되었다.[132)]

의회는 합동직위로 분류되어 있지는 않지만 1991년도의 걸프전 당시 직위의 성격으로 인해 각군과 합동차원에서 적지 않은 업무를 수행한 부대에 대해서는 합동직위를 이수한 것으로 인정해 나름의 자격을 부여하였다.[133)]

Goldwater-Nichols Act에서 요구한 사항들을 각군이 어느 정도 충족시키고 있는지에 관해 말하면, 1990년대 중반의 연구보고서에 따르면 각군이 법규 내용을 점차 이행해 가는 과정에 있었던 것은 사실이다. 그러나 합동직위 근무장교와 각군 근무장교들 간의 진급 비율은 아직도 균형을 이루지 못하고 있었다.

공군의 승진 비율에 관한 연구 보고서에 따르면 연구 대상 중 50%의 경우는 Title IV에서 요구한 바를 충족시키지 못하고 있었다.[134)] 반면에 해군의 승진에 관한 1996년도의 연구보고서에 따르면 합동직위에 근무하는 해군장교들의 경우 1980년대 말과 비교해볼 때 1990년대 중반에 진급 비율이 크게 높아졌다.

---

131) Ibid., Sec. 512-516, 102 Stat, pp. 1970~1971.

132) National Defense Authorization Act FY 1994, Pub. L. No. 103-160, Sec. 933, 107 Stat. pp., 1547, 1735~1736(1993).

133) Ibid., Sec. 932, 107 Stat, p. 1735.

134) Boggs, p. 111.

동 보고서에 따르면 1988~1990년도의 기간 중 합동특기의 해군 작전장교들이 여타 해군 작전장교들과 비교해볼 때 대령 승진 비율이 높았다고 한다. 또한 여타 조종장교들과 비교해볼 때 당시의 기간 중 합동특기 출신의 조종장교들의 대령으로의 진급 비율이 높았음을 동 보고서는 보여주고 있다.[135] 그러나 국방장관이 매년 작성하는 보고서에 따르면 Title IV에서 설정한 진급 목표 수치에 정도의 차이는 있지만 각군의 경우 미달되어 있었다.[136]

사실 각군의 승진 경향을 완벽히 분석해내려면 냉전 이후의 인력 감축에 따른 효과를 합동직위에 대한 각군의 본질적인 저항과 구분해낼 수 있어야 할 것이다.

Title IV에 대한 각군의 저항에 효과적으로 대응하지 못했던 이유 중 하나는 냉전 이후 미 국방이 대폭 감축되었다는 점이다. Title IV에 대한 각군의 저항에 제대로 대응하려면 장군으로 승진하기 이전에 요구되는 다수의 합동 및 각군 특유의 보직을 이수할 수 있도록 장교들에게 나름의 기간을 허용해 주어야 하는데, 인력 감축으로 인해 이것이 곤란해졌다.[137]

9. Goldwater-Nichols Act: 21세기 전망

의회를 통과한 이후 근 13년 동안 Goldwater-Nichols 법의 문자와 정신이 지속적으로 구현되고 있다. 국방조직의 경우는 나름의 갈등이 없지 않다.

---

135) John Peter Kovach, An Analysis of Naval Officers Serving on Joint Duty: The Impact of the 1986 Goldwater-Nichols Act, unpublished thesis (Naval Postgraduate School, Monterey, CA, 1996), pp. 79~94.

136) Lovelace, p. 55.

137) Dennis M. Savage, Joint Duty Prerequisite for Promotion to General/Flag Officer, unpublished thesis(U.S. Army War College, Carlisle, PA, 1992)

Goldwater-Nichols Act에서 의도한 바는 예전에 제대로 반영되지 못했던 갈등의 극단을 보다 더 반영함으로서 다원화된 형태의 국방성의 의사결정 과정에 생기를 불어넣겠다는 것이었다.

합참의장의 역할이 보다 분명해지고, JROC뿐만 아니라 통합 및 특수 사령관과 같은 전구사령관의 영향력이 점차 강화되고 있다. 이 점에서 볼 때 조직 측면에서의 국방성의 갈등에 Goldwater-Nichols Act가 끼친 효과가 어떠한지는 두고보아야 할 것이다.

Goldwater-Nichols Act의 집행이 미군이 직면하고 있는 두 개의 커다란 시련으로 인해 나름의 영향을 받고 있다. 이들 시련 중 첫 번째는 예상치 못한 냉전 종식으로 인해 국방예산이 삭감되면서 국방예산을 놓고 벌이는 각군 간의 경쟁이 보다 더 심화되었다는 점이다.

Title IV에서 요구하는 사항들을 보면서 각군은 적지 않은 좌절감을 느꼈는데, 냉전 이후의 병력 감축으로 인해 이 같은 좌절감은 보다 더 악화되었다. 냉전 이후의 세계에서 미군은 전쟁이 아닌 무수한 형태의 임무를 사건이 발생한 지 얼마 지나지 않은 시점에 합동기동부대의 형태로 수행해야 할 것이다.

이 같은 관점에서 볼 때 Goldwater-Nichols Act로 인해 전구사령관의 권한이 강화되고 합동작전의 개선을 위한 기반이 마련되었다는 점은 매우 시의 적절하다고 하겠다.

미군이 직면하고 있는 두 번째의 주요 시련은 첨단기술을 군에 적용하는 문제, 즉 군사혁신(RMA: Revolution in Military Affairs)의 문제다. 미군의 경우 기술 발전에 따른 위력을 활용하고자 노력하고 있는데,[138] 이 같은 기술로 인

138) Stuart E. Johnson and Martin C. Libicki, Dominant Battlespace Knowledge: The Winning Edge (Washington, DC: National Defense University Press, 1995). 첨단기술을 군의 통신 및 감지 능력에 접목시키는 현상을 '군사혁신(RMA: Revolution in

해 미국은 다음과 같은 세 가지 방안을 선택할 수 있을 것이다.

각군이 나름의 체계를 개발해 기술의 '바벨탑'을 구축하도록 할 수 있을 것이다.[139] 각군이 나름의 독특한 체계를 개발하고는 보다 첨단의 기술을 활용해 이들 체계들이 상호 협조하도록 할 수 있을 것이다. 또는 처음부터 모든 군이 사용할 수 있는 형태의 체계 개발에 초점을 맞출 수 있을 것이다.[140]

Goldwater-Nichols Act로 인해 중앙집권화가 강화되면서 각군 내부에서의 혁신 및 창의성이 죽어가고 있다는 몇몇 사람들의 비평에도 불구하고 JROC의 경우는 아마도 세 번째 방안으로 각군을 몰고 가고자 노력할 것이다.[141]

첨단기술의 접합, 냉전 이후 군의 감축 그리고 보다 빈번히 부대를 배치함이 군에 끼치는 영향은 아직 제대로 파악이 되지 않고 있다.[142]

그럼에도 불구하고 미군의 경우 변함없는 사실이 하나 있는데, 이는 미군이 중앙집권화/분권화, 지역 중심/기능 중심 그리고 일반 시각/특수 시각으로 대변되는 국방조직에서 목격되는 3가지 형태의 갈등이란 제약 아래

Military Affairs)'이라고 지칭하고 있다.

139) "Warrior Rank Not Respected by Advanced Info Networks: General Edmonds Says Old Data Monopolies Won't Wash in New Digital Information Environment," in National Defense (July/August 1997), pp. 40~42.

140) John G. Ross, "Ending the C4I Tower of Babel: 'Standards-Based Middleware' Bridges the Pentagons's Communications Gap," in Armed Forces Journal International (October 1994), p. 19.

141) F.G. Hoffman, "Innovation Can Be Messy," in Proceedings (January 1998), pp. 46~50.

142) 1990년대 말 미국 및 지구상의 기업들은 병합(Merge) 및 단일화의 길을 걷고 있다. 국방조직에 대한 미군 및 미 의회의 자세가 이들로 인해 영향을 받을 수도 있을 것이다. 이 같은 기업의 병합에 대한 비평의 목소리가 Peter Passell, "Do Mergers Really Yield Big Benefits?" in New York Times(May 14, 1998), p. D1에 언급되어 있다.

확실성 · 효율성 그리고 효과성을 추구할 것이라는 점이다.[143)]

143) 국방장관실의 인력감축과 병합은 조직 개혁의 또 다른 영역이다. 미군의 규모가 감축되고 있던 1985년에서 1995년의 기간 중 국방장관실 참모의 규모는 1,765명에서 2,170명으로 증가한 바 있다. Robert Holzer, "Task Force: Purge Some OSD Functions," in Defense News (August 18-24, 1997), p. 4. 1997년 코헨 국방장관은 2,000명에 달하는 국방부 참모를 1/3 줄이라고 명령하였다. Jason Sherman, "Slim-Fast: Pentagon Lays Aggressive Plans to Shed 50 Years of Bureaucratic Build-Up," in Armed Forces Journal International (January 1998), p. 16. 코헨은 또한 각군 본부의 참모들을 10% 줄여서 이들을 군의 여타 부서로 배치하라고 지시하였다. Sandra Meadows, "Cohen Cuts 30,000 Pentagon Jobs; Savings to Exceed $3B," in National Defense (December 1997), p. 13. 코헨은 또한 Defense Agency의 병력을 21% 줄이라고 지시하였다.

합동성 강화

미 국방개혁의 역사

중판 1쇄 2015년 4월 23일
지은이 Gordon Nathaniel Lederman
옮긴이 김동기 · 권영근
펴낸이 이정수
책임 편집 최민서·신지항
펴낸곳 연경문화사
등록 1-995호
주소 서울시 강서구 양천로 551-24 한화비즈메트로 2차 807호
대표전화 02-332-3923
팩시밀리 02-332-3928
이메일 ykmedia@naver.com
값 15,000원
ISBN 978-89-8298-169-2 (93390)